U0255324

数字孪生技术与应用

Digital Twin
Technology and Application

主　编　李国琛
副主编　周　洋

湖南大学出版社·长沙

内容简介

本书详细介绍了数字孪生的概念与发展历史，数字孪生的关键应用技术和难点，数字孪生的模型，数字孪生目前在航天航空、工业、资源开采、城市建设、物质文化遗产数字化建设、教育等方面的应用，以及数字孪生在实际应用过程中存在的问题、数字孪生的意义等。

本书对数字孪生技术的研究及其广泛应用具有重要指导意义，本书可供广大数字孪生相关知识探索者阅读，也可供数字孪生技术应用者参考。

图书在版编目（CIP）数据

数字孪生技术与应用/李国琛主编．—长沙：湖南大学出版社，2020.12

ISBN 978-7-5667-1978-2

Ⅰ.①数…　Ⅱ.①李…　Ⅲ.①数学技术　Ⅳ.①TP3

中国版本图书馆 CIP 数据核字（2020）第 139336 号

数字孪生技术与应用

SHUZI LUANSHENG JISHU YU YINGYONG

主　　编：李国琛
责任编辑：金红艳
印　　装：湖南省众鑫印务有限公司
开　　本：787 mm×1092 mm　1/16　**印张**：12.25　**字数**：344 千
版　　次：2020 年 12 月第 1 版　**印次**：2020 年 12 月第 1 次印刷
书　　号：ISBN 978-7-5667-1978-2
定　　价：68.00 元

出 版 人：李文邦
出版发行：湖南大学出版社
社　　址：湖南・长沙・岳麓山　**邮　　编**：410082
电　　话：0731-88822559（营销部），88820006（编辑室），88821006（出版部）
传　　真：0731-88822264（总编室）
网　　址：http://www.hnupress.com
电子邮箱：549334729@qq.com

前言

数字孪生，是一种充分利用模型、数据、智能并集成多学科的技术，它面向产品全生命周期过程，发挥连接物理世界和信息世界的桥梁和纽带作用，提供更加实时、高效、智能的服务。在最近两年十大战略性科技发展趋势中，数字孪生技术被视作重要技术之一。以数字孪生为核心的产业、组织和产品正如雨后春笋般诞生、成长，并逐渐成熟。数字孪生战略将为企业提供强有力的竞争力，对数字孪生技术的深入研究与应用已成为必然趋势。

数字孪生概念的首次提出已有将近二十年历史，关于数字孪生技术及其应用的研究近年来取得了广泛快速的发展。但目前，针对数字孪生主题的系统性书籍还很少，本书系统全面地介绍了数字孪生的技术及其应用。

本书主要介绍了数字孪生概念、发展历史、基本组成，数字孪生的关键应用技术与难点，数字孪生模型，数字孪生目前在航天航空、工业、资源开采、城市建设、物质文化遗产数字化建设、教育、军事、医疗等方面的应用，数字孪生在实际应用过程中存在的问题、意义、展望等。

本书可供广大数字孪生相关知识探索者阅读，也可供数字孪生技术应用者参考，希望本书能够对数字孪生技术的研究工作及其广泛应用提供助力。

鉴于数字孪生技术的不断发展以及作者水平有限，书中难免出现偏颇和错误之处，敬请广大读者不吝赐教，批评指正。

李国琛

2020 年 11 月

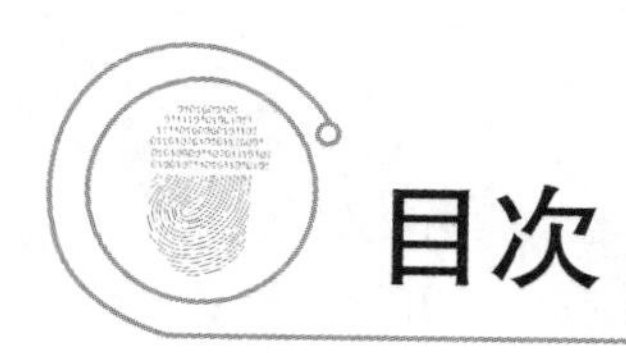

目次

第一编 数字孪生的介绍

第二编 数字孪生的应用

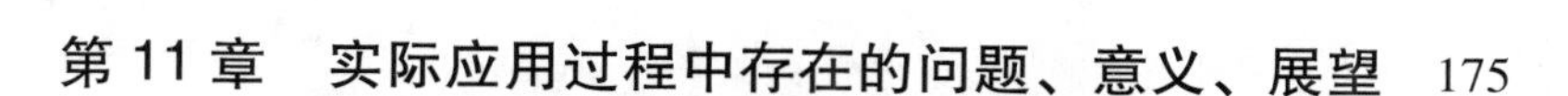

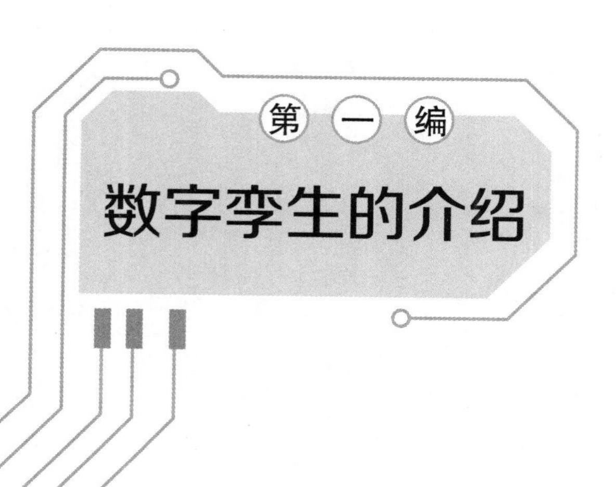

第一编 数字孪生的介绍

随着新一代信息技术与实体经济的加速融合，工业数字化、网络化、智能化演进趋势日益明显，催生了一批制造业数字化转型新模式、新业态，其中数字孪生日趋成为产业各界研究热点，未来发展前景广阔。

全球最具权威的 IT 研究与顾问咨询公司 Gartner 于 2018 年 10 月 14 发布了 2019 年十大战略性科技发展趋势，数字孪生（digital twin，DT）位居第四；Gartner 预测，到 2020 年，互联传感器与端点将超过 200 亿，数字孪生将服务于数十亿个物件。全球第二大市场研究咨询公司 Markets and Markets 预测到 2023 年数字孪生市场规模将达到 157 亿美元，并以 38% 复合年增长率增长。

党的十九大报告明确提出要加快建设制造强国，《中国制造 2025》指出“将智能制造作为两化融合的主攻方向，推进生产过程智能化，培育新型生产方式，全面提升企业研发、生产、管理和服务的智能化水平”。在此背景下，数字孪生技术受到广泛关注，并将具有巨大的发展潜力。

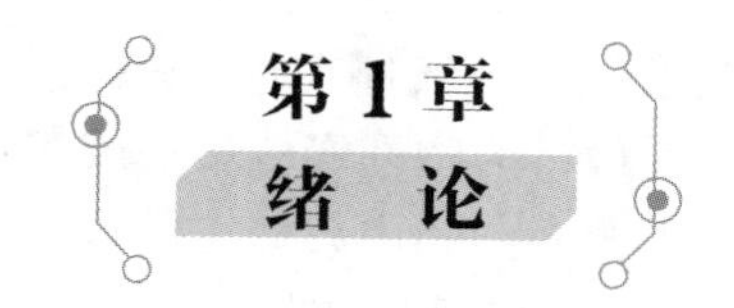

第1章 绪论

1.1 数字孪生的概念

随着云计算、物联网、大数据等互联网技术（internet technology，IT），以及人工智能等智能技术的持续发展和深化应用，各行各业贯彻加快建设制造强国，加快发展先进制造业，推动互联网、大数据、人工智能和实体经济深度融合。国防军工企业进入以智慧（或智能）为标志的数字化转型阶段。数字化转型将通过数字技术与工业技术的融合来推动产品设计、工艺、制造、测试、交付、运维全环节的产品研制创新，通过数字技术与管理技术的融合来推动计划、进度、经费、合同、人员、财务、资源、交付、服务和市场全链条的企业管理创新。数字孪生作为重要的支撑理论和技术得到更多关注与认可。

数字孪生概念在发展历程中随着认识深化经历了三个主要阶段。

1.1.1 数字样机概念

数字样机是数字孪生的最初形态。数字样机概念是对机械产品整机或具有独立功能的子系统的数字化描述。通过这种描述反映产品对象的几何属性，以及产品的功能和性能特性。在产业实践中，数字样机首先在设计阶段被定义为数字化产品定义（digital product definition，DPD），通过 DPD 来表达产品的设计信息，构建表征物理客体的数字化模型。此时的 DPD 因限定于产品定义阶段，所以对物理客体的全生命周期信息表达不全面，尤其是制造阶段和服务阶段的定义表达与应用管理问题日益突出。

1.1.2 狭义的数字孪生概念

因 DPD 存在对产品全生命周期信息表述不全面的问题，美国密歇根大学的 Michael Grieves 教授于 2003 年提出数字孪生的概念。此时的数字孪生统称为狭义数字孪生，其定义对象就是产品及产品全生命周期的数字，数字孪生是对实体对象或过程的数字化表征。Michael Grieves 将数字孪生定位为一套从微观原子级到宏观几何级全面描述潜在生产或者实际制造产品的虚拟信息结构[1]。由此可以看出数字孪生的概念首次在定义对象中明确为产品，在定义内容方面，从产品的设计阶段扩展到产品全生命周期。通过数字样机的概念延伸和扩展，实现对物理产品全生命周期信息的数字化描述，并有效管控产品全生命周期的数据信息[2]。

1.1.3 广义的数字孪生概念

广义的数字孪生在定义对象方面进行了较大延伸，从产品扩展到产品之外的更广泛领域。数字孪生，也叫作数字镜像、数字双胞胎、数字映射。数字孪生是以数字化方式创建物理实体的虚拟模型，借助数据模拟物理实体在现实环境中的行为，通过虚实交互反馈、数据融合分析、决策迭代优化等手段，为物理实体增加或扩展新的能力[3]。数字孪生在面向产品全生命周期过程中，作为一种充分利用数据、模型、智能并集成多学科的技术，发挥着连接物理世界和信息世界的桥梁和纽带作用，提供更加实时、高效、智能的服务。Gartner 公司在 2018 年和 2019 年十大战略性科技发展趋势中将数字孪生作为时下重要技术之一，其对数字孪生描述为：数字孪生是现实世界实体或系统的数字化表现。由此可见，数字孪生成为任一信息系统或数字化系统的总称。

数字孪生是现实世界中物理实体的配对虚拟体（映射）。这个物理实体（或资产）可以是一个设备或产品、生产线、流程、物理系统，也可以是一个组织。数字孪生的概念是通过三维图形软件构建的“软体”映射现实中的物体来实现的。这种映射通常是一个多维动态的数字映射，它依赖安装在物体上的传感器或模拟数据来洞察和呈现物体的实时状态，同时也将承载指令的数据回馈到物体，最终导致状态变化。可以说，数字孪生是现实世界和数字虚拟世界沟通的桥梁。

一个描述钟摆轨迹的方程式通过编程形成的模型，它是一个钟摆的数字孪生吗？不是。因为它只描述了钟摆的理想模型（例如真空无阻力），却没有记录它的真实运动情况。只有把钟摆在空气中的运动状态、风的干扰、齿轮的损耗等情况通过传感器和数据馈送实时输入到模型后，这个描述钟摆的模型，才真正成了钟摆的数字孪生。

Gartner 公司认为，一个数字孪生概念至少需要四个要素：数字模型、关联数据、身份识别和实时监测功能。数字孪生体现了软件、硬件和物联网回馈的机制。运行实体的数据是数字孪生的营养液输送线。反过来，很多模拟或指令信息可以从数字孪生输送到实体，以达到诊断或者预防的目的。这是一个双向进化的过程。

1.2 数字孪生概念的发展历程

如图 1-1 所示，数字孪生的理念可追溯到 1969 年，而其明确的概念则普遍认为是在 2003 年由美国密歇根大学的 Michael Grieves 教授提出的，当时被称为“与物理产品等价的虚拟数字化表达”，但由于当时技术和认知上的局限，数字孪生的概念并没有得到重视[4]。数字孪生在 2003—2005 年被称为“镜像的空间模型”，在 2006—2010 年被称为“信息镜像模型”。美国空军研究实验室与 NASA 在 2011 年开展合作，提出了飞行器的数字孪生体概念，数字孪生才有了明确的定义。2012 年，NASA 发布“建模、仿真、信息技术和处理”路线图，数字孪生概念正式进入公众视野。2013 年，美国空军发布《全球地平线》顶层科技规划文件，将数字线索和数字孪生并列视为“改变游戏规则”的颠覆性机遇，并从 2014 年起组织洛马、波音、诺格、通用电气、普惠等公司开展了一系列应用研究项目。就此，数字孪生理论与技术体系初步建立，美国国防部、NASA、西门子公司等开始接受这一概念并对外推广[5]。

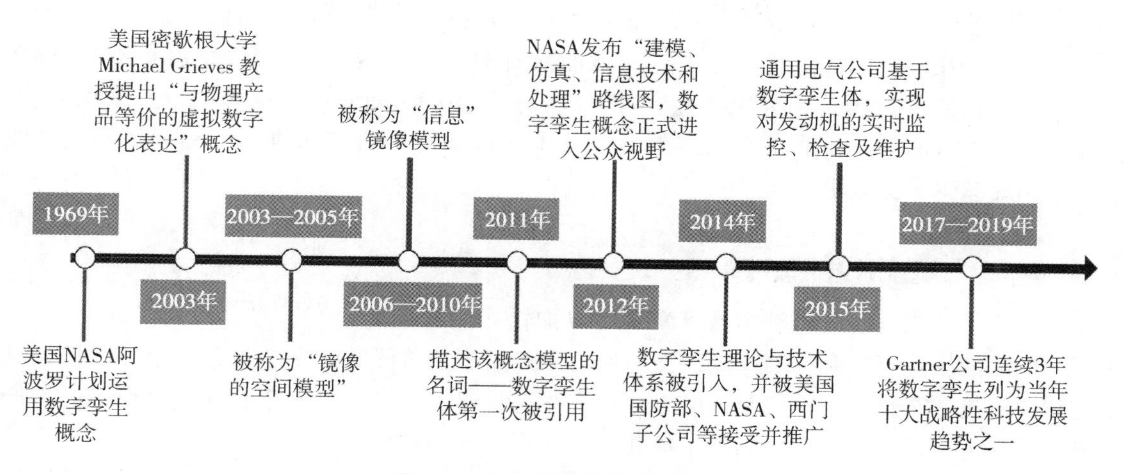

图 1-1 数字孪生的发展历程

1.3 数字孪生在产品生命周期不同阶段的表现形态

2003 年，美国密歇根大学 Michael Grieves 教授认为通过物理设备的数据，可以在虚拟（信息）空间构建一个可以表征该物理设备的虚拟实体和子系统，并且这种联系不是单向和静态的，而是在整个产品的生命周期中都联系在一起。显然，这个概念不仅仅指的是产品的设计阶段，还延展至生产制造和服务阶段，但是由于当时的数字化手段有限，因此数字孪生的概念也只是停留在产品的设计阶段，通过数字模型来表征物理设备的原型。

在那之后，数字孪生的概念逐步扩展到了模拟仿真、虚拟装配和 3D 打印这些领域。而到了 2014 年以后，随着物联网技术、人工智能和虚拟现实技术的不断发展，更多的工业产品、工业设备具备了智能的特征，而数字孪生也逐步扩展到了包括制造和服务在内的完整的产品周期阶段，并不断丰富了数字孪生的形态和概念。

数字孪生技术贯穿了产品生命周期中的不同阶段，它同产品全生命周期管理（product lifecycle management，PLM）的理念是不谋而合的。所谓的产品全生命周期管理，就是指从人们对产品的需求开始，到产品淘汰报废的全部生命周期。可以说，数字孪生技术的发展将 PLM 的能力和理念，从设计阶段真正扩展到了全生命周期。数字孪生以产品为主线，并在生命周期的不同阶段（设计阶段、制造阶段、服务阶段）引入不同的要素，形成了不同阶段的表现形态。

1.3.1 设计阶段的数字孪生

在产品的设计阶段，利用数字孪生可以提高设计的准确性，并验证产品在真实环境中的性能。这个阶段的数字孪生，主要包括如下功能：

（1）数字模型设计：使用 AutoCAD 工具开发出满足技术规格的产品虚拟原型，精确地记录产品的各种物理参数，以可视化的方式展示出来，并通过一系列的验证手段来检验设计的精准程度。

（2）模拟和仿真：通过一系列可重复、可变参数、可加速的仿真实验，来模拟验证产品在不同外部环境下的性能和表现，即在设计阶段就可以验证产品的适应性。

例如，在汽车设计过程中，由于对节能减排的要求，达索公司帮助包括宝马、特斯拉、丰田在内的汽车公司利用其 CAD 和 CAE 平台 3D Experience，准确进行空气动力学、流体声学等方面的分析和仿真，在外形设计中通过数据分析和仿真，大幅度地提升流线性，因此减少了空气阻力。

1.3.2 制造阶段的数字孪生

在产品的制造阶段，利用数字孪生可以加快产品导入的时间、提高产品设计的质量、降低产品的生产成本和提高产品的交付速度。产品制造阶段的数字孪生是一个高度协同的过程，通过数字化手段构建起来的虚拟生产线，将产品本身的数字孪生同生产设备、生产过程等其他形态的数字孪生高度集成起来，实现如下的功能：

（1）生产过程仿真：在产品生产之前，通过虚拟生产的方式来模拟不同产品在不同参数、不同外部条件下的生产过程，实现对产能、效率以及可能出现的生产瓶颈等问题的提前预判，加速新产品导入的过程。

（2）数字化生产线：将生产阶段的各种要素，如原材料、设备、工艺配方和工序要求，通过数字化的手段集成在一个紧密协作的生产过程中，并根据既定的规则，自动完成在不同条件组合下的操作，实现自动化的生产过程；同时记录生产过程中的各类数据，为后续的分析和优化提供依据。

（3）关键指标监控和过程能力评估：通过采集生产线上的各种生产设备的实时运行数据，实现全部生产过程的可视化监控，并且通过经验或者机器学习建立关键设备参数、检验指标的监控策略，对出现违背策略的异常情况及时处理和调整，实现稳定并不断优化的生产过程。

例如，寄云科技公司为电子盖板玻璃生产线构建的在线质量监控体系，充分采集了冷端和热端的设备产生的数据，并通过机器学习获得流程生产过程中关键指标的最佳规格，设定相应的统计过程监控（statistical process control，SPC）系统，然后通过相关性分析，在几万个数据采集点中实现对特定的质量异常现象的诊断分析。

1.3.3 服务阶段的数字孪生

随着物联网技术的成熟和传感器成本的下降，很多工业产品，从大型装备到消费级产品，都使用了大量的传感器来采集产品运行阶段的环境和工作状态，并通过数据分析和优化来避免产品的故障，改善用户对产品的使用体验。这个阶段的数字孪生，可以实现如下的功能：

（1）远程监控和预测性维修：通过读取智能工业产品的传感器或者控制系统的各种实时参数，构建可视化的远程监控，并结合采集的历史数据构建层次化的部件、子系统乃至整个设备的健康指标体系，并使用人工智能实现趋势预测；然后基于预测的结果，对维修策略以及备品、备件的管理策略进行优化，降低或避免客户因为非计划停机带来的损失。

（2）优化客户的生产指标：对于很多需要依赖工业装备来实现生产的工业客户，工业装备参数设置的合理性以及在不同生产条件下的适应性，往往决定了客户产品的质量和交付周期；而工业装备厂商可以通过海量采集的数据，构建起针对不同应用场景、不同生产过程的经验模型，帮助其客户优化参数配置，来改善客户的产品质量和生产效率。

（3）产品使用反馈：通过采集智能工业产品的实时运行数据，工业产品制造商可以洞悉客户对产品的真实需求，不仅能够帮助客户加速对新产品的导入周期、避免产品错误使用导致的故障、提高产品参数配置的准确性，更能够精确把握客户的需求，避免研发决策失误。

例如，寄云科技公司为石油钻井设备提供的预测性维修和故障辅助诊断系统，不仅能够实时采集钻机不同关键子系统（如发电机、泥浆泵、绞车、顶驱）的各种关键指标数据，更能够根据历史数据的发展趋势对关键部件的性能进行评估，并根据部件性能预测的结果，调整和优化维修的策略；同时，还能够根据钻机的实时状态进行分析，对钻井的效率进行评估和优化，进而有效地改善钻井的投入产出比。

1.4 数字孪生的基本组成

2011 年，Michael Grieves 教授给出了数字孪生的三个组成部分[6]：物理空间的实体产品、虚拟空间的虚拟产品、物理空间和虚拟空间之间的数据和信息交互接口[7]。在 2016 西门子工业论坛上，西门子公司认为数字孪生包括：产品数字化双胞胎、生产工艺流程数字化双胞胎、设备数字化双胞胎，数字孪生完整真实地再现了整个企业[8]。北京理工大学的庄存波等也从产品的视角给出了数字孪生的主要组成部分：产品设计数据、产品工艺数据、产品制造数据、产品服务数据以及产品退役和报废数据等。无论是西门子公司还是北京理工大学的庄存波，都是从产品的角度给出了数字孪生的组成部分，并且西门子公司是以它的产品全生命周期管理系统为基础，在制造企业推广它的数字孪生相关产品。同济大学的唐堂等人提出数字孪生产品全生命周期管理系统应该包括：产品设计、过程规划、生产布局、过程仿真、产量优化等[9]，不仅包括了产品的设计数据，也包括了产品的生产过程和仿真分析，更加全面、更加符合智能工厂的要求。

第2章 数字孪生关键应用技术与难点

数字孪生目前在学术和应用领域依然处于发展阶段，不仅缺乏系统性的数字孪生理论、技术支撑和应用准则指导，同时也存在数字孪生应用中比较优势不明、产品全生命周期各阶段应用不全等问题，这些都有待进一步研究和实践。在企业应用要求下，数字孪生涉及以下关键应用技术[2]。

2.1 数字孪生关键应用技术

2.1.1 支撑系统的软件架构技术

数字孪生作为物理世界的数字化表现，具备对物理世界建模、管理、演进的相关要求。在数字孪生支撑系统的实现方面，软件架构是构建数字孪生支撑系统的基础。数字孪生首先要选择满足能力要求的软件架构。软件架构技术先后经历单体架构、C/S软件架构、B/S软件架构、SOA软件架构以及微服务架构等。在架构选择方面需综合考虑数字孪生系统在数据、集成、安全以及技术异构方面的复杂性，选择开放性好、兼容性强的微服务架构，基于最新的云原生技术、大数据技术、AI技术构建系统整体框架，并结合最新、活跃的开源社区成果，结合数字孪生应用针对性地建设相应的数字孪生软件架构及其相关架构技术选型，为数字孪生支撑系统奠定持续发展的技术基础。

2.1.2 全集数据管理及安全技术

数据的管理能力是数字孪生正确发挥作用的关键，提供有效管理物理实体的全集数据的技术和机制是数字孪生的基础。全集数据管理技术包括数据采集、数据识别、数据融合、数据技术状态和数据安全等。在数据采集和识别方面，数字孪生需要将来自互联网、物联网、智联网等多种网络渠道的产品数据、运营数据、机器数据、价值链数据和其他外部数据等多源数据进行管理和辨识；在数据融合方面，需要将企业的各类数据进行精细化管理，如结构化、半结构化、非结构化数据的提取和同步技术，尤其是非结构化数据的提取和同步处理；在数据技术状态方面，当各类数据间存在较强一致性要求时（例如工业、企业严格的技术状态约束要求），维护数据间的关联及变化，保障数据的一致性是确保数据价值的重要要求；在数据安全方面，除日常的数据安全之外，当涉及业务、商业或竞争需要而必须考虑数据权属要求时，数据的隐私和安全成为全集数据管理重要的应用技术。

2.1.3 动态建模及模型驱动技术

模型是数字孪生实现模型驱动的关键。来自物理世界的不同客体对应不同的模型，这就导致数字建模需要具备适应类型多样、属性多样、关系多样的客观现实。数字孪生需要具备通用的、普适的建模及模型管理机制。建模与模型管理技术首先要对各种复杂对象、属性、关系的表达技术进行分析，以满足静态以及随需的、动态的建模需要（如关系、属性的动态定义、计算属性等），适应不同客体的定义需要；其次，需要具备模型的接入和适配技术，即不同的客体数据可以通过自动化或半自动化方式连接到数字孪生的定义模型中［如通过 ETL（extract-transform-load）工具或者定制的数据适配器］，从而建立起模型驱动的业务模式。另外，异构模型互操作技术也是数字孪生所需的关键技术，尤其是在工程领域的场景下，产品 MCAD（机械计算机辅助设计）模型、ECAD（电子计算机辅助设计）模型以及仿真分析模型之间的互操作技术就是影响领域专业数据管理和融合的重要技术。

2.1.4 高效计算与靶向服务技术

为更好地服务于物理客体的业务或商业目标，准确、随需地向物理实体提供被动或主动的反馈，数字孪生必须使用快速高效的数据分析计算技术和精准服务技术。数据分析技术包括分析场景与分析画像定义及基于画像的数据快速处理。首先，数字孪生可以结合实际的业务类型、环境等要素快速识别、获取并定义场景，快速完成场景画像，建立获取专业服务的关键输入。其次，再根据识别后的场景快速组织所需的各类数据，依据对应的领域模型，提供快速分析计算服务，并得到计算结果。目前在数据分析技术方面以外购数据采集、计算、存储、加工能力来进行数据处理分析的做法只是为数字孪生提供技术支撑能力，未来只有充分和业务强关联、强融合，建立结合业务的业务模型，从而通过数据和模型来驱动业务才可以进一步体现数据驱动、模型驱动的业务理念和价值。精准服务技术方面需要持续的知识自动化和智能化技术，要求不同业务环节不断进行知识积累和沉淀，将各类专业技术、专业技能、专业流程和专业服务数字化、结构化、软件化，继而实现针对业务环节的精准筛选和推介；精准服务技术中的精准靶向还需要面向不同客体提供个性化智能服务技术，数字孪生可以根据不同的客体（如人、设备和系统），将反馈结果推送到客体本身或指定中间环节（中间环节再计算或再处理），最终再形成满足客体需要的个性化服务。

2.1.5 虚实融合的沉浸式体验技术

数字孪生强调体验技术，在体验方面除传统数字化系统常用的图形用户界面（graphical user interface，GUI）、图表式、CAD/CAE 模型及其他可视化展示方式之外，将充分结合虚拟现实（virtual reality，VR）、增强现实（augmented reality，AR）和混合现实（mixed reality，MR）等多种感知技术，通过多模式、多渠道体验来实现人类与数字世界的高效连接。如多声道体验将在这些多模式设备中动用所有人类感官以及先进的计算机器官（如热量、湿度和雷达）[10]。

这种多体验技术将创造一种环境体验，真正向“环境就是计算机”的方向逐渐演化。

尤其是感知和交互模型的组合将带来对物理客体的更全面的沉浸式体验，推动对物理客体的认知发展和提升，实现从考虑个人设备和分散的用户界面（user interface，UI）技术逐步向多模式多渠道的综合体验转变。

2.2 关键技术与难点

数字孪生的应用起源于美国航空航天领域，已取得了长足进展。例如 GE 公司每下线一台飞机发动机，都会同时生成它的数字孪生，有 2 000 多个重要特征参数表征发动机性能。每一次洲际飞行，每个发动机可以产生约 0.5 TB 的数据。发动机上的传感器收集数据，传送给发动机控制单元，经处理后传输给发动机的数字孪生，用于同步更新数字孪生状态，进而预测发动机故障和优化维修计划，开展视情维修和可预测维修，减少因飞机过度检修或非计划停飞造成的损失。数字孪生的构建和仿真是一个复杂的过程，关键技术与难点主要集中在以下三个方面。

（1）高保真度的多物理多尺度建模。

数字孪生是物理实体在虚拟空间的数字化表达，其应用效果取决于其对物理实体的保真程度。物理实体的每个物理特性都有其特定的模型描述，例如计算流体动力学模型、结构动力学模型、热力学模型、疲劳损伤模型以及材料状态演化模型。如何将这些模型关联耦合在一起，是建立数字孪生并发挥其作用的关键。基于多物理、多尺度集成模型的仿真结果能够更加精确地反映物理实体在真实环境中的状态和行为。

（2）高置信度的预测分析。

高保真度的物理建模完成后，以物理实体的实时运行测量数据、历史数据、关键技术状态参数数据为观测量，以动态贝叶斯网络、机器学习、深度学习等概率统计算法为工具，开展物理实体设计、制造、运行服务等阶段不确定性预测，提供高置信度的产品故障诊断与预测、剩余健康寿命预测等信息。

（3）高实时性的数据交互。

物理实体需要把运行状态和维护历史等数据动态实时地传递给数字孪生，数字孪生需要把故障诊断结果、评估预测结果、对物理实体的行为控制等信息准确实时地传递给物理实体，两者之间高实时性的数据交互是数据孪生技术应用的基础和前提。

第3章 数字孪生的模型

以飞机、汽车、船舶、武器系统为代表的高技术产品设计、制造、运行、项目管理等过程十分复杂，在不同阶段可能表现出“不可预测的非期望行为”。通过基于数字孪生模型的仿真预测可以最大程度减少复杂产品的该类行为，避免不可知的负面事件发生。数字孪生模型是工业机理知识与数据科学融合的产物，是工业数据分析模型的典型代表。数字孪生落地应用的首要任务是创建应用对象的数字孪生模型。

3.1 数字孪生模型

数字孪生在理想情况下包含了物理实体的所有信息，是物理实体在虚拟空间的镜像，具有以下主要特点：

（1）通过对虚拟空间数字孪生的运行分析，无需建立物理实体，就可以监控、诊断、预测和控制物理实体在真实环境中的形成过程、状态和行为。随着对世界理解的深入和模拟物理世界能力的加强，数字孪生表征物理实体的能力越来越强，但在一些关键环节尚无法完全取代物理实体。

（2）根据产品全生命周期管理理论，物理实体随着所处的产品阶段动态变化，因为数字孪生是物理实体在虚拟空间的镜像，所以数字孪生也随之动态变化。描述物理空间的物理实体和虚拟空间的数字孪生关系的镜像关系模型如图3-1所示，一般包含以下四个步骤：

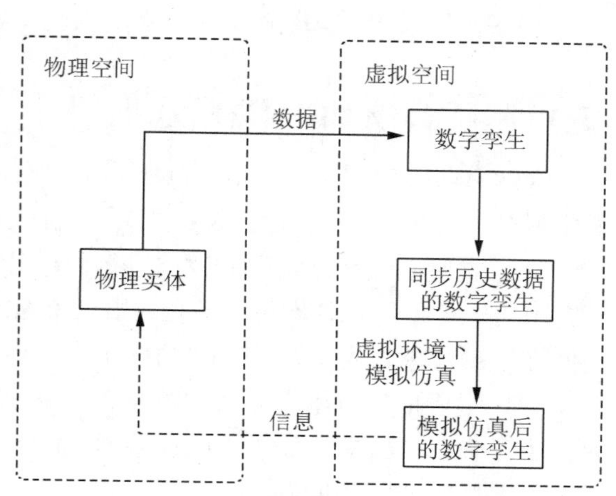

图3-1 物理实体与数字孪生的镜像关系模型

①基于物理实体的机理和数据科学知识，在虚拟空间构建它的数字孪生；

②将通过控制单元、传感器等采集的物理实体运行状态数据和运行维护历史数据等动态同步到数字孪生，对其进行迭代优化；

③在虚拟空间里构建体现真实环境的虚拟环境，在虚拟环境里对优化后的数字孪生进行仿真，模拟物理实体在真实环境里的行为状况；

④对模拟仿真的结果进行分析，生成有价值的信息，反馈给物理实体，改进优化物理实体的设计、制造和运行维护等。

当前，数字孪生模型多沿用 Michael Grieves 教授最初定义的三维模型，即物理实体、虚拟实体及二者间的连接。然而，随着相关理论技术的不断拓展与应用需求的持续升级，数字孪生的发展与应用呈现出如下新趋势与新需求。

3.1.1 应用领域扩展需求

数字孪生初期主要面向军工及航空航天领域需求，近年逐步向民用领域拓展。根据陶飞等专家前期关于数字孪生在工业应用中的调研分析[11-16]，数字孪生在电力、汽车、医疗、船舶等 11 个领域均有应用需求，且市场前景广阔。研究与实践表明，相关领域应用过程中所需解决的首个挑战是如何根据不同的应用对象与业务需求创建对应的数字孪生模型。目前通用的数字孪生参考模型与创建方法的指导的缺乏，严重阻碍了数字孪生在相关领域的落地应用。

3.1.2 与 New IT 深度融合需求

数字孪生的落地应用离不开 New IT（internet technology）的支持，包括基于物联网的虚实互联与集成，基于云模式的数字孪生数据存储与共享服务，基于大数据与人工智能的数据分析、融合及智能决策，基于虚拟现实（VR）与增强现实（AR）的虚实映射与可视化显示等。数字孪生必须与 New IT 深度融合才能实现信息物理系统的集成、多源异构数据的采—传—处—用，进而实现信息物理数据的融合，支持虚实双向连接与实时交互，开展实时过程仿真与优化，提供各类按需使用的智能服务。关于数字孪生与 New IT 的融合当前已有相关研究报道，如基于云、雾、边的数字孪生三层架构[17]，数字孪生服务化封装方法[18]，数字孪生与大数据融合驱动的智能制造模式[19]，基于信息物理系统的数字孪生参考模型[20]及 VR/AR 驱动的数字孪生虚实融合与交互[11]等。

3.1.3 信息物理融合数据需求

数据驱动的智能化是当前国际学术前沿与应用过程智能化的发展趋势，如数据驱动的智能制造[21]、设计[22]、运行维护[23]、仿真优化[24]等。相关研究可归为三类：

（1）主要依赖信息空间的数据进行数据处理、仿真分析、虚拟验证及运行决策等，缺乏应用实体对象的物理实况小数据（如设备实时运行状态、突发性扰动数据、瞬态异常小数据等）的考虑与支持，存在“仿而不真”的问题。

（2）主要依赖应用实体对象的实况数据进行“望闻问切”经验式的评估、分析与决策，缺乏信息大数据（如历史统计数据、时空关联数据、隐性知识数据等）的科学支持，存在“以偏概全”的问题。

（3）虽然有部分工作同时考虑和使用了信息数据与物理数据，能在一定程度上弥补上述不足，但实际执行过程中两种数据往往是孤立的，缺乏全面交互与深度融合，信息物理一致性与同步性差，进而使得结果的实时性、准确性有待提升。数据也是数字孪生的核心驱动力，与传统数字化技术相比，除信息数据与物理数据外，数字孪生更强调信息物理要融合数据[13,16]，通过信息物理数据的融合来实现信息空间与物理空间的实时交互、一致性与同步性，从而提供更加实时精准的应用服务。

3.1.4 智能服务需求

随着应用领域的拓展，数字孪生必须满足不同领域、不同层次用户（如终端现场操作人员、专业技术人员、管理决策人员及产品终端用户等）、不同业务的应用需求。包括：

（1）虚拟装配[25]、设备维护[21]、工艺调试等物理现场操作指导服务需求。

（2）复杂生产任务动态优化调度、动态制造过程仿真[26]、复杂工艺自优化配置、设备控制策略自适应调整等专业化技术服务需求。

（3）数据可视化、趋势预测、需求分析与风险评估等智能决策服务需求。

（4）面向产品终端用户功能体验、沉浸式交互、远程操作等“傻瓜式”和便捷式服务需求。

因此，如何实现数字孪生应用过程中所需各类数据、模型、算法、仿真、结果等的服务化，以应用软件或移动端 App 的形式为用户提供相应的智能服务，是数字孪生普适应用面临的又一难题。

3.1.5 普适工业互联需求

普适工业互联（包括物理实体间的互联与协作，物理实体与虚拟实体的虚实互联与交互，物理实体与数据/服务间的双向通信与闭环控制，虚拟实体、数据及服务间的集成与融合等）是实现数字孪生虚实交互与融合的基石，实现普适的工业互联是数字孪生的应用前提。目前，部分研究已开始探索面向数字孪生的实时互联方法，包括面向智能制造多源异构数据实时采集与集成的工业互联网 Hub（IIHub）[21]、基于 Automation ML 的信息系统实时通信与数据交换[27]、基于 MT Connect 的现场物理设备与模型及用户的远程交互[28]，以及基于中间件的物理实体与虚拟实体的互联互通[29]等。

3.1.6 动态多维多时空尺度模型需求

模型是数字孪生落地应用的引擎。当前针对物理实体的数字化建模主要集中在对几何与物理维度模型的构建上，缺少能同时反映物理实体对象的几何、物理、行为、规则及约束的多维动态模型的构建。而在不同维度，缺少从不同空间尺度来刻画物理实体不同粒度的属性、行为、特征等的“多空间尺度模型”；同时缺少从不同时间尺度来刻画物理实体随时间推进的演化过程、实时动态运行过程、外部环境与干扰影响等的“多时间尺度模型”。此外，从系统的角度出发，缺乏不同维度、不同空间尺度、不同时间尺度模型的集成与融合。上述模型不充分、不完整的问题使得现有虚拟实体模型不能真实客观地描述和刻画物理实体，从而使得相关结果（如仿真结果、预测结果、评估及优化结果）不够精准。因此，如何构建动态多维多时空尺度模型，是数字孪生技术发展与实际应用面临的科学挑战难题。

3.2 数字孪生五维模型

为适应以上新趋势与新需求，解决数字孪生应用过程中遇到的难题，为使数字孪生进一步在更多领域落地应用，北航数字孪生技术研究团队对已有三维模型进行了扩展，并增加了孪生数据和服务两个新维度，创造性地提出了数字孪生五维模型的概念，并对数字孪生五维模型的组成架构[16]及应用准则[15]进行了研究。如式（3-1）所示[16]：

$$M_{DT}=（PE，VE，Ss，DD，CN） \tag{3-1}$$

式中：PE 表示物理实体，VE 表示虚拟实体，Ss 表示服务，DD 表示孪生数据，CN 表示各组成部分间的连接。根据式（3-1），数字孪生五维概念模型如图 3-2 所示[12,16]。

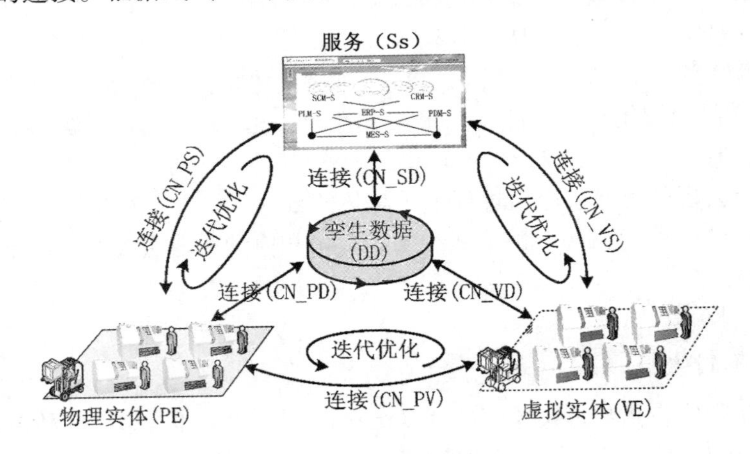

图 3-2　数字孪生五维概念模型

数字孪生五维模型能满足上节所述数字孪生应用的新需求。首先，M_{DT}是一个通用的参考架构，能适用不同领域的不同应用对象。其次，它的五维结构能与物联网、大数据、人工智能等 New IT 集成与融合，满足信息物理系统集成、信息物理数据融合、虚实双向连接与交互等需求。再次，虚拟实体（VE）从多维度、多空间尺度及多时间尺度对物理实体进行刻画和描述；服务（Ss）对数字孪生应用过程中面向不同领域、不同层次用户、不同业务所需的各类数据、模型、算法、仿真、结果等进行服务化封装，并以应用软件或移动端 App 的形式提供给用户，实现对服务的便捷与按需使用；孪生数据（DD）集成融合了信息数据与物理数据，满足信息空间与物理空间的一致性与同步性需求，能提供更加准确、全面的（全要素、全流程、全业务）数据支持；连接（CN）实现物理实体、虚拟实体、服务及数据之间的普适工业互联，从而支持虚实实时互联与融合。

3.2.1　物理实体（PE）

PE 是数字孪生五维模型的构成基础，对 PE 的准确分析与有效维护是建立 M_{DT}的前提。PE 具有层次性，按照功能及结构一般包括单元级（unit）PE、系统级（system）PE 和复杂系统级（system of systems）PE 三个层级。以数字孪生车间[12]为例，车间内各设备可视为单元级 PE，是功能实现的最小单元；根据产品的工艺及工序，由设备组合配置构成的生产线可视为系统级 PE，可以完成特定零部件的加工任务；由生产线组成的车间可视为复杂系统级 PE，是一个包括物料流、能量流与信息流的综合复杂系统，能够实现各子系统间的组织、协调及管理等。根据不同应用需求和管控粒度对 PE 进行分层，是分层构建 M_{DT}的基础。例如，针对单个设备构建单元级 M_{DT}，从而实现对单个设备的监测、故障预测和维护等；针对生产线构建系统级 M_{DT}，从而对生产线的调度、进度控制和产品质量控制等进行分析及优化；而针对整个车间，可构建复杂系统级 M_{DT}，对各子系统及子系统间的交互与耦合关系进行描述，从而对整个系统的演化进行分析与预测。

3.2.2 虚拟实体（VE）

VE 包括几何模型（Gv）、物理模型（Pv）、行为模型（Bv）和规则模型（Rv），这些模型能从多时间尺度、多空间尺度对 PE 进行描述与刻画[12,14]，如公式（3-2）所示[16]：

$$VE = (Gv, Pv, Bv, Rv) \tag{3-2}$$

式中：Gv 为描述 PE 几何参数（如形状、尺寸、位置等）与关系（如装配关系）的三维模型，与 PE 具备良好的时空一致性，对细节层次的渲染可使 Gv 从视觉上更加接近 PE。Gv 可利用三维建模软件（如 Solid Works，3D MAX，Pro/E，AutoCAD 等）或仪器设备（如三维扫描仪）来创建。

Pv 在 Gv 的基础上增加了 PE 的物理属性、约束及特征等信息，通常可用 ANSYS，ABAQUS，HyperMesh 等工具从宏观及微观尺度进行动态的数学近似模拟与刻画，如结构、流体、电场、磁场建模仿真分析等。

Bv 描述了不同粒度、不同空间尺度下的 PE 在不同时间尺度下的外部环境与干扰以及内部运行机制共同作用下产生的实时响应及行为，如随时间推进的演化行为、动态功能行为、性能退化行为等。创建 PE 的行为模型是一个复杂的过程，涉及问题模型、评估模型、决策模型等多种模型的构建，可利用有限状态机、马尔可夫链、神经网络、复杂网络、基于本体的建模方法进行 Bv 的创建。

Rv 包括基于历史关联数据的规律，基于隐性知识总结的经验以及相关领域标准与准则等。这些规律随着时间的推移自增长、自学习、自演化，使 VE 具备实时的判断、评估、优化及预测的能力，从而不仅能对 PE 进行控制与运行指导，还能对 VE 进行校正与一致性分析。Rv 可通过集成已有的知识获得，也可利用机器学习算法不断挖掘产生新规则。通过对上述四类模型进行组装、集成与融合，从而创建对应 PE 的完整 VE。同时通过模型校核、验证和确认（VV&A）来验证 VE 的一致性、准确度、灵敏度等，保证 VE 能真实映射 PE[12,14]。此外，可使用 VR 与 AR 技术实现 VE 与 PE 虚实叠加及融合显示，增强 VE 的沉浸性、真实性及交互性。

3.2.3 服务（Ss）

Ss 是指对数字孪生应用过程中所需各类数据、模型、算法、仿真、结果进行服务化封装，以工具组件、中间件、模块引擎等形式支撑数字孪生内部功能运行与实现的“功能性服务”（FService），以及以应用软件、移动端 App 等形式满足不同领域、不同用户、不同业务需求的“业务性服务”（BService），其中 FService 为 BService 的实现和运行提供支撑。

FService 主要包括：①面向 VE 提供的模型管理服务，如建模仿真服务、模型组装与融合服务、模型 VV&A 服务和模型一致性分析服务等；②面向 DD 提供的数据管理与处理服务，如数据存储、封装、清洗、关联、挖掘、融合等服务；③面向 CN 提供的综合连接服务，如数据采集服务、感知接入服务、数据传输服务、协议服务、接口服务等。

BService 主要包括：①面向终端现场操作人员的操作指导服务，如虚拟装配服务、设备维修维护服务、工艺培训服务；②面向专业技术人员的专业化技术服务，如能耗多层次多阶段仿真评估服务、设备控制策略自适应服务、动态优化调度服务、动态过程仿真服务等；③面向管理决策人员的智能决策服务，如需求分析服务、风险评估服务、趋势预测服务等；④面向终端用户的产品服务，如用户功能体验服务、虚拟培训服务、远程维修服务等。这些服务对于用户而言是一个屏蔽了数字孪生内部异构性与复杂性的黑箱，通过应用软件、移动端 App 等形式向用户提供标准的输入输出，从而降低数字孪生应用实践中对用户专业能力与知识的要求，实现便捷的按需使用。

3.2.4 孪生数据（DD）

DD 是数字孪生的驱动[15]。DD 主要包括 PE 数据（Dp）、VE 数据（Dv）、Ss 数据（Ds）、知识数据（Dk）及融合衍生数据（Df），如式（3-3）所示[16]：

$$DD = (Dp, Dv, Ds, Dk, Df) \tag{3-3}$$

式中：Dp 主要包括体现 PE 规格、功能、性能、关系等的物理要素属性数据与反映 PE 运行状况、实时性能、环境参数、突发扰动等的动态过程数据，可通过传感器、嵌入式系统、数据采集卡等进行采集；Dv 主要包括 VE 相关数据，如几何尺寸、装配关系、位置等几何模型相关数据，材料属性、载荷、特征等物理模型相关数据，驱动因素、环境扰动、运行机制等行为模型相关数据，约束、规则、关联关系等规则模型相关数据，以及基于上述模型开展的过程仿真、行为仿真、过程验证、评估、分析、预测等的仿真数据；Ds 主要包括 FService 相关数据（如算法、模型、数据处理方法等）与 BService 相关数据（如企业管理数据、生产管理数据、产品管理数据、市场分析数据等）；Dk 包括专家知识、行业标准、规则约束、推理推论、常用算法库与模型库等；Df 是对 Dp，Dv，Ds，Dk 进行数据转换、预处理、分类、关联、集成、融合等相关处理后得到的衍生数据，通过融合物理实况数据与多时空关联数据、历史统计数据、专家知识等信息数据得到信息物理融合数据，从而反映更加全面与准确的信息，并实现信息的共享与增值。

3.2.5 连接（CN）

CN 实现 M_{DT}各组成部分的互联互通。CN 包括 PE 和 DD 的连接（CN_PD）、PE 和 VE 的连接（CN_PV）、PE 和 Ss 的连接（CN_PS）、VE 和 DD 的连接（CN_VD）、VE 和 Ss 的连接（CN_VS）、Ss 和 DD 的连接（CN_SD），如式（3-4）所示[16]：

$$CN = (CN\_PD, CN\_PV, CN\_PS, CN\_VD, CN\_VS, CN\_SD) \tag{3-4}$$

式中：

①CN_PD 实现 PE 和 DD 的交互：可利用各种传感器、嵌入式系统、数据采集卡等对 PE 数据进行实时采集，通过 MT Connect，OPC-UA，MQTT 等协议规范传输至 DD；相应地，DD 中经过处理后的数据或指令可通过 OPC-UA，MQTT，CoAP 等协议规范传输并反馈给 PE，实现 PE 的运行优化。

②CN_PV 实现 PE 和 VE 的交互：CN_PV 与 CN_PD 的实现方法与协议类似，采集的 PE 实时数据传输至 VE，用于更新、校正各类数字模型；采集的 VE 仿真分析等数据转化为控制指令下达至 PE 执行器，实现对 PE 的实时控制。

③CN_PS 实现 PE 和 Ss 的交互：同样地，CN_PS 与 CN_PD 的实现方法及协议类似，采集的 PE 实时数据传输至 Ss，实现对 Ss 的更新与优化；Ss 产生的操作指导、专业分析、决

策优化等结果以应用软件或移动端App的形式提供给用户，通过人工操作实现对PE的调控。

④CN_VD实现VE和DD的交互：通过JDBC，ODBC等数据库接口，一方面将VE产生的仿真及相关数据实时存储到DD中，另一方面实时读取DD的融合数据、关联数据、生命周期数据等驱动动态仿真。

⑤CN_VS实现VE和Ss的交互：可通过Socket，RPC，MQSeries等软件接口实现VE与Ss的双向通信，完成直接的指令传递、数据收发、消息同步等。

⑥CN_SD实现Ss和DD的交互：与CN_VD类似，通过JDBC，ODBC等数据库接口，一方面将Ss的数据实时存储到DD，另一方面实时读取DD中的历史数据、规则数据、常用算法及模型等支持Ss的运行与优化。

3.3 数字孪生能力模型

当把数字孪生视为现实世界实体或系统的数字化表现时，更注重架构引领、模型驱动、数据驱动、虚实融合要求。为此，从过程演化角度建立了数字孪生的“定义、展现、交互、服务、进化”五维度能力模型（如图3-3所示）。其中，数据是整个能力模型的基础，五大能力围绕数据来发挥作用和效能。

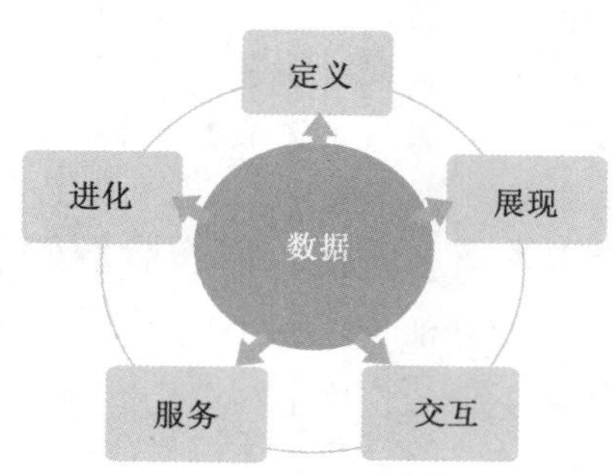

图3-3 数字孪生的能力模型

3.3.1 定义：软件的方式定义客体

定义是通过软件定义的方式将物理客体及其构成在数字空间实现客体属性、方法、行为等特性的数字化建模。构建程度可以是微观原子级，也可以是宏观几何级。数字孪生作为现实世界实体或系统的数字化表现，因为人类社会尚有未发现的真理、未发明的技术、未掌握的知识技能，故对物理客体的认识本身始终是逐渐逼近真相的过程，所以数字孪生的构建能力是模型驱动的基础，是推动对客体认识的不断深入、不断定义的过程。

3.3.2 展现：多维度的客体可视化

展现能力指利用文字、图形、图像以及特定展现格式呈现物理客体的组成及特性。数字孪生的展现能力要求对数字空间中定义的客体的静态和动态内容进行展示。静态内容包括客体属性、方法、行为相关数据及其关联，动态内容是根据客体可视化需要动态、快速、准确地展示实时或准实时的可变信息，最终实现高逼真、高精度、高动态的信息展现，为科学认知物理客体提供手段。

3.3.3 交互：与物理客体的紧密融合

交互能力是数字孪生有别于传统信息化系统和数字应用的关键特性。数字孪生通过多种传感设备或终端实现与物理世界的动态交互，因为有了动态交互能力才能将物理世界与数字世界连接为整体，从而使得数字孪生可以实时、准确地获取物理客体的信息。数字孪生依据定义模型和客体信息进行实时计算与分析，并将分析结果反馈给物理客体，为物理客体的执行提供信息参考，或为相应人员提供决策支持，从而更准确、及时、客观地把握客体状态并进一步增强与物理客体的耦合时效。

3.3.4 服务：为物理客体增值赋能

服务能力是数字孪生对物理客体赋能的体现，在传统物理客体基础上，因为具有了数字孪生的支持，可以具备传统客体不具备的新的特性和能力，从而使物理客体自身伴随数字孪生发生实质性变化。数字孪生利用先进的大数据分析和人工智能等技术，获得超出现有认知的新信息，为人类认知客体提供更直观翔实的佐证和依据，为人类再设计再优化客体提供支持，推动物理实体的改进和提升。同时，物理客体通过配备内置传感、物联及控制器件，实现对数字孪生中计算、分析的结果传递和信息的接收，使客体在数字感知、反馈、分析、自主决策水平方面得以提升。

3.3.5 进化：基于数据的迭代优化

进化能力指可以随着物理客体的发展存亡，在广度和深度维度实现对物理客体详尽描述和记录。广度上的进化指可全面记录物理客体全生命周期内的状态、行为、过程等静态或动态信息，具备无限量信息接纳能力；深度上的进化指可随时复现物理客体任一时刻的状态，并可根据认知机理和规则推演或仿真未来时刻的“假设”场景，并预判其状态。另外，数字孪生具备自学习、自适应能力，可以对自身的各种能力实现迭代和优化。

3.4 数字孪生模型研究存在的问题

首先，数字孪生从它诞生以来就不是孤立存在的，而是建设信息物理系统（cyber physical system，CPS）和信息物理生产系统（cyber physical production system，CPPS）的一部分[30]，数字孪生模型也同样如此。德国提出了工业 4.0 的参考架构模型（RAMI 4.0）[31]，如图 3-4 所示。2018 年中国出台的国家智能制造体系建设标准指南中也提出了一种智能制造系统架构（IMSA）[32]，如图 3-5 所示。数字孪生模型需要符合上述架构模型的要求，这方面的研究目前还不多见。

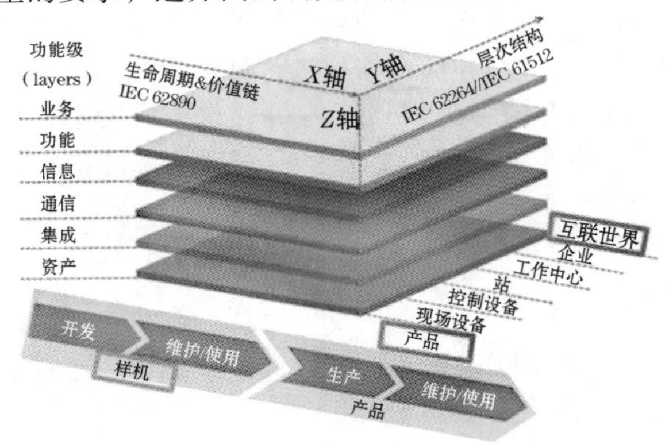

图 3-4 工业 4.0 参考架构模型

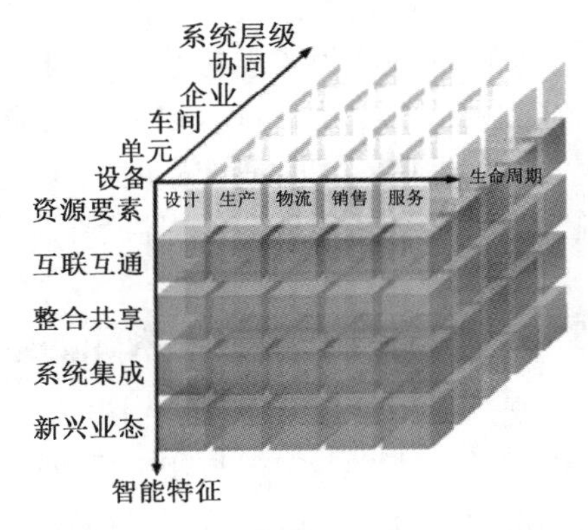

图 3-5 智能制造系统架构（IMSA）

其次，因为没有统一的描述方法和一致的结论，在此背景下各自独立发展建立起来的数字孪生模型不论是通用模型还是专用模型，在数字孪生的四大特征（可伸缩性、互操作性、可扩展性、保真度）[33]之中，互操作性和可扩展性的实现是有难度的，这一问题将随着系统规模的扩大而更加显著。

最后，综合研究现状可以发现，中国数字孪生模型的研究严重缺乏国产专业工业软件和建模软件的支持，相关软件是中国学者深入开展符合国情研究的一块短板。

3.5 数字孪生模型未来研究展望

为了在理论和实践中解决数字孪生模型研究存在的问题，需要继续深入开展以下相关研究[34]。

（1）数字孪生模型与参考架构模型的融合。

目前出现的各种参考架构模型普遍是宏观结构和建设愿景，为了使数字孪生模型与其匹配，还需要从两个方向进行研究，即参考架构模型可操作性详细模型的设计和数字孪生模型的重构。

（2）数字孪生模型的统一描述方法的构建。

模型统一描述方法在一些领域，如计算机软件开发等，已经基本实现，通过使用UML，SysML 等统一建模语言以及从实践中总结而来的面向对象开发、模型驱动开发等方法体系，可以高效地将反映现实世界具体需求的系统转化为可集成、可交互、可扩展的抽象模型系统，其效率大大超过通过简单代码的堆叠而进行的具体系统的构建。数字孪生模型的进一步发展同样需要对统一建模语言、统一建模方法进行探索。

（3）建模工具软件和工业软件的开发。

中国工业应用软件的整体水平相对落后，尤其体现在涉及工业设计、生产制造系统、关键控制系统等软件方面。因为数字孪生模型研究离不开建模工具软件的进步，因此对相关软件的研究不仅有着理论意义也有着重大现实意义。

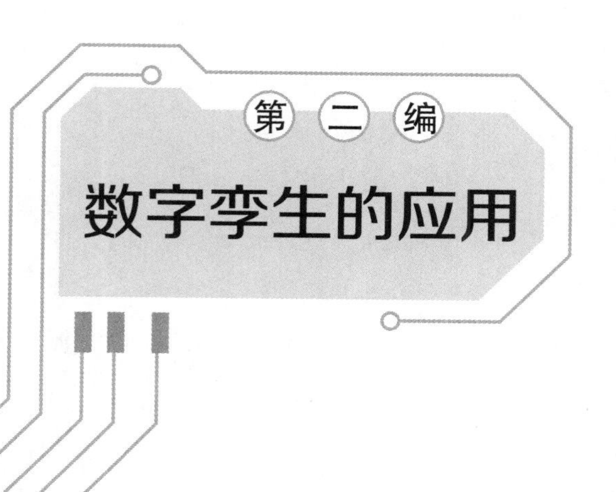

第二编 数字孪生的应用

多家国际知名企业已开始提供数字孪生技术在产品设计、制造和服务等方面的应用方案，如SAP的S/4 HANA通过统一的数字孪生界面（synchronized digital twin view），提供三种数字孪生功能：数字孪生连接，提供物理实体之间或物理实体内部之间的数据连接；数字孪生呈现，同步输出来自设备端和云端的各种设备信息；数字孪生管道，提供在共享协作平台进行数字孪生模型的新建、分发、更新、访问，增强与CAD/PLM/ERP进行整合的能力。西门子公司致力于帮助制造企业在信息空间构建整合制造流程的生产系统模型，提出产品数字孪生、生产工艺流程数字孪生和设备数字孪生，实现物理空间从产品设计到制造执行的全过程数字化；针对复杂产品用户交互需求，达索公司建立起基于数字孪生的3D体验平台，利用用户的反馈不断改进信息世界的产品设计模型，从而优化物理世界的产品实体。美国参数技术（PTC公司）致力于在虚拟世界与现实世界之间建立一个实时的连接，基于数字孪生为客户提供高效的产品售后服务与支持。世界领先的船级社DNV GL开发出一种利用数字孪生技术监测船体状况的方法，该方法可以充分利用设计阶段准备的计算分析模型，结合真实遭遇的波浪环境和位置数据，在营运阶段监测关键结构细节。数字孪生的重要功能之一在于能够在物理世界和数字世界之间全面建立准实时联系，这也是该技术的价值所在。基于产品或流程现实情况与虚拟情况之间的交互，数字孪生能够创造更加丰富的模型，从而对不可预测的情况进行更加真实和全面的模拟。数字孪生已在包括航天航空、工业、智能汽车制造等领域应用。

第4章 数字孪生与航天航空

在航空航天领域，美国国家航空航天局将物理系统与虚拟系统相结合，研究基于数字孪生的复杂系统故障预测与消除方法，并应用在飞机、飞行器、运载火箭等飞行系统的健康维护管理中。洛克希德·马丁公司将数字孪生技术运用到深空探测技术上，通过数字孪生技术，宇航员能够实时获得地面人员的指令数据、模拟数据和解决方案，更加有效地执行操作任务。美国空军研究实验室结构科学中心通过将超高保真的飞机虚拟模型与影响飞行的结构偏差和温度计算模型相结合，开展基于数字孪生的飞机结构寿命预测。空客集团采用基于数字孪生的 A350XWB 总装生产线"智能空间"解决方案，一方面使制造流程完全可视化，工艺装备及其在总装厂内的分布情况一目了然；另一方面通过数字孪生模型预测生产中可能遇到的瓶颈，提前解决问题，不断提高总装效率。

4.1 航天器数字孪生体

随着航天技术的飞速发展，空间飞行器的结构、组成日趋复杂，性能、技术水平不断提高，在这种情况下，保证空间飞行器在复杂的空间环境中更加持久、稳定地在轨运行，成为目前空间技术领域亟待解决的重要问题。传统的航天器研制体系是在地面完成航天器结构研制生产、总装和测试，再通过运载火箭运送航天器进入预定轨道，最后由航天器进行轨道转移、姿态调整。传统研制体系下，航天器需要在地面安装调试到位，确保"在轨零故障"，发射前需要携带全生命周期所需燃料，而且缺乏对于空间碎片的主动防护能力。针对上述存在的问题，国内外均开展了利用在轨装配技术在空间环境中对目标进行维护和操作的相关研究，通过在轨装配技术可以很好地解决传统航天器研制体系面临的困难，确保空间系统长期稳定地工作。

为了实现航天器在轨装配全过程模拟、状态监控以及装配结果预测，已有构建航天器数字孪生体的方式来虚拟表达在轨操作过程和结果预测的研究。航天器数字孪生体是反应航天器制造过程和执行任务过程的超写实模型，它是由许多子模型组成的集成模型，可以对航天器是否满足在轨装配任务条件进行模拟和判断。以航天器数字孪生体为例，其组成元素如图 4-1 所示。

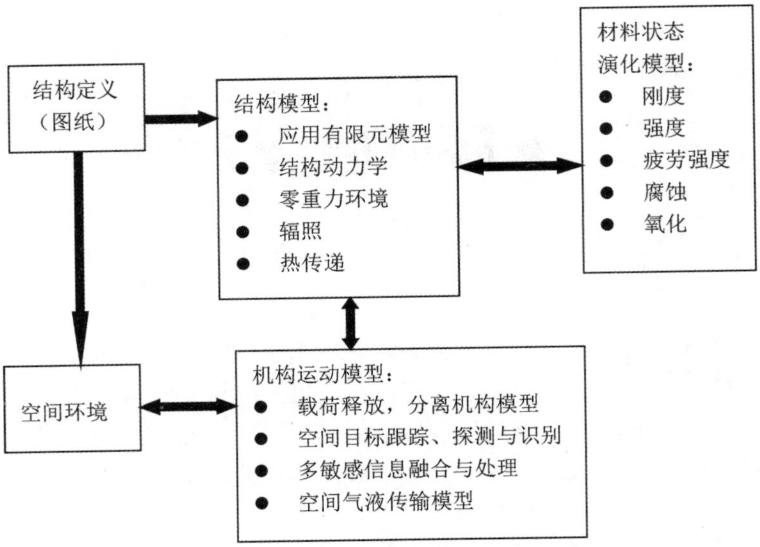

结构定义（图纸）

结构模型：
- 应用有限元模型
- 结构动力学
- 零重力环境
- 辐照
- 热传递

材料状态演化模型：
- 刚度
- 强度
- 疲劳强度
- 腐蚀
- 氧化

空间环境

机构运动模型：
- 载荷释放，分离机构模型
- 空间目标跟踪、探测与识别
- 多敏感信息融合与处理
- 空间气液传输模型

图 4-1　航天器数字孪生体的组成元素

下面从航天器研制到在轨服务的全生命周期，即航天器数字孪生体的数据组成、构建方式（设计、制造、在轨服务）、作用，来介绍航天器数字孪生体的体系结构。

4.1.1　航天器数字孪生体的数据组成[35]

产品数字孪生体是一个过程模型和动态模型，会随着航天器研制和服务过程数据的产生而不断演化和增加，航天器数字孪生体已远远超出了数字样机的范畴，除了表达几何信息和功能信息外，还包含了航天器研制过程和在轨服务状态的描述信息。同时，考虑到数字孪生体数据的不断演化和增加的特点，本节提出了基于航天器全生命周期的阶段进行数字孪生体组成数据的划分，组成航天器数字孪生体的数据主要包括：设计数据、工艺设计数据、制造过程数据和在轨服务过程数据。

（1）设计数据。

设计数据包括航天器三维模型（表达几何形状信息、几何数据），属性数据（表达产品原材料、规范、分析数据、测试需求），三维标注数据（表达产品尺寸与公差），包含航天器各部组件间装配关系的设计物料清单（bill of material，BOM）以及设计文档。

（2）工艺设计数据。

工艺设计数据包括工艺过程模型（毛坯模型、每道工序的工序模型），工序设计数据（加工特征信息、制造资源信息、加工方法、工艺参数信息），质量控制数据（检验、测量要求信息，关键、重要工序质量控制要求信息），工艺仿真数据（几何仿真、物理仿真、焊接仿真、装配过程仿真），工装设计数据。

（3）制造过程数据。

制造过程数据包括制造 BOM、检测数据、技术状态数据、生产进度数据、工装数据、质量信息数据、生产环境数据、工艺装备数据。

（4）在轨服务数据。

在轨服务数据包括在轨操作动作数据、过程监控数据、健康预测数据、多敏感器采集和分析数据等。

4.1.2 航天器数字孪生体的构建方式

基于上述航天器数字孪生体的数据组成分析，针对航天器设计、制造和在轨服务三个阶段分别提出数字孪生体的实现方式。

（1）航天器设计阶段。

在航天器设计阶段，为了构建产品数字孪生体，首先需要用一个集成的三维实体模型来完整地表达产品定义信息，基于模型的定义（model based definition，MBD）技术是解决这一难题的有效途径。该技术以模型为核心实现产品研制全过程一致性、关联性和共享，搭建工程数字化与管理信息化紧密关联纽带，使得产品的定义数据能够驱动整个制造过程下游的各个环节。具体实现过程如下：

①有序规划设计阶段数字孪生体的体系结构，将上述设计数据中的所有信息进行分类管理和显示，将信息按照各种需求分类，形成信息的各种描述形式，如设计描述、工艺描述、制造描述、检验描述、维护描述和协作描述等。同时将航天器数字孪生体分为构型层、舱段层、布局层和总装层四层模型，并规定每层模型包含的数据内容和接口，既保证数据模型轻量化又保证数据利用效率。

②构建一个全三维标注的产品模型，包括三维模型的设计信息、工艺技术要求、尺寸公差以及工艺信息的规范化表达。将设计要求、工艺技术要求、尺寸与公差、材料特性、检验要求等统一表达在三维设计模型中，依据三维标注的国家标准，建立三维标注模板，实现基于三维的规范化标注，标注效果如图 4-2 所示。

③进行基于设计模型的可制造型评价。根据结构件加工精度要求，对三维设计模型进行工艺性审查，实现模型的可装夹性、可加工性、可焊接性、可装配性的全面评估，建立工艺能力约束集合，发现设计中的缺陷，并及时反馈和更改，实现设计数据与可制造性工艺数据的快速交互，缩短设计制造过程的迭代周期。

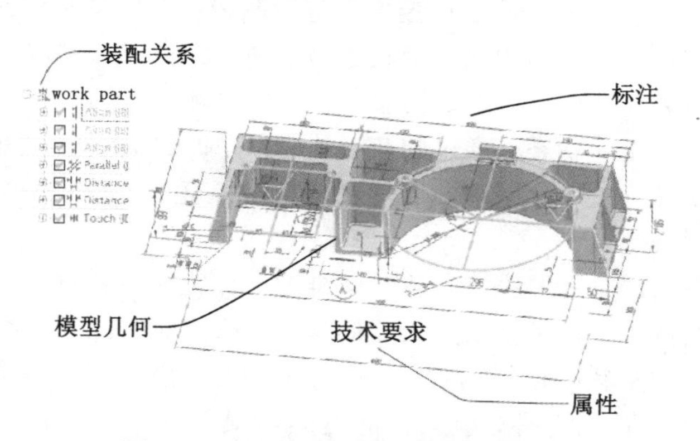

图 4-2　全三维标注的产品模型示意图

（2）航天器制造阶段。

在航天器制造阶段，航天器数字孪生体的演化和完善是通过与产品实体的不断交互开展的。因此，如何实现航天器制造过程数据的实时准确采集、有效信息提取与可靠传输是实现数字孪生体的前提条件。随着物联网、工业互联网技术的不断发展和完善，为信息获取提供了技术保障。在制造阶段，构建数字化孪生体的方式如下：

①构建面向数字孪生体的制造工艺体系。首先将以 3P1R（product-process-plantresource）数据构架的产品、工艺、工厂、制造资源整合成一个统一的 LDA（lifecycle data architecture）数据模型，形成企业单一的数据源，保证数据的唯一性和准确性；再以结构化及 3D 可视化的工艺形式进行工艺规划和 3D 工装设计，对于工艺/工序/工步数据、工装设备等生产资源数据、工厂/生产线/装配区等生产布局数据，通过集成 PDM，MES，ERP 来实现物理空间和虚拟空间下的数据协同。

②编制三维结构化工艺。基于产品 BOM 分解的每个零件节点均可分解为若干工艺，工艺可分解为若干工序，工序可分解为若干工步。各级节点挂接工艺内容、所需要的工装工具、检验标准、工艺过程模型等相关信息，形成工艺的结构化数据描述。对于三维结构化工艺的各项数据，均可真实地反映实体产品的演化过程和最终状态，该演化过程同时在数字孪生体上体现。以三维工艺中的工序过程模型为例，数字孪生体除了要体现零件从毛坯到产品过程的几何信息变化外，还需体现切削力、切削温度、切削变化对产品的影响信息，如图 4-3 所示。

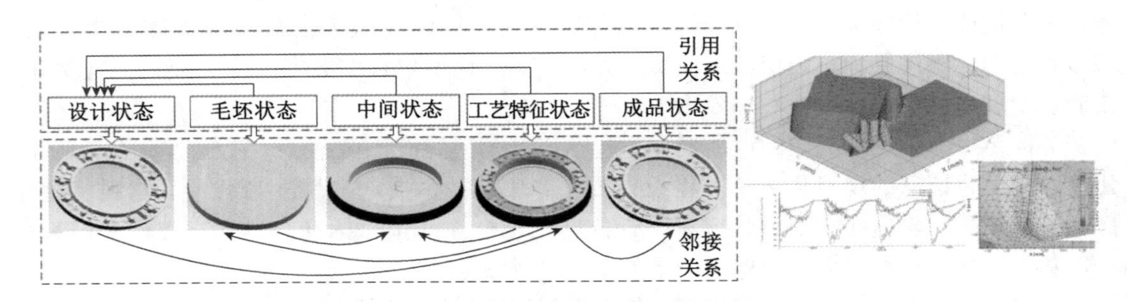

图 4-3 工序过程模型和物理仿真示意图

③实时采集实体空间的动态数据。针对制造资源［生产人员、仪器设备、工装工具、物料、AGV（automated guided vehicle）小车、托盘］，结合产品生产现场的特点与需求，利用条码技术、RFID、传感器等物联网技术，进行制造资源信息标识，对制造过程感知信息采集点进行设计，在生产车间构建一个制造物联网络，实现对制造资源的实时感知，并将数据进行标准化封装，形成统一的数据服务，供其他环节调用。

④不断优化数字孪生体状态。通过制造工艺体系中的数据接口，将动态数据传输至统一数据源，并分发给相应数字化系统，实现航天器数字孪生体的生成和不断更新。

（3）航天器在轨服务阶段。

航天器在轨服务阶段，需要完成在轨维修维护、在轨加注和空间防护任务，并且是在高空无人环境下进行的，因此需要对航天器的状态进行实时跟踪和监控，包括航天器的空间姿态、空间环境、质量状况、使用状况、技术和功能状态等，并根据航天器实际状态、实时数据、使用和维护记录数据对航天器的健康状况、寿命、功能和性能进行预测与分析，并对执行任务情况进行提前预警。

①多敏感器参数获取。在物理空间中，在轨装配航天器需要采用物联网、传感技术、移动互联技术，通过多种敏感器获取与在轨装配任务相关的实测数据，包括测距仪信息、多目相机的目标识别信息、外部环境感知信息、力/位精细感知信息、气液传输信息等。将上述信息获取后，通过天地通信设备，将获取到的航天器全部信息传递至地面服务器，供数字孪生体提取相关数据。

②信息融合与评估。上述物理空间获取的信息，需要映射到虚拟空间的航天器数字孪

生体中。在虚拟空间中，采用模型可视化技术实现对物理产品使用过程的实时监控，并结合历史使用数据、历史维护数据等，采用动态 Bayes、机器学习等数据挖掘方法和优化算法实现对产品模型、结构分析模型、热力学模型、产品故障和寿命预测与分析模型的持续优化[36]，进而通过数字孪生体完成航天器在轨装配任务验证和结果预测，并用以制定物理空间中航天器的控制策略。

③持续优化与改进。需要指出的是，航天器数字孪生体是物理产品在虚拟空间的超现实模型，始终存在拟实化程度的问题，所以要针对数字孪生体与物理空间产品之间的偏差不断进行修正，只有通过数据的不断积累，才能持续提高数字孪生体的拟实化程度。对于已发生的偏差，采用追溯技术、仿真技术实现问题的快速定位、原因分析、解决方案的生成，并修正数字孪生体模型以及其与物理产品之间的映射关系，既能保证数字孪生技术的不断推进，又能为后续任务的执行提供数据支撑。

4.1.3 航天器数字孪生体的作用

通过上述方法，完成航天器数字孪生体构建后，可以带来诸多好处。首先，可以对航天器在物理空间中的形成过程完成模拟、监控、诊断、预测、评估和控制；其次，可以推进航天器全生命周期内各阶段的高效协同；最后，还可以进一步完善数字化的航天器全生命周期管理系统，为全过程质量追溯和产品研发的持续改进奠定数据基础[37,38]。

（1）模拟、监控、诊断、预测、评估和控制航天器研制和服务过程。

①模拟在轨任务执行：通过构建航天器数字孪生体，可以在执行在轨装配任务前，使用数字孪生体在搭建的虚拟仿真环境中模拟执行任务过程，尽可能地掌握航天器在轨服务的状态、行为、任务成功概率，以及在设计阶段未考虑到的问题。同时，可以通过改变虚拟环境的参数设计，模拟航天器在不同环境下的运行情况；通过改变在轨任务策略，模拟不同操作方式下对任务成功概率、航天器寿命产生的影响。通过模拟为在轨任务内容确定、在轨任务策略制定以及面对异常情况的决策提供依据，并从实际使用端优化航天器设计。

②监控和诊断航天器制造和在轨服务过程：由航天器数字孪生体创建过程可知，在航天器制造以及在轨服务过程中，制造数据和在轨服务数据会实时反映到数字孪生体中，数字孪生体可以动态实时地监控航天器研制过程和在轨服务过程，并将过程数据以数字化形式存储下来。所以，不论航天器在研制过程中或者在轨服务过程中发生故障，均可以通过数字孪生体中的监控数据和历史数据进行故障诊断和定位。

③预测和评估：在航天体制造阶段，通常会遇到各种非理想状态，如焊接变形导致轮廓度差、应力释放导致平面度差等，这时需要技术人员对非理想状态进行分析，并评估其对后续研制的影响。而通过构建航天器数字孪生体，可在虚拟空间中对非理想状态进行集成模拟、仿真和验证，依托制造环节实时映射到数字孪生体中的检验和测量数据、关键技术状态参数等数据，实时预测和评估对后续研制任务的影响，并用以指导对非理想状态的决策。

④在航天器在轨服务阶段，通过航天器上的多敏感器获取实时数据，包括负载、温度、应力、结构损伤程度以及外部环境，并将实测数据关联映射至航天器数字孪生体。基于已有的产品档案数据、基于物理属性的产品仿真和分析模型，实时准确地预测航天器实体的健康状况、剩余寿命、故障信息以及在轨任务的成功概率等。

（2）推进航天器全生命周期各阶段的高效协同。

与三维数字化制造模式不同，通过构建航天器数字孪生体，可以在其全生命周期各阶段，将产品设计、产品制造、产品服务等各个环节的数据在产品数字孪生体中进行关联映射。在此基础上，以产品数字孪生体为单一产品数据源，实现航天器各阶段的高效协同。同时，基于航天器数字孪生体技术，可实现对产品设计数据、产品制造数据和产品服务数据等产品全生命周期数据的可视化统一管理，并为产品全生命周期各阶段所涉及的各类人员（包括工程设计和分析人员、生产管理人员、操作人员、在轨服务指挥人员）提供统一的数据和模型接口服务。另外，Michael Grieves 也指出，数字孪生体的出现，使得企业能够在产品实物制造以前就在虚拟空间中模拟和仿真产品的开发、制造和使用过程[4]，避免或减少了产品开发过程中存在的物理样机试制和测试过程，能够降低企业进行产品创新的成本、时间及风险，极大地驱动了企业进行产品创新的动力。

（3）实现航天器研发的持续改进和全过程质量可追溯。

航天器数字孪生体是航天器全生命周期的数据中心，记录了航天器从概念设计直至报废的所有模型和数据，是物理产品在全生命周期的数字化档案，反映了产品在全生命周期各阶段的形成过程、状态和行为。航天器数字孪生体实时记录了航天器从设计到退役的全过程，并且在航天器的各阶段都能够调用该阶段以前所有的模型和数据，在任何时刻、任何地点和任何阶段都是状态可视、行为可控、质量可追溯的。比如在航天器在轨服务阶段，当发生异常情况，之前地面验证试验未进行相关环境测试时，航天器数字孪生体在设计和制造阶段的所有数据和模型记录集合，能够在新环境下提供准确的模型和数据来源，并预测结果，为异常突发情况提供决策基础。

4.2 基于数字孪生的航天器系统工程的特点

航天器研制具有以下特点：

①航天器研制采用系统工程方法和手段，具有典型的生命周期，以需求分析与系统定义、系统设计与功能分解、产品实现、系统集成、验证和确认、在轨运行与退役等一系列完整流程逐渐演进；

②按照系统、分系统、单机和部组件的产品结构，从上至下逐级传递、分解、补充和定义，从下往上逐级实施、反馈、确认和综合；

③采用项目管理技术实施项目的计划与控制，特别是对项目的组织及其周期、费用、效益和质量的控制；

④多学科高科技交融，除机、热、电、光等基本专业外，还特别重视对最终整体性能涌现具有至关重要作用的工程专业领域，如航天器总体、轨道、可靠性等；

⑤以系统抓总单位为核心，聚集我国各地优势资源，沿地缘分布的众多参与研制的科研院所大力协同；

⑥在研制期间，除需进行大量的分析、计算和仿真外，还需投产结构热控件、鉴定件和正样飞行件等不同类别产品进行各类试验验证和确认，涵盖人员、过程、知识、工具、信息、设施、设备与物料等要素，跨越物理世界和信息世界。

基于数字孪生的航天器系统工程总体思想如图 4-4 所示。借助大数据、云计算、物联网、数字化表达、移动互联、人工智能等先进技术，从虚实空间、生命周期、产品结构、计划与控制、涉及学科、工程要素、地缘分布等七个维度对航天器系统工程进行综合。在信息世界中构建物理世界（如航天器产品、物理验证载体、物理车间、试验/测试设备等）的超写实数字模型（如航天器产品镜像、物理验证载体镜像、数字车间、试验/测试设备镜像等），打破现实和虚拟之间的界限，实现信息世界与物理世界的双向且实时交互，将人、流程、数据和事物等连接起来。提供协同工作环境，形成全过程、异地、多产品、多学科、多要素、多源数据的统一管理和有效融合与利用，反复优化航天器产品设计和生产过程，完成状态检测、数据采集与传输、实时显示、动态分析、多维度设计、多视角仿真、关键参数优化、性能与行为预测、任务评估、控制决策、驱动输出等各种功能。覆盖航天器系统工程的全生命周期、产品结构层级和地缘分布，聚合多学科、多要素异地数据，融入项目计划与控制，实现设计、工艺、制造/装配、试验/测试、在轨运行、管理等航天器全生命周期过程的高度模块化、可视化、模型化、数据化、互联化及智慧化，从而推进航天工业智能制造，促进整个航天器系统工程向数字化、网络化和智能化转型[39]。

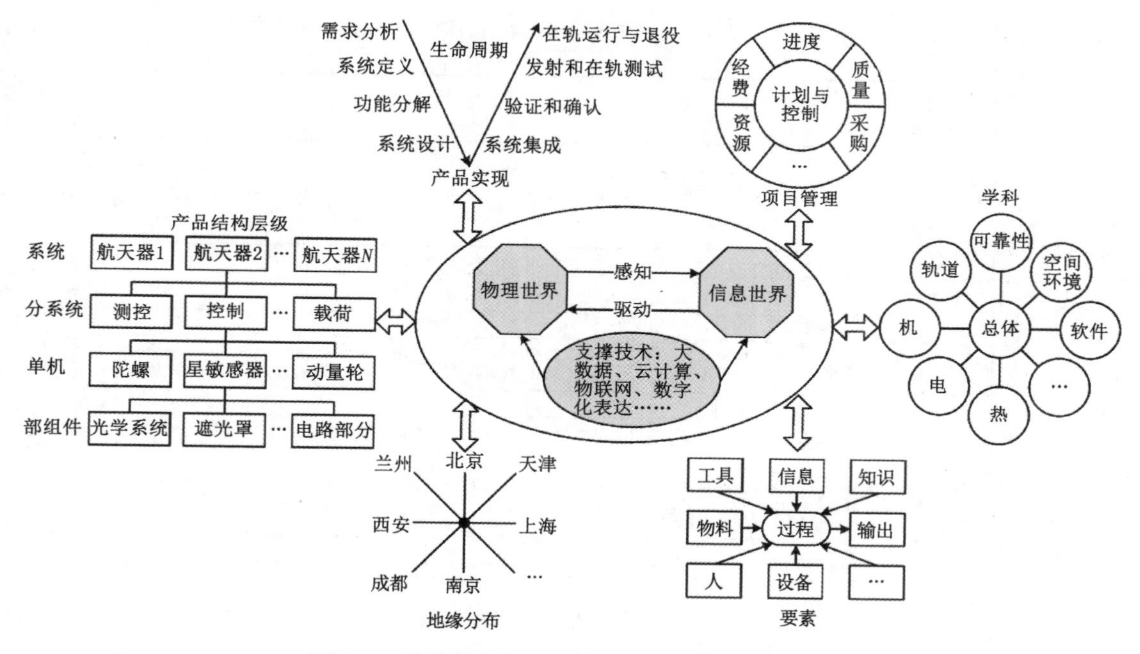

图 4-4 基于数字孪生的航天器系统工程总体思想

4.2.1 基于数字孪生的航天器系统工程整体模型和应用框架

4.2.1.1 整体模型和应用框架

基于数字孪生的航天器系统工程整体模型和应用框架如图 4-5 所示，覆盖全生命周期主要阶段的总体模型框架如图 4-6 所示。数字孪生的构建开始于航天器概念研究与可行性论证阶段，根据任务需求，充分利用已有历史产品、虚拟产品和物理产品等各类技术数据、信息和工程知识，进行效能分析与评估，明确技术可行性和经济可行性。随着方案、初样、正样等阶段生成的各类模型的不断完善，并通过与物理世界之间的数据和信息进行交互，不断精确相关数据，为航天器系统工程策划与实施提供数据支撑，确保整个系统工程过程中各项活动能及时、协调和全面地开展，促进系统工程各阶段快速演进，从而实现全生命周期管理与全价值链协同，进而完成工程目标。航天器系统工程中的数字孪生模型除具有航天器系统工程普遍特性外，还具有多物理性、超写实性、层次性、集成性、阶段性、动态性、广泛性等诸多特性[38]。

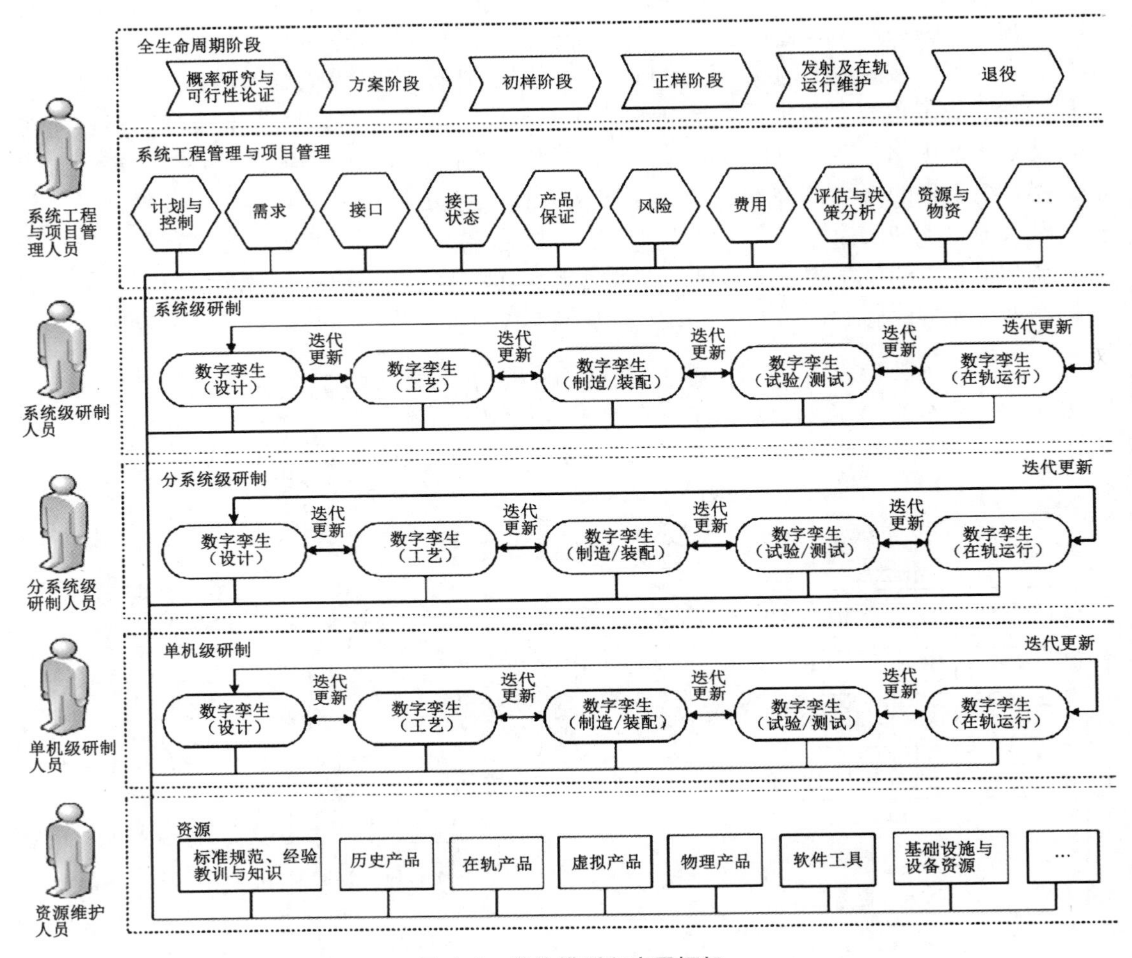

图 4-5 整体模型和应用框架

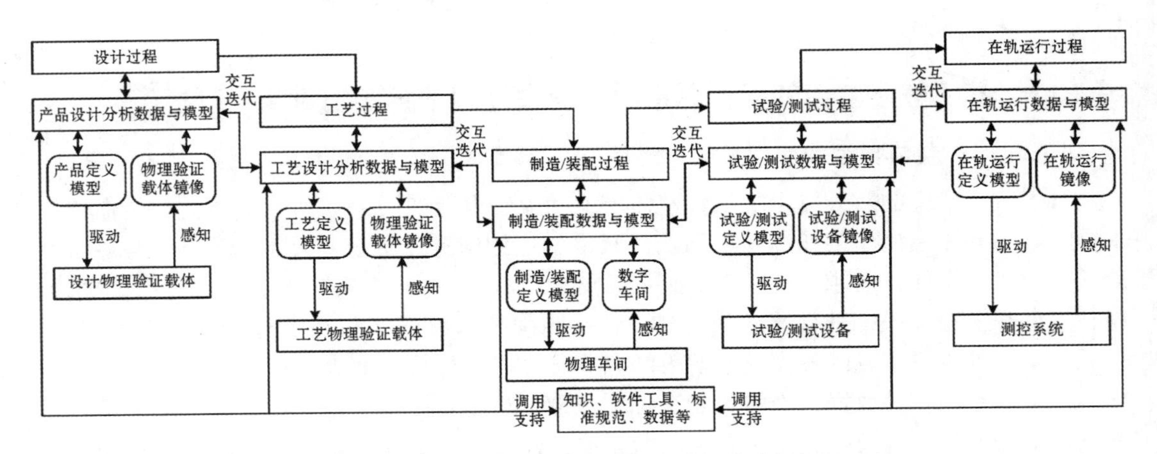

图 4-6 覆盖全生命周期主要阶段的总体模型框架

（1）多物理性和超写实性。

从总体、机、热、电、磁、光、可靠性、轨道等各个学科专业和实施过程的不同视角建立航天器高保真度镜像，并与物理世界动态互联，与航天器物理实体的特征、行为、过程和性能基本一致，拟实度高。

（2）层次性和集成性。

根据航天器不同产品层级，数字孪生由系统级、分系统级、单机级甚至部组件级数字孪生组成，从上至下逐级传递、分解、补充和定义，从下往上逐级实施、反馈、确认和综合，通过分解与集成保持信息共享一致。

（3）阶段性和动态性。

根据航天器系统工程不同阶段和任务特点，数字孪生按照生命周期阶段演进，贯穿设计、工艺、制造/装配、试验/测试和在轨运行等多个不同阶段；虽然各阶段的最终模型相对固定，但是阶段之间和阶段内部不断迭代，信息世界与物理世界不断交互，始终处于动态更新的状态。

（4）广泛性。

借助各类仿真分析工具，综合各方面知识，对功能、性能、质量、进度和费用等进行综合权衡，为航天器系统工程决策提供数据支持。

4.2.1.2 基于数字孪生的航天器设计

基于数字孪生的航天器设计如图 4-7 所示。航天器系统工程师和各级产品设计师可在信息世界获得可参考的历史产品的数字化模型，建立当前航天器的特定数字化模型，并在

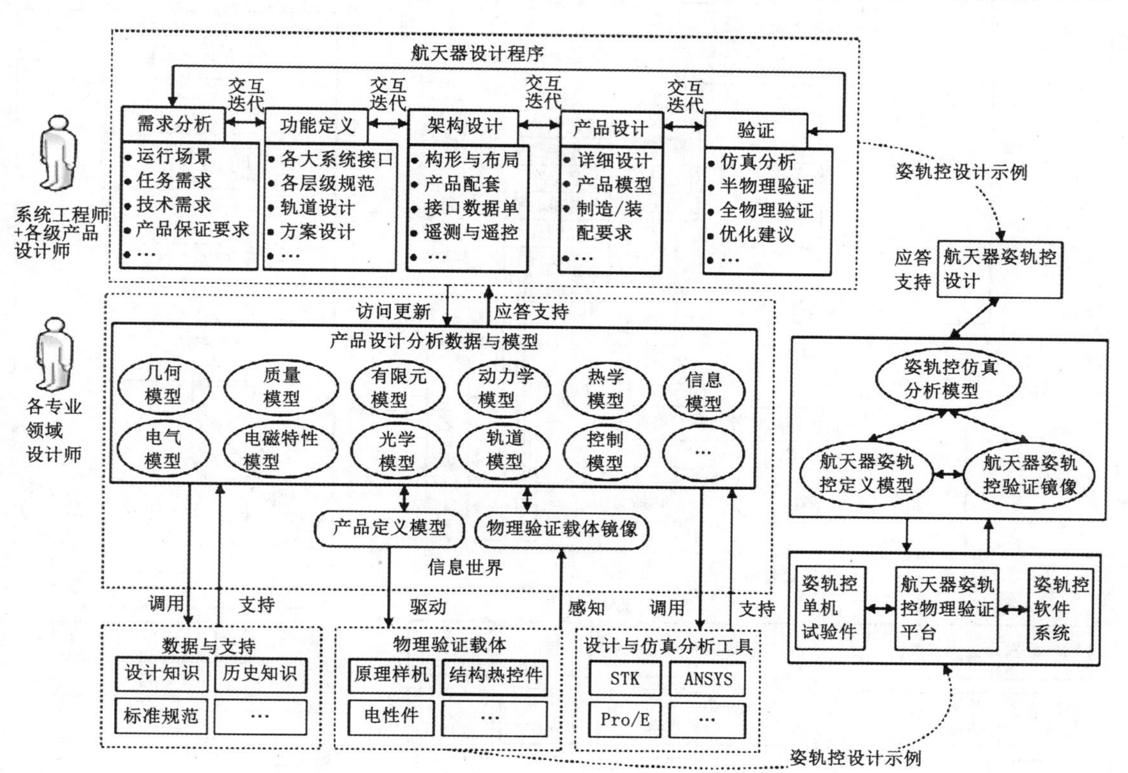

图 4-7 基于数字孪生的航天器设计

此基础上按照设计程序开展设计工作，对航天器系统设计涉及的总体、机、热、电、磁、光、可靠性等各类工程模型进行聚拢集成，形成航天器超高写实镜像。在航天器系统工程的设计全过程中：信息世界与物理验证载体交互协同，加深对用户需求、概念构想和真实运行场景的理解；识别产品间耦合与影响关系，建立各层级产品间需求、功能、架构和设计的分解与集成关系；进行多专业信息的集成、统一与融合，为异地分布的多人员广泛协同提供统一数据源；实现多学科设计协同、仿真分析、虚拟验证、半物理验证与全物理验证及迭代优化；从多角度探索、模拟、设计、分析、验证、评估、决策和控制，提出多维度多层次的设计解决方案，并进行多方案权衡，通过多轮迭代获得精心优化的设计；基于统一数据源实施技术状态变动影响域的动态分析、验证与控制；最终确定并形成航天器软件和硬件产品模型，确定产品基线；提供统一的数据源来支持后续工艺、制造/装配、试验/测试、在轨运行等工作，并随着后续工作的反馈而不断完善更新。

4.2.1.3 基于数字孪生的航天器工艺

基于数字孪生的航天器工艺如图 4-8 所示。在设计阶段生成的最终航天器产品模型的基础上，提取结构特征、设计尺寸、设备布局、接点定义、特征参数等基本信息，针对机

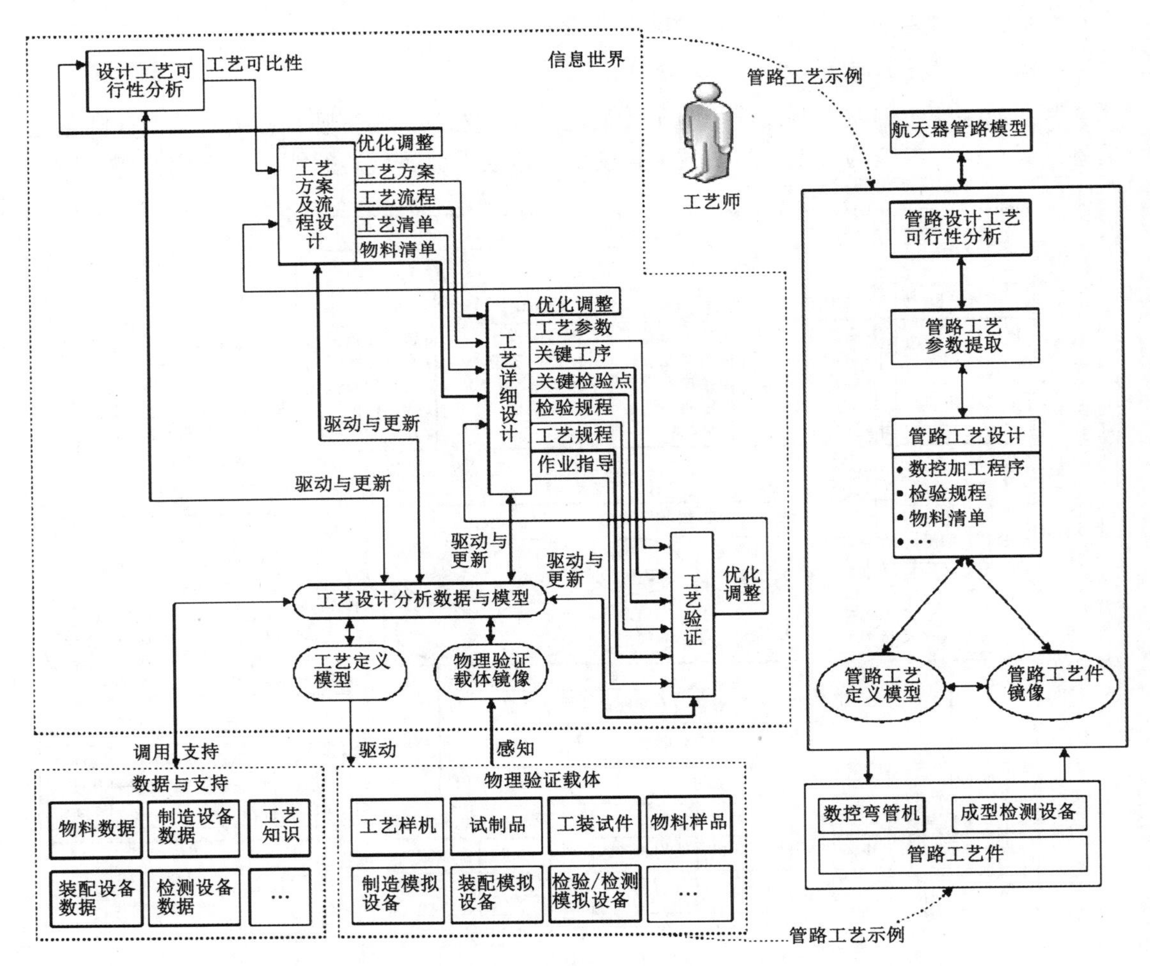

图 4-8 基于数字孪生的航天器工艺

械加工、管路制作与焊接、电子装联、整机装配、大部件部装及整星总装等工艺过程建模，以工序为基本单元，视图与工序关联，建立航天器工艺数字孪生，与工艺知识库、材料数据库、设备数据库和工艺样机等进行无缝交互与集成，对各类制造/装配过程信息进行综合分析，完成工艺设计与验证，并给出优化调整建议[39]。通过对产品设计模型开展工艺可行性分析，确定产品的可制造性；通过开展工艺方案和流程设计确立工艺方案、工艺流程、工艺清单和物料清单；通过工艺详细设计确立工艺参数、识别工艺特性和关键工序、设立关键检验点、形成检验规程和工艺规程；通过与数字样机、工艺样机、制造/装配资源交互，完成工艺的虚拟验证、半物理验证与全物理验证。每个步骤都处于可视化、动态化、模块化的数字孪生环境支持下，以三维实体模型作为唯一数据源，集成了工艺、属性、产品几何尺寸信息、基准和坐标信息、物料信息、产品制造/装配技术要求与设备信息、检验方法与技术要求、作业指导等信息，可多学科多人异地协同，进行面向制造/装配全过程、全业务、全要素的工艺虚实映射和交互融合，在对工艺模型进一步细化的同时，向前一步骤反馈优化调整建议，通过多轮迭代优化，最终发布用于制造/装配的清晰、完整、层次化的三维工艺表达模型，从而完成整个工艺设计过程，大大提高工艺设计效率、可视性和准确性。

4.2.1.4 基于数字孪生的航天器制造/装配

基于数字孪生的航天器制造/装配如图 4-9 所示。对航天器产品及其所在机械加工车间、管路制作与焊接车间、电装车间、部装车间和总装车间等车间的物料、环境、能源动

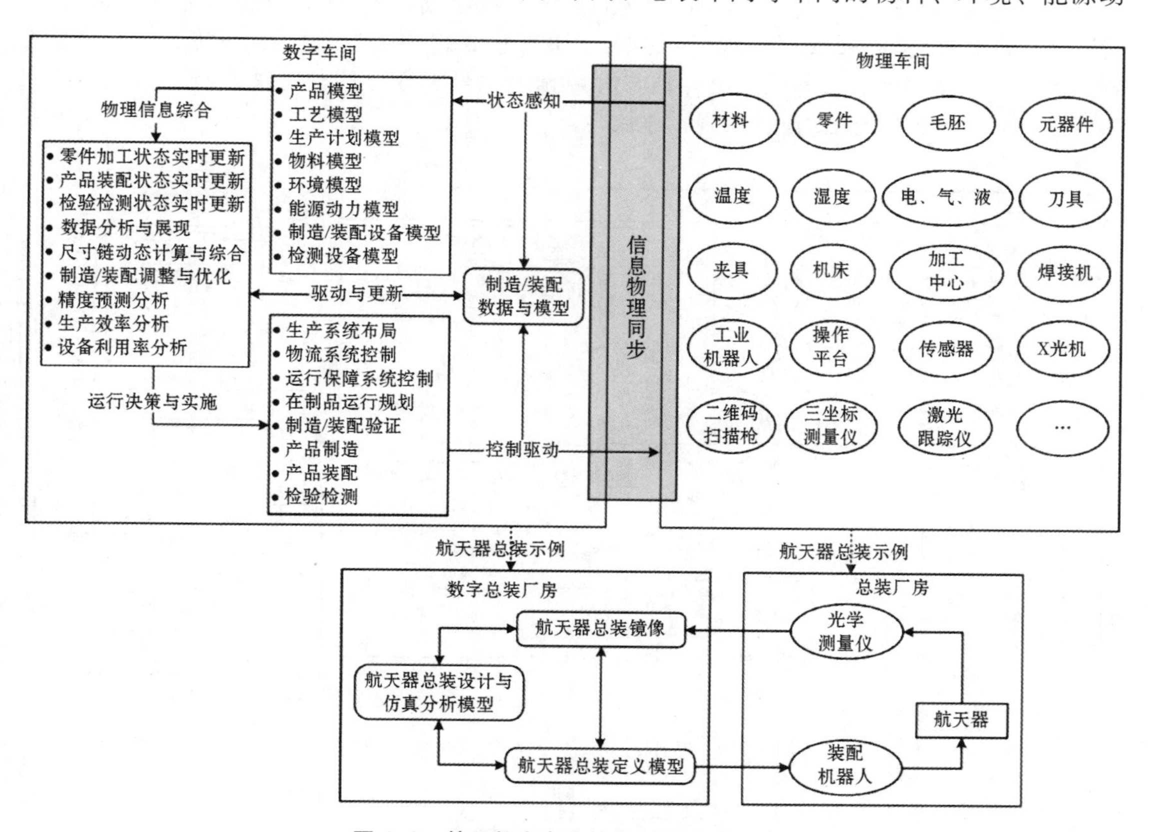

图 4-9 基于数字孪生的航天器制造/装配

力、制造/装配设备、检测设备、流程等进行三维建模，根据航天器产品、工艺、生产计划特定需求，通过信息物理同步接口[40-41]将相应的数字化模型与物理实体进行虚实同步集成，构建与物理车间高度保真的数字车间，形成完整的制造/装配数字孪生系统，保证制造/装配车间的虚实互联、实时交互与动态同步。感知航天器产品制造/装配涉及的人、机、料、法、环等各类物理信息，进行信息世界与物理世界的深度融合，形成生产系统布局、物流系统控制、运行保障系统控制、产品制造/装配与检验及在制品运行规划等，驱动物理车间的设备动作执行，综合物质流、数据流、信息流和能量流，完成制造、装配、检测等全过程、全业务、全要素的设计、验证、操作实施、实时呈现、动态计算与综合、调整与优化、精度预测、生产效率分析及设备利用率分析等，实现制造/装配设计与操作的无缝衔接及制造/装配状态和过程的动态感知、实时分析、自主决策、精准控制和可视化。

4.2.1.5 基于数字孪生的航天器试验/测试

基于数字孪生的航天器试验/测试如图 4-10 所示。在航天器设计、工艺、制造/装配模型基础上，建立用于试验/测试的数字孪生模型。除对航天器本身进行孪生外，还需要对试验/测试设备进行孪生，用以对试验/测试设备进行设置、监控、维修等。在对遥测、遥控、数据传输等各类专用综合测试设备（special check-out equipment，SCOE），逻辑分析仪、频谱仪、数字示波器等各类通用测试设备，及真空罐、振动台等各类环境模拟与测试设备信息的融合基础上，完成航天器试验/测试设计、执行、控制、监测及各类数据应用；在实时数据支持下，通过虚实结合验证技术，对后续试验/测试进行全方面、全过程验证，并进行优化调整；结合历史产品数据、故障模式库和试验/测试知识库，进行试验/测试评价、故障定位与诊断、健康评估与故障预测、可靠性评估与寿命预测等深度应用，还可以进行大型试验/测试设备的视情维修。

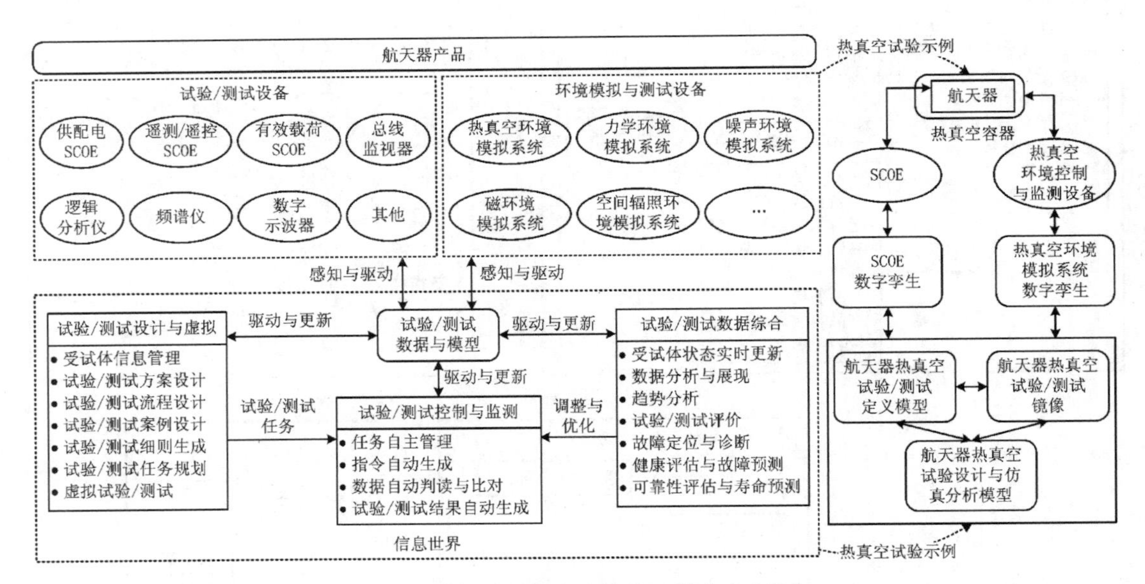

图 4-10 基于数字孪生的航天器试验/测试

4.2.1.6 基于数字孪生的航天器在轨运行

基于数字孪生的航天器系统在轨运行如图 4-11 所示。航天器发射前，基于航天器地面研制期间建立的数字孪生模型，在数字空间中建立航天器在轨运行的数字孪生模型，实现在轨运行与维护任务的规划、控制、监测与数据应用等功能。利用数字孪生模型对在轨运行任务执行过程进行仿真验证，提前发现问题并予以纠正，提高任务成功概率，并为任务决策制定提供依据。航天器发射后，根据航天器在轨产生的遥测数据和载荷数据实现与航天器真实状态完全同步，将航天器发射后的实际数据实时反映在数字孪生体中，可实现对航天器在轨运行过程的动态实时可视化监控；综合航天器在轨实时数据和历史数据以及飞行前地面数据，结合有效的算法和模型及时开展航天器健康状态评估，故障预测、诊断与定位，可靠性评估和寿命预测，并给出在轨维护建议等[42]。

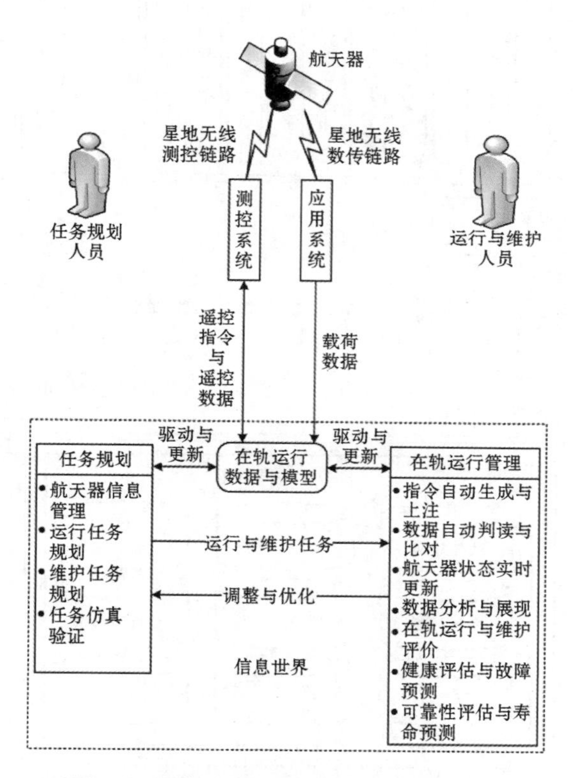

图 4-11 基于数字孪生的航天器在轨运行

4.2.2 基于数字孪生的航天器系统工程技术实现

基于数字孪生的航天器系统工程的系统架构如图 4-12 所示，充分运用已有历史产品库、知识库、各类计算机辅助软件和产品数据管理（product data management，PDM）等信息化建设成果，在各类开发工具的支持下，采用分层与功能模块集合的方式实现航天器全生命周期全过程、全业务、全要素的无缝集成与功能整合，降低彼此间的耦合。功能模块的有效编排与组合可满足新业务需求，方便新的信息系统的接入，也方便系统的升级和扩展，同时还具有高度的可靠性，以满足航天器系统工程需求。

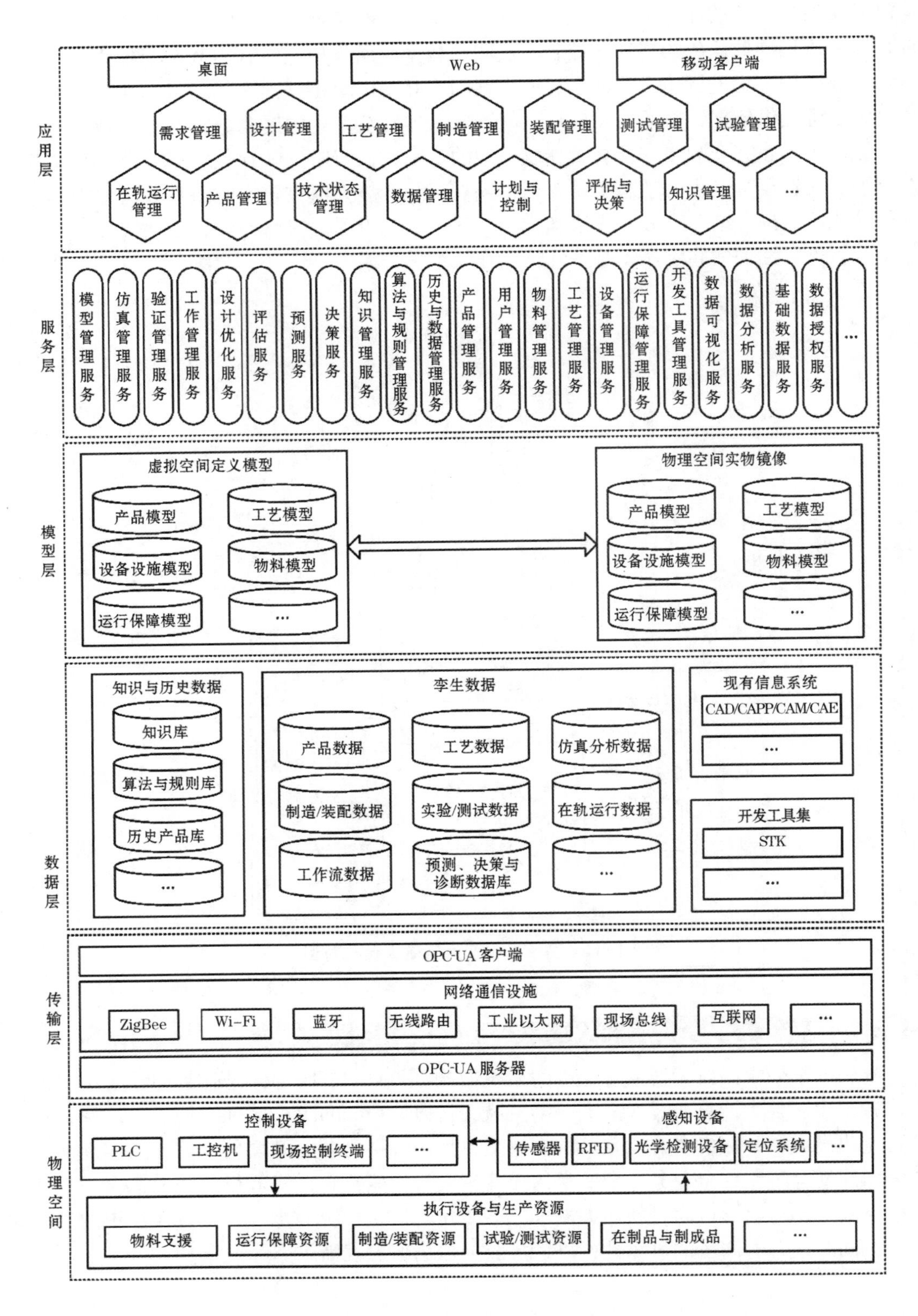

图 4-12　基于数字孪生的航天器系统工程的系统架构

基于数字孪生的航天器系统工程的系统架构由物理空间、传输层、数据层、模型层、服务层和应用层共6层构成，其技术实现应充分考虑每层的功能需求，从当前大数据、云计算、物联网、数字化表达、仿真等先进技术中选用适宜的技术。

（1）物理空间。

物理空间包括感知设备、控制设备、执行设备与生产资源等。该层通过 IoT（internet of things）技术在物理空间构建智能网络，实现物理设备的互联、互通及智能化识别、定位、跟踪、监控和管理[43]。根据航天器设计、制造/装配、试验/测试等需求，在机械加工车间、电装车间、部装车间和总装车间等物理空间针对控制模块、执行设备与生产资源、实验设备等物理实体进行合理设计，并布置传感器、射频识别（radio freqency identification，RFID）、光学检测设备、定位系统、二维码扫描设备等感知设备，实时感知物理实体的结构、状态、行为、位置等数据；获得的物理实体数据同时提交给控制设备与传输层；可编程逻辑控制器（programmable logic controller，PLC）、工控机、现场控制终端等控制设备一方面接收感知设备发送来的感知信息，另一方面通过传输层获取信息世界发送来的控制指令，在本地实现控制指令和感知信息的动态融合，从而进行智能控制，并将控制决策情况反馈给传输层。

（2）传输层。

传输层包括 Wi-Fi、无线路由、现场总线等通信模块及位于信息世界与物理世界两侧的信息物理同步接口。该层通过用于过程控制的对象连接与嵌入统一架构（object linking and embedding for process control unified architecture，OPC-UA）技术实现信息物理同步。OPC-UA 作为 OPC 基金会推出的新一代工业软件应用接口规范，提供了互操作的、平台独立的、高性能的、可扩展的、面向服务的、表达灵活的、更安全和更可靠的通信，作为工业设备间及车间与企业网络通信的标准接口而得到广泛应用。如图 4-13 所示，通过信息世界 OPC-UA 客户端与物理世界 OPC-UA 服务器之间的统一标准通信机制，在信息物理映射字典所规定的数据含义及与节点的对应关系等定义下，实现信息世界与物理世界的互通互操作[44]。

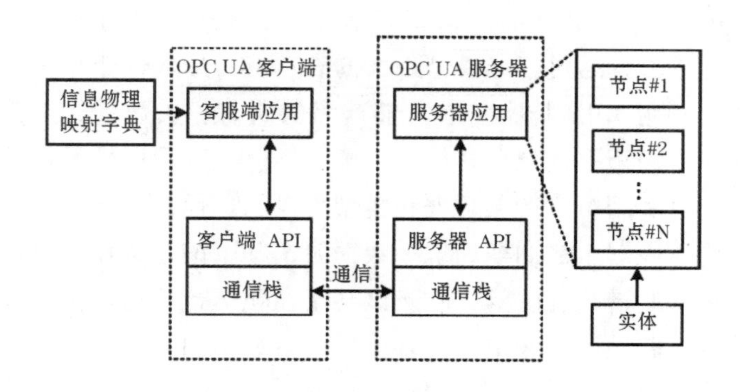

图 4-13 信息物理同步

（3）数据层。

数据层包括信息世界定义模型和物理世界实物镜像的有关数据，知识库、算法与规则库、历史产品数据及各类业务系统服务产生的数据，其中合适的算法与规则是实现智能决策的前提。该层运用大数据和云计算技术实现航天器系统工程数据的采集、存储、处理、分析和应用。可采用 MongoDB，Hbase 和 OrientDB 等 NoSQL 数据库与传统 SQL 数据库结合实现多源异构数据的存储，采用 Sqoop 产品实现 NoSQL 数据库与传统 SQL 数据库之间的数据交换，通过时间戳、数据标志等对不同数据库中的数据进行有效关联，采用 Hive 和 Hadapt 等产品实现数据存储，采用 HDFS 和 MapReduce 等产品实现批量数据处理，采用 Storm，Spark Streaming 和 Samza 等产品实现流式数据处理，采用 Presto 和 Dremel 等产品实现交互式数据处理，综合采用分类、聚类、回归、降维、深度学习等大数据分析方法与传统数据分析方法，采用雷达图、仪表盘、气泡图等可视化工具实现数据呈现，从而完成数据的采集、清洗、筛选、解析、归一、融合、存储、分析和展现及大数据移动和备份等，实现多学科综合过程中复杂数据传递和转换，提供纯净、可用的数据，消除内部信息孤岛[45]。由于云计算基于超大规模的分布式环境，可以根据用户需求提供海量数据高效率多样化的存储、计算和应用服务能力，可借助云平台进行上述航天器系统工程大数据的存储和计算，但前提是需要建立可靠的网络安全系统。

（4）模型层。

模型层包括在信息世界设计开发所生成的定义模型及对物理世界实物生成的镜像。航天器系统工程的数字化表达是该层的关键技术。在系统模型建立方面，可采用系统建模语言（system modeling language，SysML）从需求、行为、结构、参数等不同视角描述系统的静态结构和动态行为，模型元素与不同的具体建模仿真工具连接，打通系统模型与总体、机、热、电、磁、光等多学科领域模型的链路，实现多学科交互协同，且随着设计进化实现模型的不断转换、对比和同步[46]。在系统模型的基础上，采用并集成先进的仿真分析平台和仿真分析软件建立多学科领域仿真分析优化模型，进行仿真分析与验证，提高仿真分析的准确性和实时性，以获得最优解，例如采用 STK 进行航天器轨道设计及位置、姿态和覆盖范围分析，采用 Pro/E 进行整星构形、仪器设备安装布局、光学敏感器视场分析、运动干涉分析等，采用 ADAMS 进行静力学、运动学和动力学分析，采用 MSC/PATRAN，MSC/NASTRAN 开展模态及频域分析，采用 PLUME 进行发动机羽流分析。此外，商业软件 ANSYS 和 ABAQUS 等还提供了各类仿真工具可用于专业学科仿真分析。MBD 技术提供了优秀的数字化表达手段，通过三维模型强大的表达能力形成便于用户、计算机识别更高效信息的表达方式。利用 MBD 技术将航天器产品的所有相关设计、工艺描述、属性、管理等信息都附着在三维模型上，包含几何、约束、标注、工程属性及层级结构等全部航天器产品定义信息，充分利用历史产品数据和模型自身的迭代，提高模型的精准性和超写实性；将三维模型作为航天器生命周期的统一数据源，基于该三维模型开展航天器设计、仿真、验证、工艺规划、制造/装配、试验/测试甚至在轨运行维护等全生命周期活动，打破产品层级、研制阶段、跨地域协作单位、多属性学科、不同管理要素等之间的壁垒，有利于开展航天器并行协同设计[46]。

（5）服务层。

该层涵盖了整个航天器系统工程业务流程的所有业务功能，其关键技术是将业务流程的所有功能转换为服务对外提供。作为一种成熟的企业级软件系统架构，面向服务的架构（service oriented architecture，SOA）可按照航天器系统工程中的业务流程将系统所需的全部应用功能分解为不同服务，并通过定义良好的接口协议关联起来，能够降低系统间的耦合，实现企业内部异构系统之间数据流的无缝集成，使系统架构更迅速、更可靠、更具重用性。SOA 可利用 Web Service 技术实现[47]，充分考虑各服务组件的重用性来降低开发维护代价，将提供公共服务和业务规则的应用以 Web Service 的方式发布，对外界提供公共接口。根据颗粒度大小可将所有服务分层，所有数据、模型和算法等都封装为不同的子服务，这些子服务被选择组合生成满足应用使用的更高层级服务。

（6）应用层。

系统工程师、项目管理人员、设计师、工艺师、制造/装配人员、试验/测试人员等所有航天器系统工程参与人员和该系统的运行维护人员均通过应用层提供的各业务操作界面来完成各自的任务。应用层的实现应充分考虑各类用户的操作需求，提高系统的用户体验，通过 Java /C++/C#，ASPX/CSS PHP/JSP/Java Script/HTML5，iOS 系统开发技术/Android 系统开发技术/HTML5 混合式开发技术等实现桌面应用、Web 应用和移动类应用[39]。可应用 VR 技术为系统工程参与人员提供“直接”与虚拟产品的交互，也可采用增强现实（AR）和混合现实（MR）技术将虚拟影像叠加到真实物理场景，为用户提供身临其境的感受，以支持用户与其进行交互，获得更高好的视觉呈现和用户体验[48]，比如在航天器系统结构模型和部分结构产品的基础上采用 VR/AR/MR 技术进行整个航天器系统的虚拟装配。

4.3 航天控制系统基于数字孪生的智慧设计仿真

国防科技工业和航天产业多年的持续快速发展，使航天型号任务日益多样化、复杂化和密集化，呈现出研制周期短、质量要求高的任务特征。与此同时，随着在轨型号数量的不断增多和航天器服役时间的持续增长，其维护支持难度也日渐凸显。基于模型的系统工程（model-based systems engineering，MBSE）在航天器设计制造领域发挥着越来越重要的作用[49]。现有航天控制设计仿真系统已初步形成模型驱动的方案设计、需求生成和仿真验证，而面向复杂任务要求和敏捷开发设计需要，仍存在如下问题：

（1）传统开发模式下，方案设计与仿真验证以单一项目为主体，从设计到实现基本上采用串行研制流程，下游开发部门所具有的知识难以加入早期方案设计与验证，并且各部门对其他部门的需求和能力缺乏理解，容易使研制流程内部出现反复迭代，一方面易造成研制进度缓慢，甚至延期完成；另一方面容易引发质量问题，严重时甚至导致任务失败。

（2）研发状态呈现知识经验碎片化，并且缺乏对研制过程数据进行捕捉、管理、分析处理以及知识挖掘的能力，一方面导致关键数据难以快速追踪，存在“信息孤岛”现象；另一方面流失了承载于数据中的大量有效信息，无法及时解析故障、问题和缺陷的根源。

这意味着航天控制系统的研发和制造方式必须进行突破性转变，不惧覆盖性，不断提升智能性和高效性。

基于面向信息物理系统（CPS）的数字孪生理念最早由 NASA 提出，用于监视在轨飞行器健康状态。与此同时，将物理世界与虚拟世界实时交互与同步的解决方案在学术界和工业界都引起了广泛关注[50]，数字孪生的概念也被不断丰富和细化[51,52]。特别是在航天领域，包括飞行器物理模型的疲劳损伤预测[51]、面向飞行器工程设计的数字模型构建[53]、飞行产品全生命周期的故障检测[54]等丰富应用场景。

在现有航天控制设计仿真系统的基础上，进一步构建贯穿航天控制系统全研制流程、全生命周期的智慧设计仿真系统，集中体现三方面特征：基于数字孪生的信息物理融合、广泛应用的智能设计仿真能力和以人为本的可持续性创新。

4.3.1 现有航天控制设计仿真系统

世界航天强国都十分重视航天器建模仿真技术的研究，强调数据对模型的修正作用，开发各类航天器仿真软件。典型的包括美国 AGI 公司开发的 Satellite Tool Kit（STK），其基于大量模型模块，提供包括姿态仿真、轨道机动、覆盖分析等综合工具套件，具有图形化用户界面，支持分布式交互仿真，已成功应用于多个可视化项目。美国 Air Force Philips Laboratory（PL）开发的 Space Simulation Toolkit（SST），它是一个柔性航天器建模仿真软件，提供模型库和设计库，支持单体航天器在各分系统层面的领域仿真和多航天器间（包括空间环境影响）交互作用的物理过程仿真。Spacecraft Simulation Framework（SSF）是由 Interface & Control System（ICS）开发的测控仿真软件，以事件驱动规则和脚本语言支持快速开发。EuroSim 是欧洲空间局开发的卫星实时仿真开发运行环境，功能强大，具有硬件接口、应用编程接口（API）及 HLA 接口。总体而言，国外航天器仿真系统一方面构建以大数据为基础的模型库和算法库，重视模块复用性和系统快速搭建；另一方面尝试从多系统维度实现对航天器全研制流程的仿真。

国内目前具备自主知识产权并成熟应用的航天控制设计仿真系统已践行模型驱动的研制模式，基本形成了统一的标准算法、公用模型和仿真代码框架，以模型库和算法库的形式实现统一的版本控制和配置管理。类似于 MATLAB/Simulink 面向功能的设计方法，该设计仿真系统采用图形化的模块封装方式定义功能，规范模型/算法的输入输出接口，支持在图形化界面中拖曳、连接，实现仿真系统集成建模。仿真系统建模按照航天器姿态轨道控制系统的组成结构，采用可视化拖放方式调用、连接模型库/算法库中的模块，生成仿真流程基本框架和数据流向。如图 4-14 所示，采用服务器+客户端的运行机制，以数据库服务器中存储的规范模型和算法为资源，设计师利用运行在本地客户机上的系统描述工具软件给出航天控制系统的描述，如以姿态轨道控制公用算法和新开发算法通过逻辑连接和模式设计生成星上控制器部分，再结合航天器及空间环境动力学、敏感器、执行机构等模型组成地面仿真系统，应用服务器根据这些控制系统描述信息，利用仿真程序自动生成工具，在设计师的本地客户计算机上自动生成控制系统仿真程序软件。针对长时间不间断仿真对于数据存储空间的高需求和包含液体晃动等复杂求解过程对于计算资源的高需求，现阶段的设计仿真系统已初步搭建了高性能存储和计算节点，用户可将程序转换为支持并行计算的版本，提交至服务器完成批量仿真，再从服务器收集仿真数据、曲线和分析结果。但是目前该部分功能从规模上、程序向并行转换方式上、节点优化部署上等方面还存在很大的提升空间。

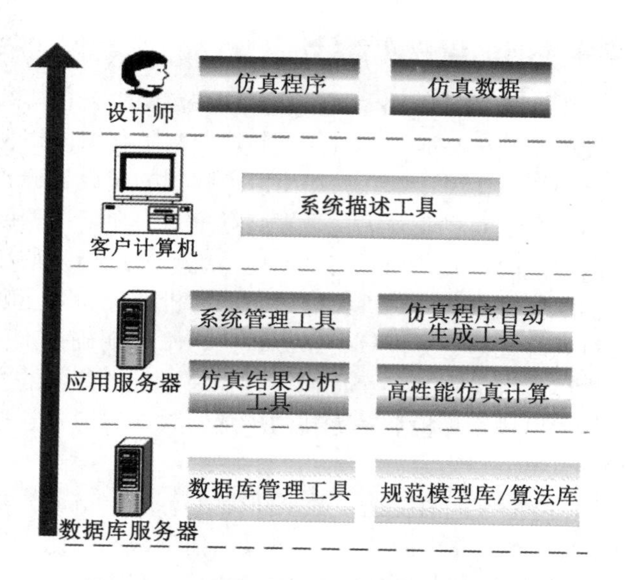

图 4-14 现有航天控制设计仿真系统组成

该航天控制设计仿真系统的 C 程序代码自动生成技术与MATLAB/Simulink的实现途径不同。Simulink 利用实时代码生成工具箱（release to Web，RTW）将模块图模型自动转换为对应的 C 代码，RTW 自动生成的代码分为模型文件和仿真控制程序，包括很多关系复杂的源文件，往往需要进一步优化。而航天控制系统自主开发的仿真程序自动生成工具以模型和算法封装时的固有代码为基础，这部分代码经过走查、测试，具备成熟的应用状态，再经过平台对逻辑关系和积分求解器等的合成，可生成状态可控的 C 代码仿真程序。此外，该系统集成数据输出和显示功能，可自动绘制仿真和测试数据曲线，无需单独编写实现数据处理和绘图的 VC 或 MATLAB 程序；同时，提供对仿真结果数据的统计分析工具，并可自动生成记录仿真曲线和结果数据的仿真验证报告。型号研制过程的设计更改以及不同型号间的设计仿真应用，可通过参数配置，方便地实现模型复用，不仅免去手工代码编写负担，提升了工作效率，而且可以有效避免人为错误，提升工作质量。

然而，现阶段数学模型主要实现功能级模拟，使模型仅限于数学仿真环境内部的迭代优化，缺乏与实际物理环境的交互，一方面无法将地面物理试验与在轨飞行试验等实际数据应用到模型的不断细化与完善中，另一方面造成了模型仅在方案设计与软件研制阶段的局限性应用。此外，航天器研制、生产与在轨应用的全生命周期内，各个环节的设计输出目前仍以文档形式传递，没能挖掘和发挥模型的纽带作用，不能将设计、研制、生产与应用有机地统一起来。由此可见，现有航天控制设计仿真系统已不能满足航天产业自主化与智能化的发展需求，必须进一步深化知识资产的积累和沉淀，应用数字孪生体和数字纽带技术，建立物理试验和在轨飞行的大数据基础，智能提升数字化模拟能力和模型精度，为知识成果固化提供模型存储机制、为自动分析设计提供规范工具链条、为鲁棒能力验证提供丰富故障模拟，全面提高控制系统方案设计、系统设计、软件研制、在轨运行维护等技术能力。

4.3.2 基于数字孪生的信息物理融合

德国政府提出的“工业4.0”战略及我国2015年提出的《中国制造2025》已明确智能制造作为新一轮科技革命的核心地位，指明了制造业数字化、网络化、智能化的发展方向。航天领域关乎国家安全和发展，十九大提出航天强国的建设目标，航天控制系统全面提升智能化研制水平、促进空间产业升级，是提高竞争力、在新一轮航天领域竞赛中抢占先机的重要举措。智能制造的本质是利用信息物理系统，通过构筑信息空间与物理空间数据交互的闭环通道，实现信息虚体与物理实体之间的有机融合和交互联动[55]。

针对飞行器、飞行系统或运载火箭等，NASA于2012年明确提出了未来飞行器的数字孪生体概念。数字孪生体被定义为“一个面向飞行器或系统的集成的多物理、多尺度仿真模型，它利用当前最好的可用物理模型、更新的传感器数据和历史数据等来反映与该模型对应的飞行实体的状态”[56]。

伴随着数字孪生体，NASA同时提出了数字纽带（digital thread）的概念。数字纽带在系统整个生命周期中，通过将分散数据转换为可操作信息来辅助制定决策。数字孪生和数字纽带技术为整个系统提供自主性，与传统的自动化系统有本质的区别。实现自主性的前提是以基于模型的系统工程作为数字孪生的内核，在全研制流程、全生命周期不断细化和扩充，与产品或系统的实体保持无缝对接，能够对需求、状态和实物产品的变化进行全面、快速、正确的响应，从而在早期用于识别潜在的设计问题[57]，后续也用于在轨航天器运行维护相关配套系统的开发。

航天控制系统智慧设计仿真旨在利用数字孪生技术构建信息物理融合的设计仿真系统[58]，以数字纽带作为方法、通道、链接和接口，以质变的设计仿真模式面对未来型号的量变需求。如图4-15所示，首先逐步建立和完善多学科多维度动力学、复杂空间环境以及各类控制系统敏感器和控制执行机构模型库，包含控制方案设计、技术设计、系统实现的各层次基本要素，即多学科模型融合功能级、技术级、实现级等不同层次的特性和指标，其中功能级特性模拟部件功能，技术级特性包括部件的接口、时序、电压电流容差等，实现级模型可针对更细致的部件特性，例如材料、具体制造参数、可靠性、失效模式、内部软件逻辑等。也就是说，利用已有理论和知识建立虚拟模型，随着模型不断精细化，最终可实现在虚拟空间中对控制系统各部件建立一个与物理空间里的实体完全一模一样的数字孪生体。进一步而言，基于统一模型提供的知识积累的有效途径和方法，将技术原理、设计知识和工程经验有效固化、智能匹配，从而指导设计、辅助决策，为知识自动化创造条件。

与此同时，基于型号工程库、知识经验库、历史数据库等逐步建设数字纽带，形成天地一体化的大数据分析能力，可无缝加速航天控制系统数据—信息—知识系统中的数据、信息和知识之间的可控制相互作用，并允许在能力规划和分析、方案设计、制造、测试以及在轨运行维护阶段辅助决策和进行动态实时评估。实际上，数字纽带也是一个可连接数据流的通信框架，并提供一个包含全生命周期各阶段孤立功能视图的集成视图，为在准确的时间将正确的信息传递到正确的位置提供了条件，使得航天控制系统全研制流程、全生命周期各环节的模型能够及时进行关键数据在实体空间和虚拟空间的双向同步和沟通。具体实现上，拟从以下几个途径全面提升控制系统研制能力：

（1）综合以往大量的型号经验、成熟算法和专家意见，建立专家系统，通过基于多领

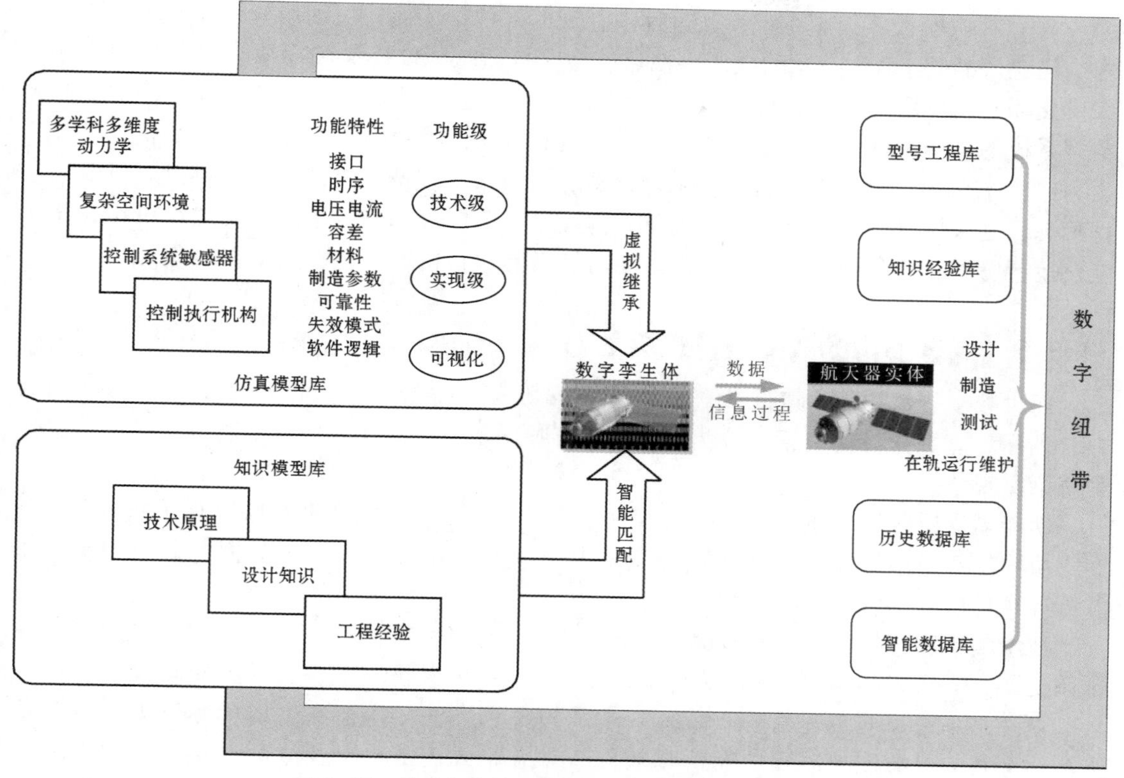

图 4-15 基于数字孪生和数字纽带的信息物理融合

域统一建模的多学科优化，实现方案设计的逻辑框架权衡、控制参数优化和控制策略优化，同时支撑任务指标智能分解和控制系统部件智能配置的目标。

（2）通过统一建模等技术手段使模型由功能级扩展到技术实现级，开展控制与机、电、磁、热等大系统多学科的协同仿真，对控制方案进行分析验证，尽早发现系统层面的不匹配、不协调问题，尽量避免在后期工程研制中出现方案层面的颠覆。

（3）建设以多源异构数据为主的智能数据集，实现数据整合、处理、查询以及信息挖掘提取；同时拓展存储和计算能力，为全流程、大规模、精细化仿真提供支撑，真正智慧地、实时动态交互地进行设计、分析和决策。

（4）为控制系统方案设计提供统一的综合设计仿真手段，使设计从静态走向动态可视化，通过科学化需求管理和树状仿真工况配置管理，使得设计更改后能够自动完成影响域识别[59]和回归测试工况生成，实现设计、仿真、验证的一体化，支持设计—仿真—验证—设计闭环迭代，进行误差分配合理性验证、方案设计结果指标满足性验证，实现最大程度优化，同时提升设计效率。

（5）丰富和完善航天器控制系统部件产品数字孪生模型的功能 MEA（失效模式与影响分析）信息，通过仿真工况配置管理系统自动生成与工作模式结合的故障工况，便于验证星上 FDIR（故障检测、隔离与恢复）设计库中自主故障诊断与重构算法的有效性和完备性，极大减少人工遍历故障设置的工作量，降低 FDIR 设计风险和时间成本。同时，面向高精度、高稳定度卫星的需求，基于产品测试数据和在轨数据分析，智能优化故障诊断、重构和阈值设计，提高诊断的准确性、快速性和实时性。

（6）针对航天器控制系统设计过程中直观的部件架构体验、视场分析和功能验证等需求，构建产品基于VR技术的立体可视化模型，打通软硬件操作和通信接口，建立良好的人机交互机制，形成人机交互的沉浸式系统级设计体验、功能仿真和控制效果评估，提升控制系统的早期设计评估能力，减少后期变更的风险，辅助提高设计质量和水平。

（7）航天器的运行维护主要依靠遥测遥控。通过对遥测数据的分析，可以对卫星的工作状态、健康情况进行综合评估和判断。构建遥测数据自主分析系统，实现在轨航天器智能化运行管理、任务规划，对适应未来在轨航天器数目剧增具有极其重要的意义。

4.3.3 泛在应用的智能设计仿真能力

通过数字孪生和数字纽带结合成智能云端服务，将带来革命性设计仿真体验。如图4-16所示，智慧设计仿真系统分为功能支撑、技术实现、泛在应用三个层级，以数字纽带为桥梁实现数据的实时交互与同步，以数字孪生体为对象实现多种空间场景的设计仿真。

功能支撑层包括“统一知识模型管理子系统”“多源异构数据关联管理子系统”“分布式协同计算子系统”，提供基础云服务框架，包括知识模型库、大数据挖掘能力和高速并行计算环境。

技术实现层包括“信息物理融合的模型驱动设计仿真平台”“VR可视化与虚拟验证子系统”“基于数字孪生的在轨支持子系统”。以“信息物理融合的模型驱动设计仿真平台”调用“统一知识模型管理子系统”中的模型和算法，搭建并生成单体航天器或多航天器间交互的星上控制器和地面仿真软件，对应完成正常工况及故障设置的自动工况配置，用于设计—仿真—验证—设计闭环迭代。“VR可视化与虚拟验证子系统”提供了高度交互性、精细化的演示验证环境，可以直观地、多视角地呈现多星或星座任务关系、空间操控实现效果等。“基于数字孪生的在轨支持子系统”为在轨非预期情况或紧急故障现象提供敏捷设计开发及验证平台，通过数字孪生技术手段使地面模型尽可能逼近在轨状态，从而在地面系统中快速复现在轨问题、制定策略，提供可靠的地面支持措施。

信息物理融合存在诸多挑战，也有着广阔的前景[60]。泛在应用层给出了智慧设计仿真系统典型的应用场景。

（1）大型多舱段航天器在轨组装、多臂多自由度空间操作等过程动力学模型的复杂程度已无法再通过微分方程扩维来应对。未来将基于多学科大数据和智能建模知识体系，通过物理实体的材料、几何形状、连接方式等参数，自动生成质量特性、挠性参数和边界条件等数学模型要素；同时，可基于地面试验、测试及在轨遥测数据库，通过大数据管理能力和高性能计算集群的并行计算能力，采用深度学习等方法实现模型的智能化构建。为难以进行机理建模的复杂原理部件提供高精细度、高准确度智能模型，利用智能模型代替实物进行方案的早期测试验证，以满足方案构建即可行，实现研制全过程以模型驱动的“端到端”数字化集成。

（2）对于具备一定继承性的型号，能够基于专家系统搜索、比对，生成合适的控制方案，其中需要新开发的算法，能够基于智能学习训练，给出合理的设计方案供设计师选择；对于新研发的型号，能够根据任务指标选择现有型谱中的产品，或提出新产品研制需求，能够根据现有知识体系识别关键技术。

（3）协同技术已成为复杂产品开发过程中设计、仿真与优化的重要支撑技术[61]。高难度复杂任务的开发过程将基于统一的模型库、知识库、中枢平台和计算资源，通过协同

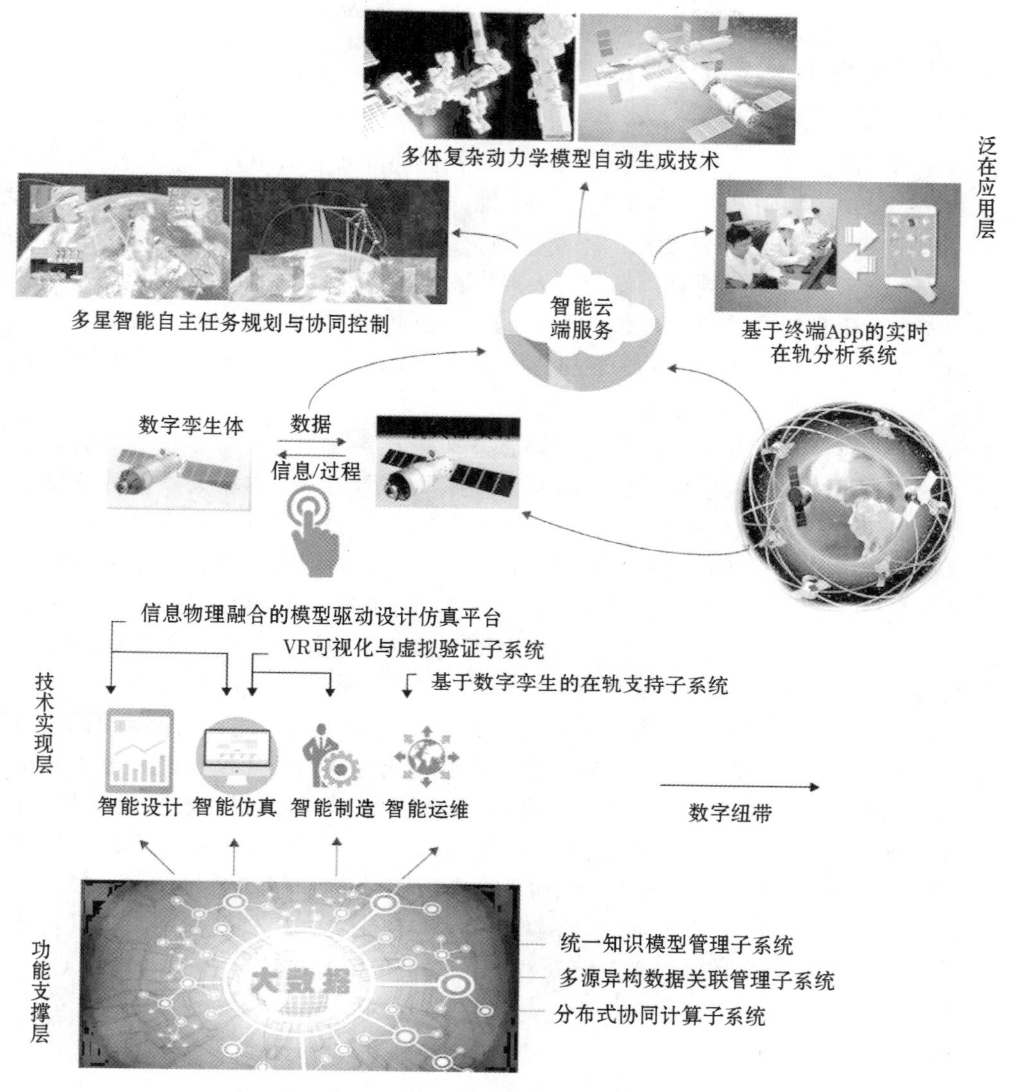

图 4-16 航天控制系统智慧设计仿真架构

数据共享、动态工作融汇、协同版本管理等技术，最大程度地发挥多人异地动态协同设计和仿真的融合能力。

（4）针对多星或星群网络，能够智能自适应地完成多星任务规划调度、星座优化控制、星座构型重组等，支持星座在轨正常、高效的运行，协同执行突发灾害应急测绘、全球热点地区持续观测等任务，只要给定关注区域位置，无需其他的人工参与工作。

（5）航天器在轨运行状态可通过数字纽带实时更新智慧设计仿真大数据，并通过智能分析比对来识别在轨异常状态，自动发布到设计师可随时访问的终端 App 应用程序，极大地丰富设计体验和提高处理实时性。

（6）应对在轨未知状况，可基于航天器的数字孪生体进行敏捷开发设计，对于较为复杂的在轨处理算法，应先对数字孪生体完成平行验证，确保方案的可行性。

（7）基于数字纽带的在轨数据分析为系统方案和产品评估提供第一手、最有价值的信息，通过智能化分析和决策可直接指导方案改进和产品升级。

4.3.4 以人为本的可持续性创新

未来复杂型号任务需求对控制系统提出了更高的指标，采用精细化模型的控制系统仿真是较为突出的需求之一。目前数学仿真系统对各种部件建立的仿真模型是对部件的低频和主要特征的模拟，随着卫星对高频抖动抑制能力的要求增加以及高精度高稳定度、超静平台[62]、快速机动等任务指标要求的不断提高，需要对部件的高频特性进行模拟和仿真，并进一步提升模型颗粒度。同时，复杂航天器仿真对模型在计算方面的效率和适应能力提出了新的需求。模型通常需要考虑挠性附件的一系列模态振动以及部件内部的动态过程，关于太阳电池阵驱动机构步进、动量轮扰振、有效载荷相机及数传天线的精细化模型，对仿真验证高稳定度指标具有重要作用。

在轨服务与空间操控作为全新的任务形态，其动力学与仿真方面为追赶复杂多体系统动力学高效仿真技术的国际前沿，将进行基于多体动力学建模技术攻关以及对各类末端作用器、相对位置姿态测量敏感器等的建模探索。同时，涉及算法和知识库的形成和规范，包括自主接近停靠算法、机械臂轨迹规划与控制算法、态势感知及预警安全策略等。从算法到软件，从软件到平台，最终尝试将新领域数字孪生模型（包括知识模型）应用于型号研制过程的方案设计、数学仿真、物理试验及测试验证中。探月工程和深空探测任务对制导、导航与控制（guidance navigation and control，GNC）系统的设计仿真能力也提出了一些新要求。首先随着月球探测任务数量和类型的增多、活动的空间和时间范围不断扩大，有必要建立覆盖全月球全时段的月球环境数学模型。从月球的低纬度到高纬度、从正面到背面、从平原到山区、从月昼到月夜，月球环境数学模型都需要提供良好的支持。同时，小行星近距离探测自主导航与制导技术的仿真验证能力以及小行星附近航天器姿轨耦合动力学[63]建模分析能力等，与型号设计工作的要求相比，还有很大差距。

因此，从空间任务拓展和地面应用系统开发的趋势来看，现有条件难以满足长远的任务需要，必须坚持以人为本、持续发挥创造力，进一步研制功能完善的航天器 GNC 系统设计仿真工具。

4.4 数字孪生技术在航空产品寿命预测中的应用

4.4.1 航空产品基于数字孪生寿命预测思路

NASA 和美国空军认为，未来装备（飞行器）比起目前的装备（飞行器）面临着更高的负载、更严酷的使用环境、更长的服役周期以及需要更轻的质量。目前的验证方法、管理和维护很大程度上基于材料属性的统计分布、启发式设计理念、物理试验以及假设试验与使用环境的相似性，而这些理念和方法可能无法满足下一代装备（飞行器）的需求。为解决传统方法的不足，需要进行基础范式的转变，这一范式转变就是数字孪生。利用数字孪生技术监测其飞行实体的寿命，可使飞行器的安全性和可靠性达到前所未有的水平。

航空机载设备是装备进行使用的基本单元，如果设备在使用过程中未进行有效的维护，可能会失效或者发生故障，对用户来说，这不仅会增加相应的维护成本，还会影响装备的使用，降低战斗力；另外，如果维修过于频繁，会导致维修的低效或者无效，造成维修资源的浪费。因此，通过对设备进行合理有效的维护来降低设备故障率，成为设备制造企业降低维护成本、用户提高维修能力的重要手段之一。由于航空产品利益有关方对及时、准确维修能力的需求，故障诊断领域研究重点已逐步转向状态监测、预测性维修和故障早期诊断。

在美军飞机机体机构寿命预测过程中，信息要在多个物理模型之间传递，无法同步加载应力—温度—化学载荷谱，以及未考虑历史应力数据对损伤的影响，会导致计算结果比较保守，飞机重量比实际需要的重，检查也比实际需要频繁。随着高性能计算的发展，美军提出利用数字孪生开展机体结构寿命预测，主要包括以下几方面。

（1）多物理模型融合。将结构动力学模型 SDM、应力分析模型 SAM、疲劳断裂模型 FCM 及其他可能的材料状态演化模型集成到一个统一的结构模型中，并与 CFD 数字孪生紧耦合，实现多物理模型融合；同时，建立飞机 STC 载荷谱，并随飞机使用和损伤的发展进行调整。

（2）根据实际飞行任务预测剩余寿命。在虚拟飞行过程中，数字孪生模型会记录飞行过程及所有结构部件的材料状态和损坏情况，利用这两组信息，嵌入在数字孪生模型中的损伤模型预测材料状态的演化和损伤进展；虚拟飞行完成后，输出飞行器剩余使用寿命的预期概率分布。

（3）虚实映射的数字孪生优化。飞机跟踪和结构健康管理系统在飞行过程中对选定位置的应变历史进行感知和记录，将虚拟和实体飞机记录的应变进行比较，通过贝叶斯更新等数学过程，分析虚实状态的差异，对数字孪生模型进行优化，飞机服役时间越长，数字孪生模型就越可靠。

（4）预测维护需求和维修成本。数字孪生可以虚拟执行计划任务中所有的飞行过程，预测飞机在此期间的维护需求和维修成本；通过对编队中每架飞机的数字孪生建模，可以估计编队在这段时间内的保障需求；维修活动和部件更换可以通过数字孪生数据更新来反映，实现对单架飞机的配置管控。

（5）飞行任务计划安排。数字孪生可以把材料的属性、制造和装配方法信息的不完整性以及飞行中的不确定性转化为获得各种结构输出结果的概率，从而分析机体满足任务要求的可能性，考虑是否将该特定任务派给该特定飞机。

4.4.2 我国航空产品基于数字孪生寿命预测思路

目前，装备的维修方式主要有事后维修、预防性维修和状态维护。状态维护就是通过传感器获得设备的实时状态信息，监测设备的工作状态及环境，利用先进的数据处理技术对监测到的设备信息进行分析，从而获得当前的健康诊断状况，并通过一系列设备诊断预测方法来预测设备的有效寿命，合理地确定设备的维修计划。

针对航空机载设备维修保障的问题，在充分利用现有模型、数据的基础上，我们力图提出航空机载设备基于数字孪生的寿命预测过程，从而实现模拟、监控、诊断、预测和控制航空机载设备在现实环境中的过程和行为，以便有效指导备件管理和维修。

4.4.2.1 建立孪生模型

基于设计信息建立产品准确的三维数字化模型，并通过相应的失效机理分析，进行相应的多物理仿真建模，结合产品构型数据和制造数据，实现对物理实体一对一的数字化表达。

一是建立航空产品三维模型。根据产品的设计图、电路图、装配图等，建立电子、机械产品三维模型，并对各级产品的属性进行标注，准确表达产品的结构、尺寸，尤其是关键特征参数。

二是故障及机理分析。根据外场数据和FMEA分析，梳理典型高发的故障模式，建立产品典型的故障模式及原因分类库，分析产品的工作和环境载荷，开展失效机理分析，如焊点疲劳、零件磨损和橡胶老化等，确定关键特征应力参数。

三是多物理仿真建模。综合考虑产品中的机械、电子产品的多物理结构，开展热仿真、机械仿真、电磁仿真等，建立系统级的多物理多应力下的仿真模型，给出环境和工作载荷下系统各组成部分的实时应力云图，以及系统故障在各物理组成部分之间的传递关系，对系统故障进行判断。

四是建立基准模型。根据产品各类试验结果，对产品的关键特征参数、应力及失效机理模型进行修正，最终形成产品的基准模型。同时，根据产品设计更改情况，对产品三维模型进行同步更改，保持虚拟模型与实际研制过程的技术状态一致。

五是建立数字孪生模型。根据产品制造过程中的实际制造数据，对基准模型中的相应参数进行更新，从而基于数字孪生机体寿命预测过程建立与实体产品一一对应的数字孪生模型。重新进行仿真计算，确定产品受力云图，以及典型应力下的初始寿命。

4.4.2.2 基于孪生模型的寿命预测

在使用阶段，通过外场传感器、故障数据挖掘与分析，不断对模型进行优化，最终实现对产品物理实体的完全和精确描述，实现虚实映射与数据交互。同时，通过对产品物理实体使用数据、故障数据、维修数据的更新，进行寿命耗损计算，评估产品剩余寿命，指导维修决策。

一是外场环境数据分析与处理。收集飞机外场任务的飞参数据，利用线性回归、支持向量机或人工神经网络等方法，对飞参数据进行深度挖掘，建立飞机飞行任务和所受环境载荷之间的关联关系，为机载产品的寿命预测提供基础。

二是寿命损伤模型计算。根据每次任务飞行的环境载荷数据，计算每次任务飞行的寿命耗损。将每次任务时间 t 的平台环境数据输入仿真模型，重新进行计算，得到关键件的计算结果 T，则单位时间耗损为 t/T。剩余寿命：$T_{left}=(1-t/T)\ T_0$，其中 T_0 为初始寿命，t 为任务时间，T 为实际环境下的仿真结果。每次飞行后，计算寿命耗损情况，或者拟合外场环境与寿命之间的响应面模型，利用响应面模型对每次飞行后的寿命耗损情况进行计算。

三是孪生模型优化及更新。收集外场使用数据（包括各类传感器数据），通过对数据进行深度挖掘及优化算法研究（如粒子群优化），对数字孪生模型进行优化。同时，根据飞机的使用和维护信息，对模型的各类指标和技术状态进行及时更新，保证模型与物理实体的一致。

4.4.2.3 需突破的关键技术

为建立航空产品的数字孪生模型，需要突破一些关键技术：

一是高保真数字孪生建模技术。研究机械、电子、电磁等多专业模型之间的接口与耦合方法以及流体动力学、结构动力学、热力学、应力分析和疲劳断裂等物理模型的耦合与集成，根据装备各层级设备类型，建立高保真、多尺度的数字孪生模型，保证模型稳定性、准确性和收敛性。

二是基于虚实映射的数字孪生模型优化技术。利用物理实体的传感器数据和数字孪生模型计算的数据，研究优化参数和特征变量确定方法，通过构建参数方程和目标函数，结合粒子群优化等算法，对数字孪生模型进行优化，确保数字孪生模型对状态变化的响应与物理系统的响应保持一致。

三是基于数字孪生的故障状态监测技术。基于数字孪生的状态数据，研究大数据关联挖掘算法，对全状态量数据进行关联性深度挖掘，提取特征数据，建立全参数的关联规则，开展状态量关联度分析及其加权，结合数字孪生体的物理模型，定义设备的运行和故障状态，分析监控状态和故障之间的关联关系，对未来故障情况进行监控和预测。

四是基于数字孪生的剩余寿命预测技术。在数字孪生模型基础上，研究结构有限元与损伤模型集成方法，分析多应力耦合情况下，模型累积损伤计算方法，研究累积损伤计算的代理响应面模型，实时/周期计算实际任务剖面下各类载荷的累积损伤，实现剩余寿命实时/周期预测。在航空产品寿命预测中使用数字孪生技术，能够大大降低航空产品研制、维修成本，推动航空产品研制和使用维护由传统模式向“预测型”模式转变。

4.5 数字孪生与火箭起飞安全系统

运载火箭起飞是一个多系统的复杂动力学过程，火箭的起飞安全性分析涉及火箭、地面发射系统、起飞环境和起飞漂移等多个因素相互作用，所有火箭的发射都需要评估和分析起飞阶段火箭与发射工位地面设备之间的间隙是否满足火箭安全起飞的要求[64,65]。火箭起飞安全性分析中，传统使用二维平面分析的方法，即针对某一时刻火箭的起飞高度和漂移距离，分别在俯视、左（右）视等方向进行平面投影。随着火箭四周的地面设备越来越复杂，传统的二维平面仿真方法无法进行360度全方位分析，分析成本和分析效率随着分析方向的增加而增大。同时，由于二维的限制，无法对浅层风引起的火箭起飞漂移对安全性的影响进行分析[66]。传统的分析方法已经无法适应复杂环境下火箭起飞安全性分析工作。数字化仿真可以对火箭的起飞过程进行三维仿真，但是这样的仿真往往是基于各个产品几何模型的设计状态进行仿真，不能实时采集火箭真实的状态信息，并快速地给出起飞安全性评估。特别是在火箭发射前，地面设备动作发生故障的情况下，快速获取设备信息，及时、准确地对火箭起飞安全性进行分析越来越重要。因此，将数字孪生技术引入到火箭发射前的起飞安全性分析与控制过程中十分必要。

采用虚拟平台建模、数字化仿真、多源模型处理和孪生数据构建及处理等技术完成虚拟仿真平台的构建。对火箭系统、地面设备和发射环境等因素的实时信息进行采集，完成火箭起飞场景数字孪生体的演化。采用数字化仿真技术和孪生数据驱动技术，实现火箭起飞过程仿真、干涉检查和安全性分析。同时，火箭起飞安全系统根据仿真分析结果对火箭的姿态进行调整。调整过程中，系统再次对火箭及地面设备信息进行实时采集，完成虚拟仿真平台中的数字孪生体的实时更新。火箭姿态调整结束后，火箭起飞安全系统对火箭的起飞安全性进行评估，形成闭环控制。该系统能够有效、快速地完成发射前火箭起飞安全性分析及评估，提高了火箭发射的可靠性。

4.5.1 火箭起飞安全系统综合架构

4.5.1.1 基于数字孪生的火箭起飞安全系统结构模型

基于数字孪生的运载火箭起飞安全系统是在信息技术和数字化仿真技术驱动下，通过火箭发射系统和虚拟仿真平台的双向真实映射与数据实时交互，实现火箭发射系统、虚拟仿真平台和火箭起飞安全系统全方位的数据集成和融合，在火箭起飞孪生数据的驱动下，实现火箭初始姿态优化与控制、起飞轨迹规划及优化以及起飞安全性分析等在火箭发射系统、虚拟仿真平台和火箭起飞安全系统中的迭代运行，从而实现火箭起飞的安全性分析。基于数字孪生的火箭起飞安全系统结构模型如图 4-17 所示[67]。其中，火箭发射系统是真实存在的物理实体，由火箭、地面设备和发射环境组成，通过地面设备的机械装置完成火箭姿态的调整。同时，火箭和地面设备上部署各类传感器，实时监测火箭及设备环境数据和运行状态。虚拟仿真平台是对火箭发射环境真实完全的数字化镜像，集成和融合了几何、物理、行为和规则四层模型[67]。其中，几何模型描述尺寸、形状、装配关系等几何参数；物理模型分析应力、疲劳、变形等物理属性；行为模型响应外界驱动和干扰；规则模型对物理实体运行规律进行建模，使模型具备评估、优化、预测等功能[68]。火箭起飞安全系统集成了分析、评估、控制和优化等各类信息系统，基于物理实体和虚拟模型提供智能运行，精准管控。火箭起飞孪生数据库是数字孪生运行的核心驱动，火箭起飞孪生数据主要包括火箭发射环境实体实时数据、火箭初始信息、虚拟模型、起飞安全系统的相关数据，同时还包含了系统不断处理和融合产生的新的数据。

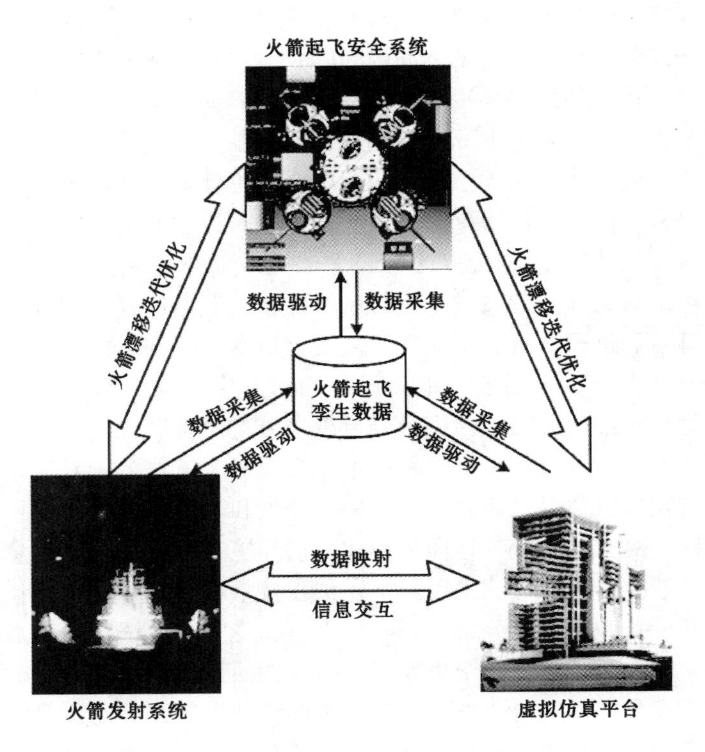

图 4-17　基于数字孪生的火箭起飞安全系统结构模型

4.5.1.2 基于数字孪生的火箭起飞安全系统架构

基于数字孪生的火箭起飞安全系统架构如图 4-18 所示，该架构主要包括 5 层：

（1）物理层：主要指火箭发射系统、地面设备、发射塔、浅层风等实体以及火箭发射所有活动集合。具有姿态自动化调整、数据采集与传输等功能。

（2）模型层：主要是火箭起飞虚拟仿真平台搭建、虚拟模型构建及火箭发射对应的虚拟仿真活动，包括火箭发射系统模型构建、起飞漂移计算模型、浅层风模型、结构的有限

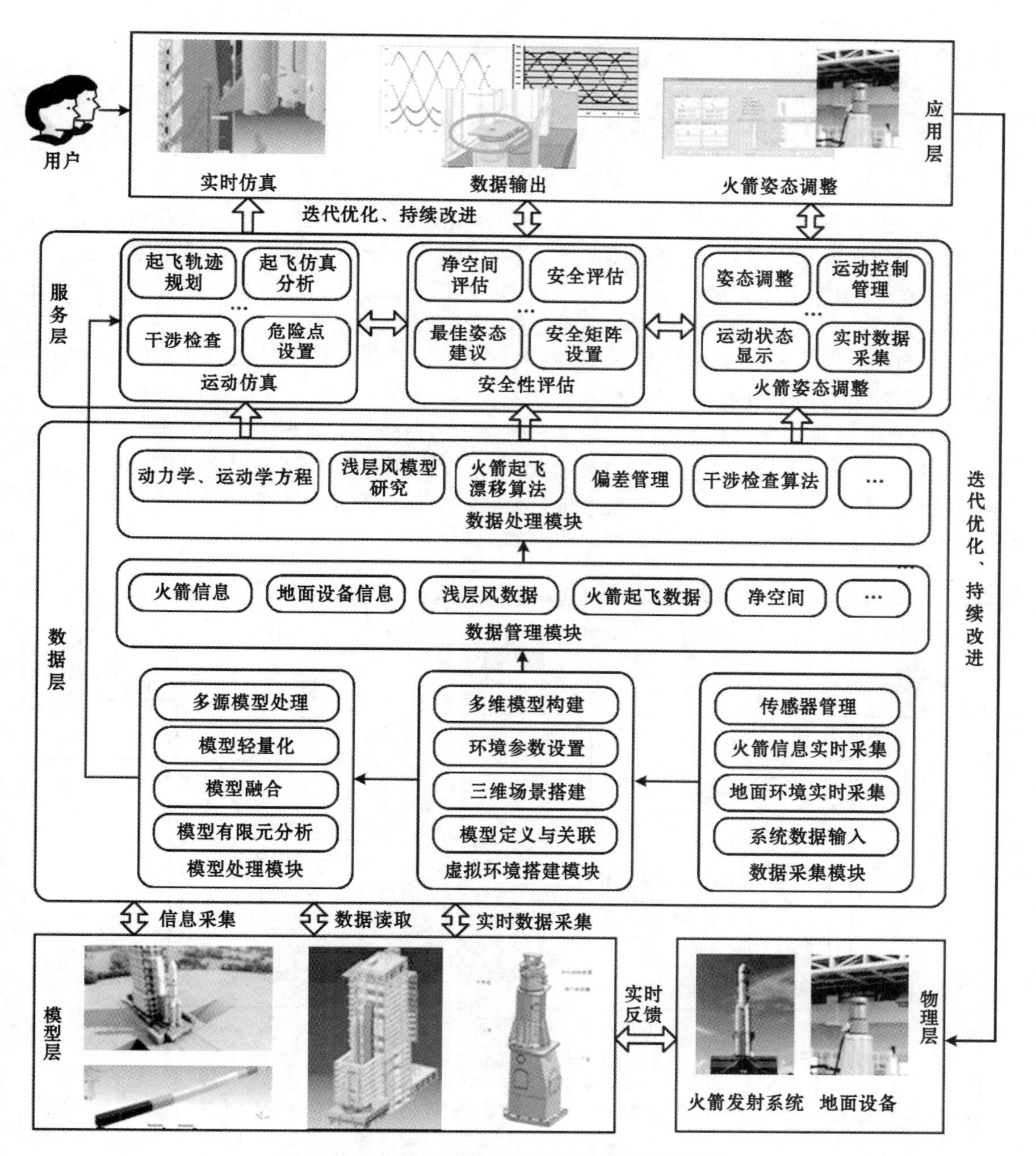

图 4-18 数字孪生驱动的火箭起飞安全系统架构

元分析，虚拟火箭起飞过程的仿真、分析、优化、决策等。模型层完成火箭发射系统与虚拟仿真系统的三维模型的真实完整映射。

（3）数据层：主要指火箭起飞安全系统，负责为火箭发射、虚拟发射和平台运行提供据支撑服务，并具备数据采集、管理、追溯、处理、集成和融合等数据全生命过程管理与处理功能。

（4）服务层：负责为火箭起飞安全性分析提供起飞漂移优化服务、轨迹规划服务、火箭姿态优化服务、数字化仿真服务、设备健康管理、故障决策等各类服务。

（5）应用层：主要指火箭起飞安全性分析涉及的火箭起飞过程数字化仿真，可视化、安全性评估及建议和火箭初始姿态调整及优化等任务应用[67]。

4.5.2 基于数字孪生的火箭起飞安全系统设计

4.5.2.1 数字孪生火箭起飞模型构建

火箭起飞是一个多系统的复杂动力学过程，火箭的起飞安全性分析涉及控制方法、起飞漂移、外部环境、发射工位、地面设备等多个因素的相互作用。因此，火箭起飞安全性分析的虚拟仿真模型的构建除了要反映实体的几何特征，还需要建立所有实体的物理特征及其特有的模型，包括动力学模型、应力分析模型、浅层风模型、位姿拟合模型等，实现“几何—物理—行为—规则”等多个维度的模型融合，最终使仿真结果更加精确地反映和镜像产品在现实环境中的真实状态和行为。

为了获得火箭起飞前的数字孪生体，必须首先对火箭、地面环境等从几何、物理、行为和规则等多个维度进行建模，并对所建立的模型进行评估和验证，以保证模型的正确性和有效性；在此基础上将各个维度模型进行关联、组合和集成，从而形成一个完整的、具备高忠实度的虚拟火箭发射场景，模型构建如图 4-19 所示。

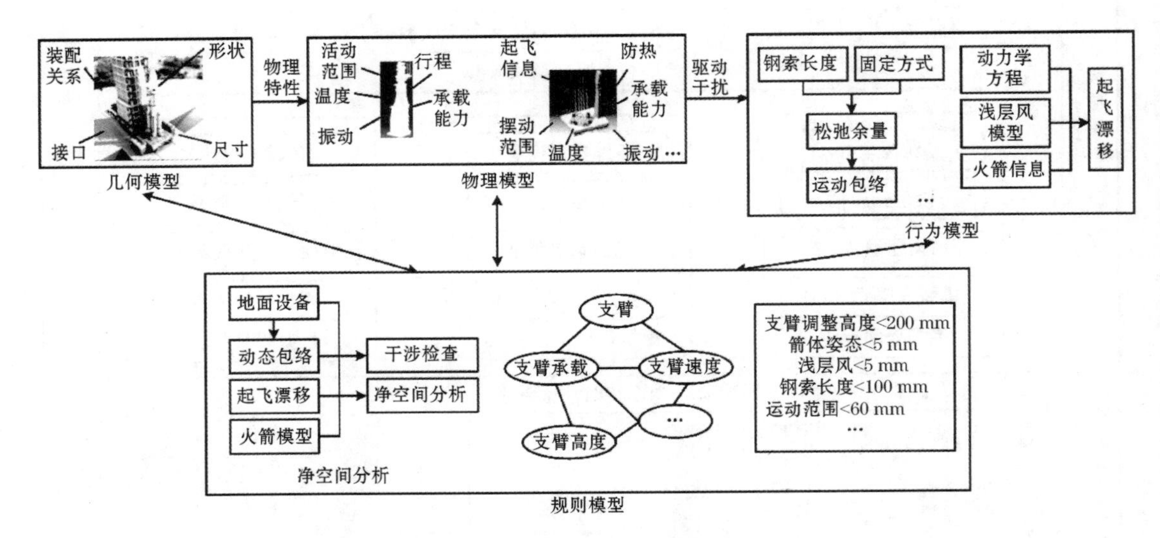

图 4-19 火箭起飞模型构建与融合

虚拟仿真场景中几何模型主要指火箭模型、发射场设施模型和地面设备模型，几何模型主要采用多源模型处理技术实现不同模型的融合；物理模型主要是指各个组成部分实际的物理特性，如浅层风风速和方向、地面设备的耐热能力、火箭尾端的承载能力等；行为模型主要是指在几何模型和物理模型上加入驱动及扰动因素，使各行为具备行为特征、相应机制及复杂的行为能力，其中火箭起飞模型的驱动是火箭起飞轨迹，扰动是浅层风、结构误差和初始位姿偏差等引起的横向漂移和滚动漂移等；规则模型是对火箭起飞安全性分析在几何、物理和行为多个层面上反映的规律规则进行刻画，并将其一一映射到相应的模型上。通过建立各层模型的关联关系，从多个方面对模型进行集成和融合，形成虚拟火箭起飞过程的综合模型，并以统一的三维表现形式实现模型的可视化和仿真运行。图 4-20 为采用数字孪生技术构建的某火箭起飞模型，该模型主要包括火箭模型、发射设备模型、工作平台模型等。

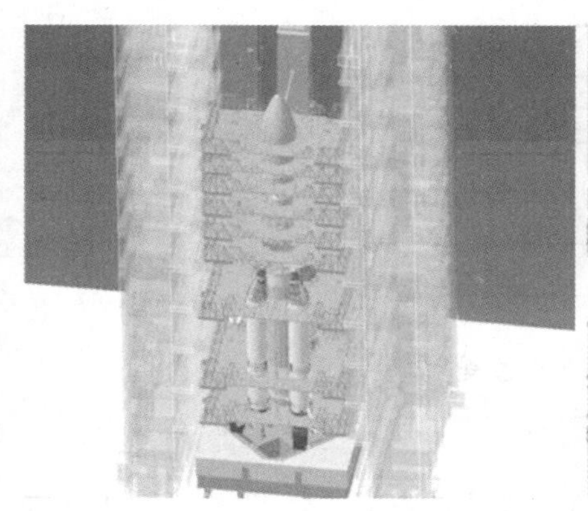

(a) 火箭模型与发射设备模型

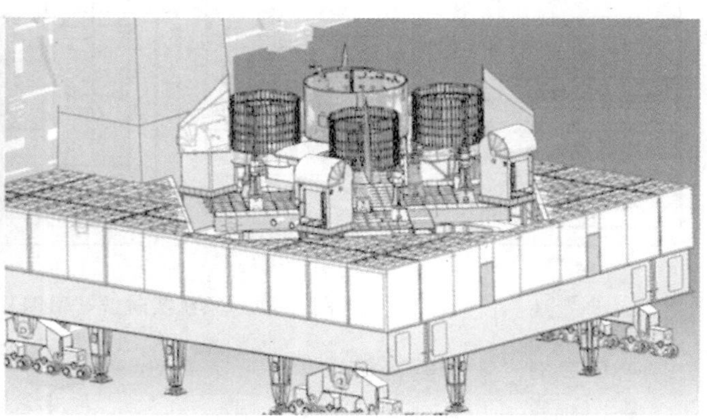

(b) 火箭工作平台模型

图 4-20 基于数字孪生的火箭起飞模型构建

4.5.2.2 实时数据采集及处理

实时数据的获取是数字孪生体构建的基础，火箭起飞前的数据采集主要包括火箭姿态数据、支臂高度数据、支臂载荷数据、摆杆摆角数据、浅层风数据等。采用水平度传感器、拉线传感器、红外测距仪等不同测量方式实现系统的实时数据采集。同时，针对以上庞大的多源、异构测量数据，采用特定的规则进行数据定义，对数据进行封装管理。几何模型通过实时数据驱动成为具备实物特性的数字孪生体，实现三维几何模型与实时数据参数的融合，打破参数专业与结构专业数据孤岛，将传统模拟量串行验证转变为数字量多要素并行仿真，将以往在真实实物试验中才能发现的问题提前至设计环节来考虑并验证，减少时间成本和经济成本，同时提升型号研制质量和效率。通过不同的测量手段完成火箭发射系统及周围环境实时数据的测量和采集，火箭起飞安全性分析系统采用多种数字化测量系统的集成技术，通过二次开发集成了敏感元件数据采集、拉线传感器数据采集、平面视觉测量采集等多种手段，实现火箭姿态测量、变形测量、支臂载荷测量和起飞漂移测量等功能，具体采集和处理过程如图 4-21 所示。火箭起飞安全性分析系统的数据测量模块负责与不同的测量系统通信，当用户发出测量指令后，火箭起飞安全性分析系统的数据采集模块调用不同的测量设备完成数据的实时测量，并反馈给系统，系统通过数据分析和处理，完成数据的应用，如火箭位姿的拟合、在线仿真等。

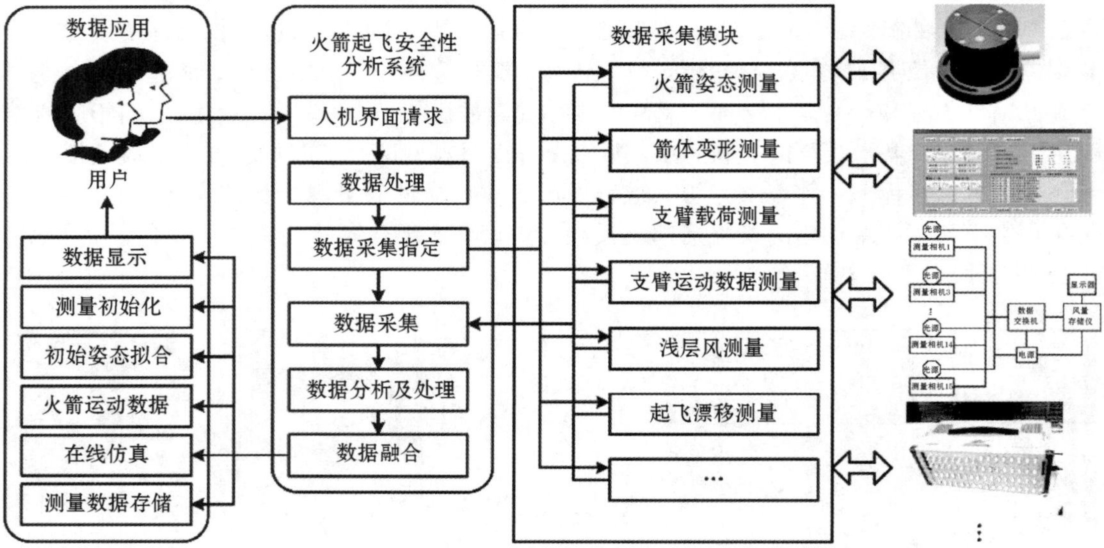

图 4-21　系统实时数据采集及处理过程

4.5.2.3　安全要素辨识

在虚拟仿真平台中，采用数字化仿真技术和起飞轨迹规划技术对火箭起飞过程进行仿真，同时使用干涉检查技术对火箭起飞的安全性进行分析和评估。若仿真过程存在干涉或者潜在的危险点，那么火箭起飞安全性分析系统将采用智能算法计算出该环境下火箭的最佳姿态，然后通过地面发射设备实现火箭产品的姿态调整，并再次生成数字孪生数据，进行起飞安全性的迭代仿真分析。火箭起飞安全性分析的核心是净空间分析，即起飞过程中火箭与地面设备之间的安全空间分析，通过净空间分析可以得到火箭起飞过程中的危险点，并初步得到各危险点之间的安全距离，这将大大减少实时仿真的内容，提高仿真速度。火箭的起飞安全性除了与火箭的起飞漂移量有关，还与发射工位附近的静态设备环境和动态环境有关。静态设备环境是指火箭周围静止不动的设备，如摆杆、脐带塔等设备；动态环境是指在火箭起飞过程中，不断运动的地面设备，如供电脱拔等。在火箭起飞过程中，净空间在不断变化，因此影响火箭起飞安全的净空间是一个与时间相关的多维度、多因素的动态矩阵。净空间分析由安全要素辨识和净空间计算两部分组成，其中净空间计算可以通过火箭起飞过程虚拟仿真得到；安全要素辨识可以用安全因子矩阵表示，安全因子矩阵 $\boldsymbol{a}_{ij}$ 由箭上因子和地面因子两部分组成。箭上因子 $\boldsymbol{a}_i$ 主要由发动机喷管、箭壁、尾翼等因素组成。地面因子 $\boldsymbol{a}_j$ 主要由支撑臂、供电脱拔、摆杆、脐带塔等因素组成，安全因子矩阵：

$$\boldsymbol{a}_{ij}=\boldsymbol{a}_i\times\boldsymbol{a}_j=\begin{pmatrix} a_{00} & a_{01} & \cdots & a_{0j} \\ a_{10} & a_{11} & \cdots & a_{1j} \\ \vdots & \vdots & & \vdots \\ a_{i0} & a_{i1} & \cdots & a_{ij} \end{pmatrix} \tag{4-1}$$

式中，$\boldsymbol{a}_{ij}$ 为箭上因子 $\boldsymbol{a}_i$ 与地面因子 $\boldsymbol{a}_j$ 之间的距离。

火箭起飞过程中，安全因子矩阵不是一个静态数值，而是随着火箭漂移以及地面设备不断运动的动态空间距离矩阵。净空间反映了安全因子之间不断变化的安全空间，可表示为一个与时间和高度相关的矩阵，火箭的起飞漂移为 I_{zh}，则火箭净空间 $b_{ij}=a_{ij}-I_{zh}$。火箭起飞过程中，若 b_{ij} 始终大于设定的安全阈值，则表示火箭起飞安全性满足要求。对某火箭进行起飞安全性分析，根据实际发射环境进行安全因素辨识，得到其安全因子矩阵如表 4-1 所示。

表 4-1 某运载火箭安全因子矩阵

	发动机喷管	助推侧壁	芯级侧壁	尾翼
支撑臂	a_{00}	a_{01}	a_{02}	a_{03}
供气连接器	a_{10}	a_{11}	a_{12}	a_{13}
摆杆	a_{20}	a_{21}	a_{22}	a_{23}
脐带塔	a_{30}	a_{31}	a_{32}	a_{33}

4.5.2.4 火箭起飞安全性分析

火箭起飞安全系统通过数据采集模块完成火箭发射系统的实时数据采集、封装及处理，当输入火箭起飞轨迹后，基于实时数据驱动的火箭起飞安全系统生成起飞漂移计算初始配置文件，并不断优化和修正得到火箭起飞漂移仿真轨迹，从而驱动虚拟仿真场景中的火箭，实现产品数字孪生体实例的生成和不断更新。将虚拟空间的火箭起飞前数字孪生体与真实产品进行关联，彼此通过统一的数据库实现数据交互。对于起飞过程中关注的可能会发生碰撞的单一地面设施，可以先通过测量该设施与火箭的角度，设置该角度为火箭起飞漂移的方向，这就相当于考虑了起飞中最坏的情况——火箭“冲着”该地面设施飞，并动态监测整个起飞过程中火箭与该设施的间距变化（通常是越来越小）。对于像活动发射平台上的脐带塔以及固定勤务塔，都可以采用该处理方法。图 4-22 所示为火箭向着脐带塔方向起飞的动态过程。对该火箭起飞出平台的过程进行数字化仿真，在仿真过程根据安全因子矩阵对危险点“尾翼-塔”和“尾翼-支撑臂”进行实时监控。图 4-23（a）（c）为火箭起飞仿真过程中“尾翼-塔”危险点和“尾翼-支撑臂”危险点的距离情况。图4-23（b）（d）为监测距离 1、2 在火箭起飞过程中的变化曲线，说明火箭在此状态下起飞，此处安全。

（a）

（b）

（c）

(d)

(e)

(f)

图 4-22 火箭朝向脐带塔起飞过程

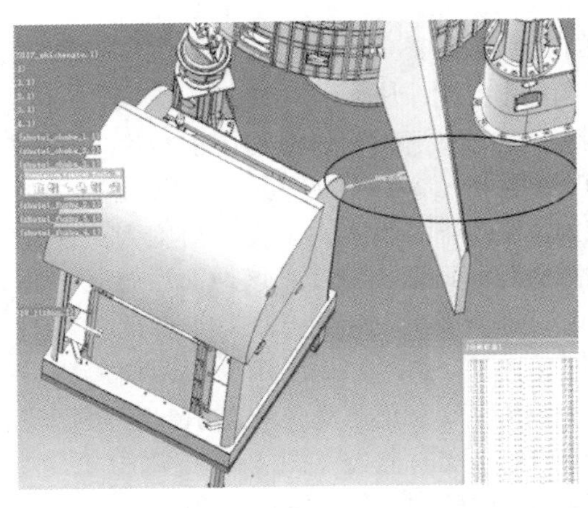

(a) 火箭起飞仿真过程中“尾翼-塔”危险点的距离情况

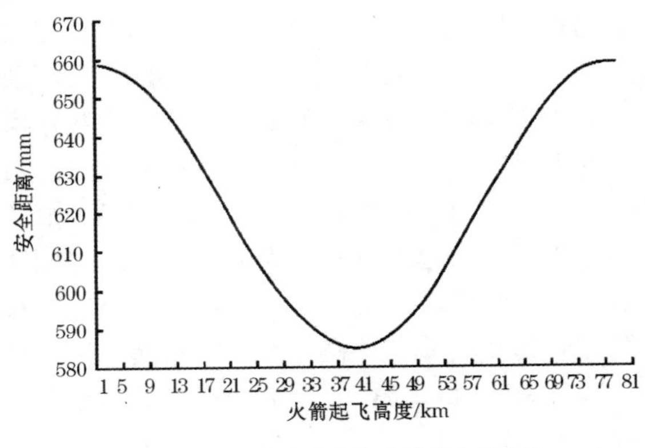

(b) 监测距离 1 在火箭起飞过程中的变化

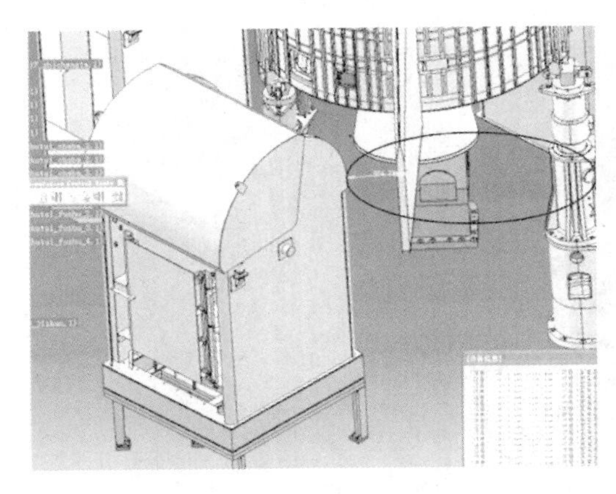

(c) 火箭起飞仿真过程中“尾翼-支撑臂”危险点的距离情况

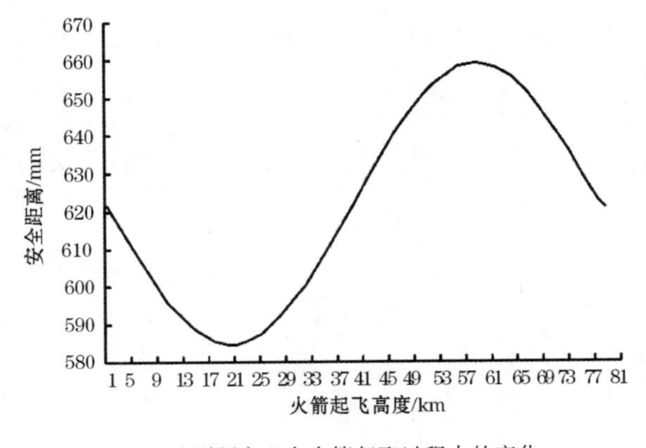

(d) 监测距离 2 在火箭起飞过程中的变化

图 4-23 火箭箭—塔危险点监测数据

4.5.2.5 位姿优化与控制

通过火箭起飞安全性评估技术进行火箭的起飞安全性分析，根据分析结果对火箭姿态进行优化控制，其中火箭的初始姿态可以通过垂直度调整来实现。火箭姿态的调整实际上是火箭坐标系的调整，图 4-24 为某火箭示意图，包含多个模块，在每个模块上安装一个敏感元件，通过敏感元件测量出其安装基准面的不水平度值[69]。不同模块的发动机推力不一样，为了获得全箭综合不水平度，需引入基于模块推力大小的加权因子。根据各个模块的发动机推力的比值加权计算，获得全箭基准平面的综合不水平度。假定火箭的 n 个模块的加权因子为 λ_i（$i=1, 2, \cdots, n$），每个模块的发动机推力为 F_i（$i=1, 2, \cdots, n$），则

$$\lambda_i = \frac{F_i}{\sum_{i=1}^{n} F_i}。 \tag{4-2}$$

对 n 个敏感元件在箭体坐标系下的 Y 向和 Z 向输出值 $\theta_{1i}^{Y'}$，$\theta_{1i}^{Z'}$（$i=1, 2, \cdots, n$）进行加权计算，获得全箭基准平面的 Y 向和 Z 向综合不水平度值 θ_1^Y 和 θ_1^Z：

$$\theta_1^Y = \frac{\sum_{i=1}^{n} \lambda_i \theta_{1i}^{Y'}}{\sum_{i=1}^{n} \lambda_i}, \tag{4-3}$$

$$\theta_1^Z = \frac{\sum_{i=1}^{n} \lambda_i \theta_{1i}^{Z'}}{\sum_{i=1}^{n} \lambda_i}。 \tag{4-4}$$

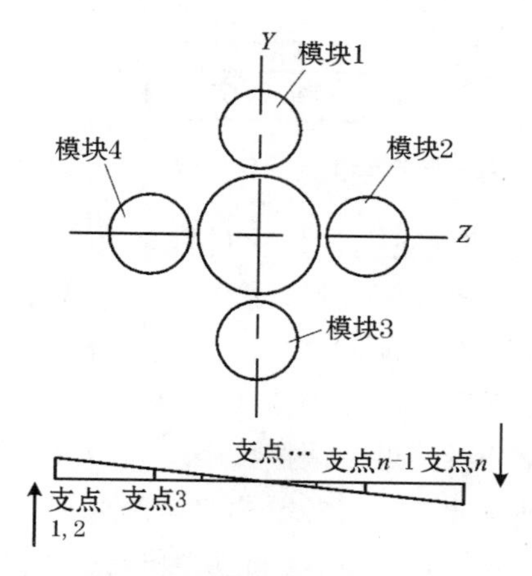

图 4-24 基于多支点的运载火箭支点示意图

由于每个模块坐标系相互耦合，在对单个模块的姿态进行垂调时，其他模块的姿态和综合不水平度均会发生变化，从而增加了垂调的难度。火箭的姿态控制采用基于多支点的自动化垂调方法来实现。方法如下：以 Z 轴为中心线，整体旋转。旋转方法为 Z 轴一侧的支撑臂按照与 Z 轴的垂直距离进行等比例升或者降，而另一侧支撑臂按照与 Z 轴的垂直距离进行等比例的降或者升。在火箭姿态调整过程中，火箭起飞安全系统实时采集火箭及地面设备信息，并对虚拟仿真平台中的孪生体进行实时更新。火箭姿态调整结束后，再次对

火箭起飞安全性进行评估，形成闭环控制，反复优化修正，最终得到火箭最佳的初始姿态。

4.5.3 数字孪生火箭起飞安全系统运行机制

4.5.3.1 运行机制

主要从火箭初始姿态优化、起飞轨迹规划及优化和起飞安全性分析三个方面阐述数字孪生火箭起飞安全系统运行机制，如图 4-25 所示。

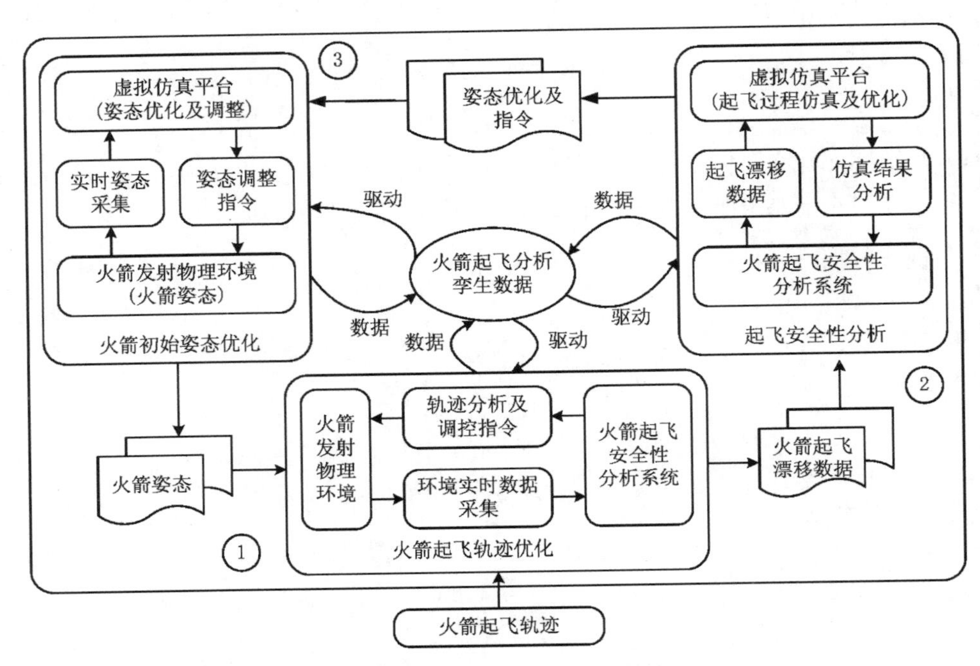

图 4-25 基于数字孪生的火箭起飞安全系统运行机制

图 4-25 中阶段①是火箭起飞轨迹迭代优化过程，反映了火箭发射系统与火箭起飞安全系统的交互过程。当火箭发射系统接收到火箭起飞轨迹输入时，火箭起飞安全系统开始生成起飞漂移计算初始配置文件。火箭起飞安全系统获取火箭初始位姿、环境实时数据、火箭基本信息和误差分配等要素形成起飞漂移计算初始配置文件，然后对火箭起飞轨迹进行优化分析，将起飞轨迹优化分析结果及调控指令反馈给火箭发射物理环境。火箭发射系统根据调控指令对部分要素进行调整，将各影响要素调整到最佳状态，并再次将实时数据发送至火箭起飞安全系统进行分析和评估。如此反复迭代，最终生成火箭起飞的起飞漂移数据。阶段①产生的所有数据均存入火箭起飞分析孪生数据库中，并与现有数据融合，作为后续阶段的数据基础与驱动。

图 4-25 的阶段②是对火箭起飞漂移数据的迭代分析过程，反映了火箭起飞安全系统与虚拟仿真平台的交互过程。虚拟仿真平台接受上一阶段的火箭起飞漂移数据，在火箭发射环境实时数据、起飞安全性分析结果的历史数据和起飞漂移数据的驱动下，基于“几何—物理—行为—规则”等多个维度的模型对火箭起飞发射过程进行仿真、分析和优化。仿真系统给出火箭起飞过程中所有干涉区域、危险点和危险高度等。同时，系统可以给出不

同故障模式下，火箭的起飞安全性。虚拟仿真系统将这些仿真结果反馈给火箭起飞安全系统，火箭起飞安全系统结合阶段①对起飞漂移数据重新进行优化和修正，并再次传递给虚拟仿真平台进行火箭起飞安全性分析，如此反复迭代，直到火箭起飞安全性满足发射要求。同样，阶段②产生的所有数据均存入火箭起飞分析孪生数据库中，并与现有数据融合，作为后续阶段的驱动。

图 4-25 中阶段③是对火箭初始姿态的实时调整过程，同时反映了火箭发射系统和虚拟仿真平台的交互过程。火箭发射系统接收到阶段②的姿态优化指令，生成火箭姿态调整策略，并驱动火箭初始姿态的调整。同时，火箭发射系统将相关实时数据传递给虚拟仿真平台，虚拟仿真平台根据火箭发射系统的实时状态对自身进行状态更新，形成与火箭姿态调整同步的实时在线仿真。虚拟仿真平台通过对不同来源的数据拟合火箭姿态并进行对比，对仿真过程中的扰动进行修正。虚拟仿真平台基于实时仿真数据、火箭实时姿态数据、历史发射数据等孪生数据，对火箭初始姿态、火箭起飞漂移数据和火箭起飞安全性进行评估、优化及预测等，并以姿态调整指令作用于火箭发射系统，对火箭姿态进行控制。如此反复迭代，直至火箭起飞安全。该阶段产生的数据存入火箭起飞安全性分析孪生数据库中，与现有数据融合后作为后续阶段的驱动。

通过以上阶段，火箭实现了起飞安全性分析，并将火箭初始姿态调整到最佳位置。通过各个阶段的迭代优化，火箭起飞安全性分析孪生数据被不断更新和扩充。

4.5.3.2 关键技术

（1）多源模型处理技术。

三维模型是基于数字孪生的火箭起飞安全性设计与分析的关键，火箭起飞安全性分析系统涉及火箭、地面设备和发射场设施等多个系统，各个系统采用的数字化设计软件与建模方式各不相同，包括 Pro/E，UG，3DMAX，STP，CATIA，DELMIA 等多种格式。不同来源的三维模型间存在着建模方式、数据结构、模型精度、模型单位制之间的巨大差异，必须建立一种适用于多源模型处理的方法，确保设计模型转换为仿真可接收的模型。同时，由于模型数据量巨大，即使在高性能计算机中，显示速度一般也比较慢，这样直接影响了火箭起飞安全性分析的仿真速度和仿真精度，因此，模型的轻量化处理需进一步研究。多源模型处理技术主要内容如图 4-26 所示。多源模型统一化主要分为 Pro/E 格式模型处理方法和非 Pro/E 格式模型处理方法。对于 Pro/E 格式模型可直接转换为 CAT Product 格式，将曲面组成的外形模型进行正确转换，以保证在平台中正常显示；对于非 Pro/E 格式模型采用中间模型格式转换，一般采用 STEP，IGES 或 X_T 格式。采用 STEP 中间格式转换时，需要选择第 214 种转换协议或者第 203 种扩展协议，转换后的仿真模型可能存在个别模型转换失败或者转换过程中出现变形的情况，需要对模型做进一步的处理，比如重新转换模型甚至建模。模型简易化处理主要采用冗余模型清理、包络简化处理和模型精度降级等方法，实现模型简易化，提高模型的仿真速度。

（2）起飞安全性评估技术。

火箭起飞安全是指火箭起飞过程中，火箭与地面设备不发生碰撞，且留有一定的安全余量。因此，起飞安全性评估的核心是计算火箭起飞过程中，箭体与地面设备之间的安全距离，是否会发生碰撞。起飞安全性评估技术包含起飞安全性评估和评估系统修正两部分。

数字化仿真技术实现了火箭基于起飞漂移量的起飞过程仿真，而数字化仿真过程的碰

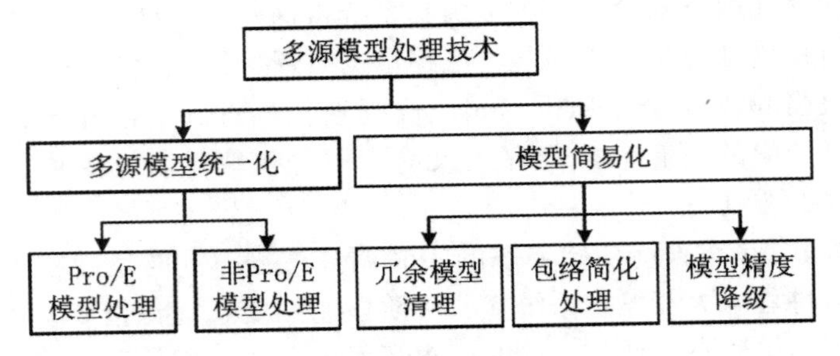

图 4-26　多源异构模型处理技术

撞与干涉检测实现了火箭起飞安全性评估。实现干涉检测的关键在于，在三维模型仿真过程中，通过快速的几何包络区域计算，实时监听包络区域的碰撞与重叠事件，并求解出发生碰撞与重叠的区域，在图形中实时显示，发出示警。在火箭起飞过程数字化仿真中，采用实时数据驱动的数字孪生体模拟火箭的真实起飞过程，对危险部位及危险点的距离实施实时监控，当监控距离达到所设定阈值时，仿真平台会报警提示并停止仿真。基于起飞漂移的起飞过程仿真干涉检查流程如图 4-27 所示。

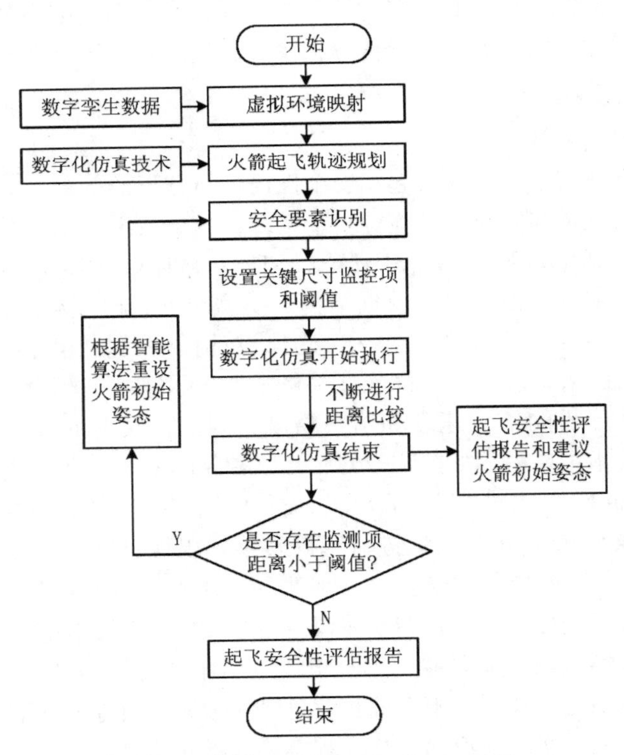

图 4-27　基于起飞漂移的干涉检查流程

(3) 多源数据融合与集成。

数字孪生驱动的火箭起飞安全性分析与控制过程中会产生大量的数据，如何保证数据的完整性与一致性，数据与数字孪生体的有效关联，准确便捷地进行数据的查询和追溯，是实现数字孪生驱动的火箭起飞安全性分析与控制的基础。多源数据的关联、融合与集成控制依托于火箭起飞安全系统基础环境中各个软硬件的有机整合，以实现数据的传递、数据的关联、数据的存储追溯和数据融合处理。数据传递控制是指仿真对象的关键数据由火箭模型、地面设备模型、发射工位模型、浅层风模型等数据源经数字化测量系统和调整设备传递至火箭，且不同类型和结构的数据需要被有效地整合和处理，如姿态数据与支臂载荷数据等，并针对不同的配合关系协调方法进行转化。数据存储追溯是指对数字孪生体所使用和产生的各类数据进行统一存储和结构化管理，从而支持有效的数据挖掘和信息利用，以满足分析优化和控制。数据融合显示是指将数据集成与融合的结果在三维可视化截面中显示，使仿真过程的监控和预测质量更高效。为了实现数据采集、关联及处理等功能，系统应具备数字化测量、数据处理和分析、三维可视化仿真三个功能[70]。数字化测量是指对火箭起飞前后实时数据的采集，主要包括火箭姿态数据、支臂高度数据、支臂载荷数据、摆杆摆角数据、浅层风、环境温度等。采用水平度传感器、拉线传感器、红外测距仪等不同测量方式实现系统实时数据的数字化测量。

第5章 数字孪生与工业

随着科技的发展，新一轮科技革命和产业变革正孕育兴起，以“智能制造”为主导的“工业4.0”“工业互联网”——第四次工业革命已经来临。为此，各国先后提出了工业4.0、工业互联网、先进制造伙伴计划以及中国制造2025等先进制造战略与模式。同时，物联网、大数据、云计算以及人工智能等先进技术为智能制造的实现提供了强有力的支撑。然而，在智能制造的实践过程中，始终面临的一个瓶颈问题——如何实现智能制造，正成为各国需要解决的问题，而如何实现制造的物理空间和信息空间的数据互联互通是其中的核心问题之一。数字孪生技术是解决该问题的有效途径之一。

5.1 数字孪生与工业互联网

18世纪以来，人类经历了工业革命和互联网革命两大洗礼，带来工业生产、控制能力的提升和计算以及通信能力的发展，两者的有机融合将给世界带来又一次崭新的变革。2012年11月，美国通用电气公司（General Electric Company，GE）发布《工业互联网：打破智慧与机器边界》白皮书[71]，正式提出工业互联网的概念，认为工业互联网是200多年以来继工业革命、互联网革命之后的影响世界的第三次革命性转折。2014年3月，GE与AT&T、思科、IBM和英特尔共同发起成立了工业互联网联盟，推动工业互联网技术的研究和应用。2016年2月，在中华人民共和国工业和信息化部的支持和指导下，中国信息通信研究院联合制造业、通信业、互联网业等企业联合成立了工业互联网产业联盟，共同推进我国工业互联网顶层设计、技术研发、标准制定、产业实践和国际合作等工作。

5.1.1 工业互联网的定义

工业互联网（industrial internet）是指通过网络将工业系统中的智能物体（intelligent objects）、智能分析（intelligent analytics）和人（people）相连接的系统[71]。其中智能物体是指具有通信能力，可以接入网络的物理世界中的物体，包括智能终端、传感器、具有通信能力的机器设备等。智能分析是指人将工业领域的业务流程、专业技术等知识与数据科学相结合，形成面向不同业务目标的工业数据分析模型，分析结果可以部分代替人的脑力劳动。工业互联网的实质是通过工业系统中智能物体的互联，获取智能物体的工业数据，建立面向特定业务场景的工业数据分析模型，进而形成分析结果以优化智能物体的设计、制造与运行等。

推进工业互联网技术研究和深度应用是一项复杂的系统工程，需要各行业的共同努力。通过工业机理和数据科学相结合，将工业领域的业务流程、专业技术等知识转化为工业数据分析模型是工业互联网的价值和核心，也是以制造业为代表的工业企业的努力方向。

5.1.2 工业互联网的数据来源

工业互联网的数据主要有三大来源：企业信息系统数据、机器设备数据和外部数据[72]。PLM，ERP，SCM，CRM，MES 等企业信息系统存储了包括产品研发设计、生产制造、供应链、运营支持等大量高价值密度的业务数据，是制造业的核心数据资产。机器设备数据指由传感器、仪器仪表和智能终端等采集的反映机器设备运行状态的数据，既包括企业内部生产设备运行产生的数据，也包括企业交付给客户的智能产品运行和维护产生的数据。例如飞机的飞行参数数据（QAR）、远程故障诊断数据（RD）就是飞机制造商交付给航空公司的飞机产品运行和维护产生的数据。工业互联网应用所需的绝大部分数据均来自企业信息系统和机器设备。以航空制造业为例，按照美国国家标准与技术研究院提出的企业数据分类标准，从企业、产品和价值链三个维度对其拥有的数据类型进行了梳理，如图 5-1 所示。外部数据则主要包括与制造业发展相关的市场、舆情、社交等信息。数据必须经过“管理”，确保质量达到规定标准，并按照一定结构形式组织，以达到可以分析利用的水平。国际数据管理协会（Data Management Association International，DAMA）提出的数据管理知识体系是目前数据管理领域普遍采用的方法论，对数据管理职能、交付成果、角色和术语等进行了标准化的定义[73]，通过建立数据管理体制机制，明确数据管理责任主体，制定数据管理流程、制度、架构、规范和标准，建立数据管理组织，实现对数据全生命周期的管控。

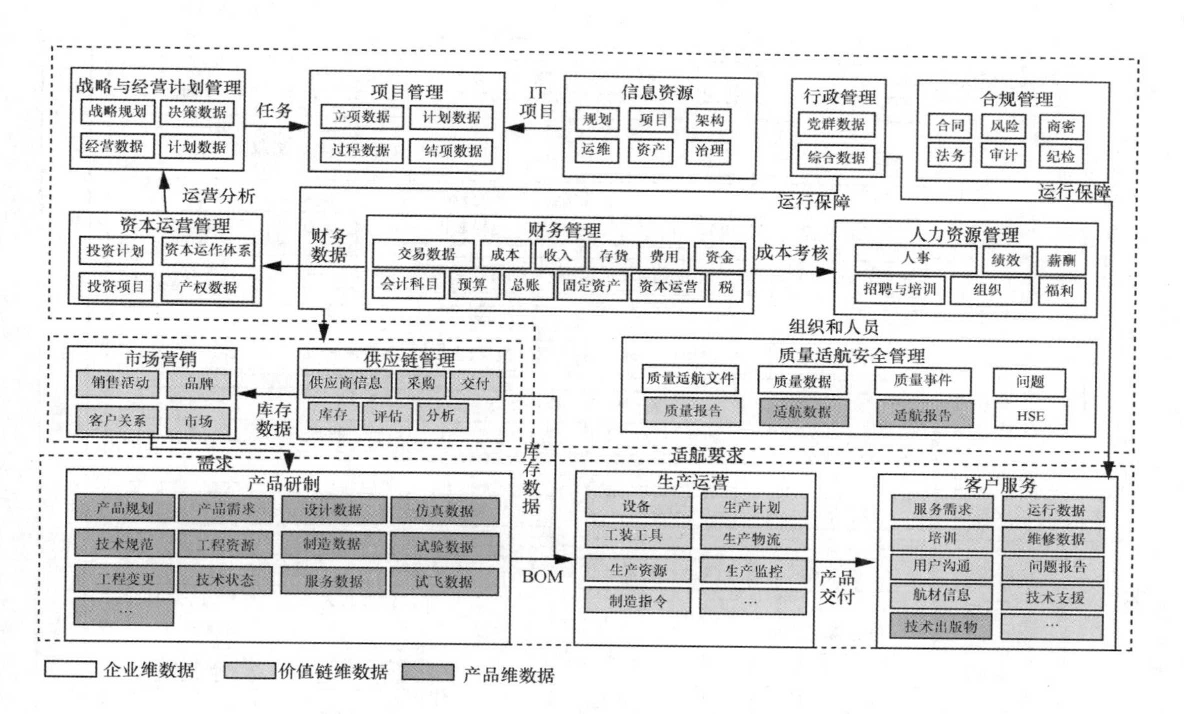

图 5-1 航空制造业数据类型

5.1.3 工业互联网的体系架构

工业互联网通过构建“万物互联”的基础网络，实现工业数据的全面感知、动态传输、实时分析，形成科学决策和智能控制，是制造业智能化、服务化转型发展的必然之路。工业互联网呈现“工业数据+工业云平台+工业应用”的功能层级架构，是由信息技术企业、工业企业、互联网企业和众多应用开发者共同构建的生态体系。立足制造业视角，基于工业互联网产业联盟提出的工业互联网平台通用功能架构，可突出工业企业核心能力和竞争优势，工业互联网的体系架构如图 5-2 所示。数据采集层收集企业信息系统数据、生产设备和产品运行数据及市场、社交等外部数据，利用协议解析技术实现多源异构数据的互联互通和互操作，利用边缘计算技术实现数据的预处理，减轻网络传输负载和工业云平台计算压力。网络传输层将采集到的数据以有线或无线方式传输到工业云平台。工业云平台自下向上包括基础设施层、平台工具层和数据应用层。基础设施层提供服务器、存储、网络和虚拟化等服务。平台工具层在以 Cloud Foundry 为代表的通用 PaaS（Platform-as-a-Service）平台基础上增加工业数据管理、建模和分析功能，将工业数据分析模型固化封装成可移植复用的工业微服务组件。平台工具层本质上是可扩展的开放式工业操作系统。数据应用层用来快速构建基于工业微服务组件的定制化工业应用，针对工业产品全生命周期特定业务场景的需求，把工业产品及相关技术过程中的知识经验、最佳实践封装成应用软件，是工业技术软件化的重要成果。

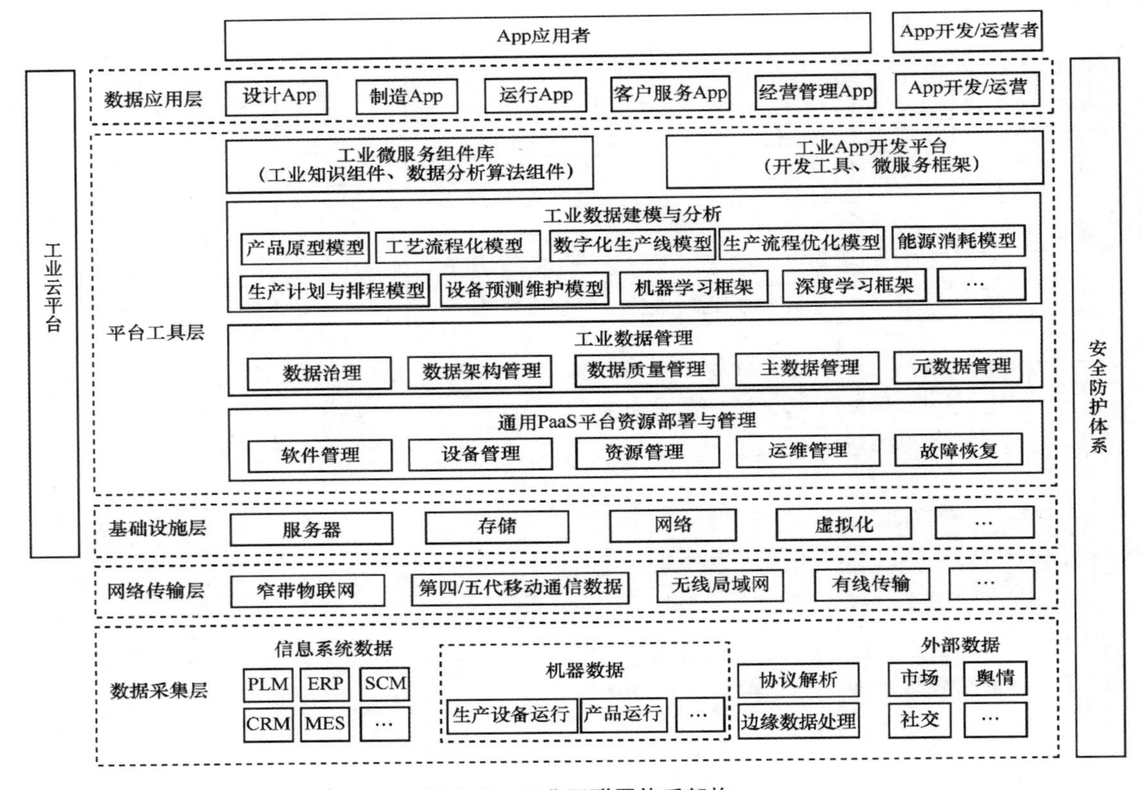

图 5-2　工业互联网体系架构

5.2 数字孪生与工业制造

20世纪60年代，美国经济学家Raymond Vernon提出产品全生命周期（product lifecycle，PL）的概念，并提出了产品生命周期的投入、成长、饱和、衰退四个阶段理论。随着各类计算机辅助技术（CAT）和产品数据管理（PDM）等技术的进一步发展，更加适合现代制造业的产品全生命周期管理（PLM）出现并引起国内外广泛关注[74]。PLM将产品的寿命划分为研发、制造、服务、报废四个基本阶段。虽然研发与制造之间存在迭代关系，以及服务阶段会产生返修订单等，这些易导致划分出的四个阶段相互交织，但这一划分模式为企业理解与运作产品的各个阶段提供了基本的方法[6]。具体到生产活动，PLM可根据不同企业不同产品的特点继续划分为更小的活动单元。PLM最大的价值并不是使企业对产品全方位信息实现清晰全面的管理，而是其中的"精益"思想对企业节省资源方面的改革所起到的指导作用[75]。这种指导作用能帮助企业缩短研发周期、优化制造流程、节约制造成本、提高协同效率、改良质量把控、提高产品利润，进而提高企业整体的运行效率[74]。此时PLM被定位为一种用来管理构成生产活动的人、流程与技术的先进方法。

但是，PLM并未真正在制造业大放异彩，人们对它的认识和运用程度仅仅是将其看作一种管理方法[38]。随着数字孪生技术的出现和发展，PLM技术的实现途径逐渐清晰，其理念与预想将逐渐变为现实[76]。

5.2.1 基于数字孪生技术的PLM新内涵[77]

PLM理念侧重于创新，希望从产品的创建、设计、迭代、修订和决策的完整历史中清楚地分析整个产品生命周期，促进创新。PLM所创造的企业管理战略拥有规范又不失灵活的设计开发流程，以及兼顾结构化与非结构化的信息与数据。PLM是一整套高级的数据管理方式，集成了产品数据管理、并行工程（concurrent engineering）、企业系统集成（enterprise system integration）等管理与技术，囊括了整个企业多年积累的所有产品相关数据[78]。因此PLM的实施途径必然要回归其本质：数据和数据管理软件[79]。而数字孪生作为数据附着的载体，具有同系列产品的全过程全要素信息，与PLM所追求的对智力与信息财富的充分利用，以及其管理生态化的使命相吻合。因此借助数字孪生，PLM在实施过程中拥有明确而统一的管理对象和操作对象。同时，当有了现实产品在虚拟空间中的"孪生体"，通过设置访问权限，任何企业部门均可从此"孪生体"上提取所需信息，从而形成一种直观的协同、联合的方式，为多功能、多部门、多学科、多外协的生产模式创建了信息集成、汇总、分发与流通的"血管"与"神经"[80]。虚拟的"孪生体"是整个产品生命周期的数据、模型及分析工具的集成系统，此时PLM便可按照其内外驱动因素，在企业管理与制造业改革中运作起来。因此基于数字孪生的PLM有了新内涵：借助数字孪生技术，围绕产品数字孪生体执行产品研发、制造、服务与报废的全生命周期，将产品全生命周期的数据集成于数字孪生体，从而实现精益生产理念，并延长产品寿命。

5.2.2 PLM 中的数字孪生

将数字孪生应用于 PLM 各个阶段，可为 PLM 的可定制化、多层次协同、全生命周期数据管理、知识共享与重用、数字化仿真的需求提供支持。由于 PLM 理念所依赖的系统研发、布置与改造活动规模宏大且价格昂贵，倘若一一对比 PLM 的所有理念和模块全部建设，也不符合 PLM 所注重的应用灵活性，因此 PLM 系统在企业运用的实际中，应结合企业具体需求，统一规划，按需建设，重点受益[6]。以下是一些在应用方式上具有代表性或通用性的范例。

5.2.2.1 产品研发阶段的数字孪生

(1) 需求分析。

需求推动产品设计和创新。需求是影响产品的根本因素，需求决定产品的结构、配置、功能，需求微小的改变，可能带来产品巨大的变化[74]。对于涉及成千上万的零部件的复杂产品，理清各种需求与产品配置的关系，是产品不断更迭长远发展的需要。需求来自用户的意愿，配置体现于产品，这种对应关系可以在虚拟空间中得到映射，如图 5-3 所示，已淘汰的同类产品的数字孪生体中包含着产品的需求与配置信息，这些信息在研发、服务、报废的各阶段不断产生。在研发阶段会产生为满足用户初始需求而设计的配置，在服务阶段会产生为满足用户增加需求而变更的配置，在报废阶段会产生为满足报废与回收需求而设计的配置，将多代产品的需求与配置信息集成，即可形成“需求—配置”关系表。利用不断完善的“需求—配置”关系表，在产品研发初期便可迅速确定本代产品将会采用的配置模块，形成配置一览表，甚至快速计算得到成品的形貌，尤其对于飞行器、船舶等拥有数以亿计零件的大型工业产品，将大大节省研发初期投入的时间与人力资源。

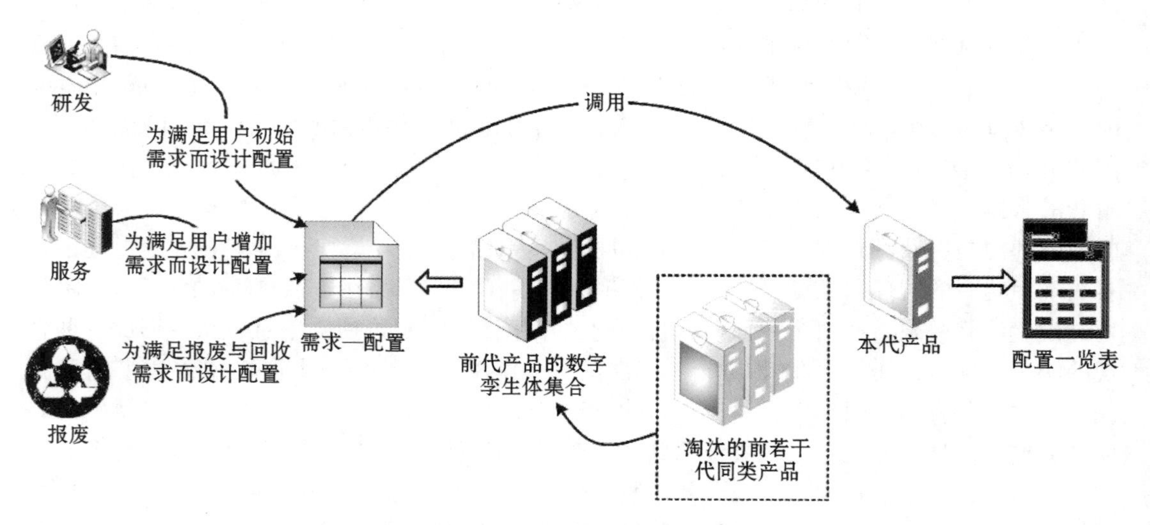

图 5-3 需求分析活动中的数字孪生

（2）设计记录。

从某种意义上讲，设计是将产品概念转化为数据的过程。下面围绕产品数字孪生体开展产品设计工作，从六个过程讨论数字孪生体的运用方式（见图 5-4）。

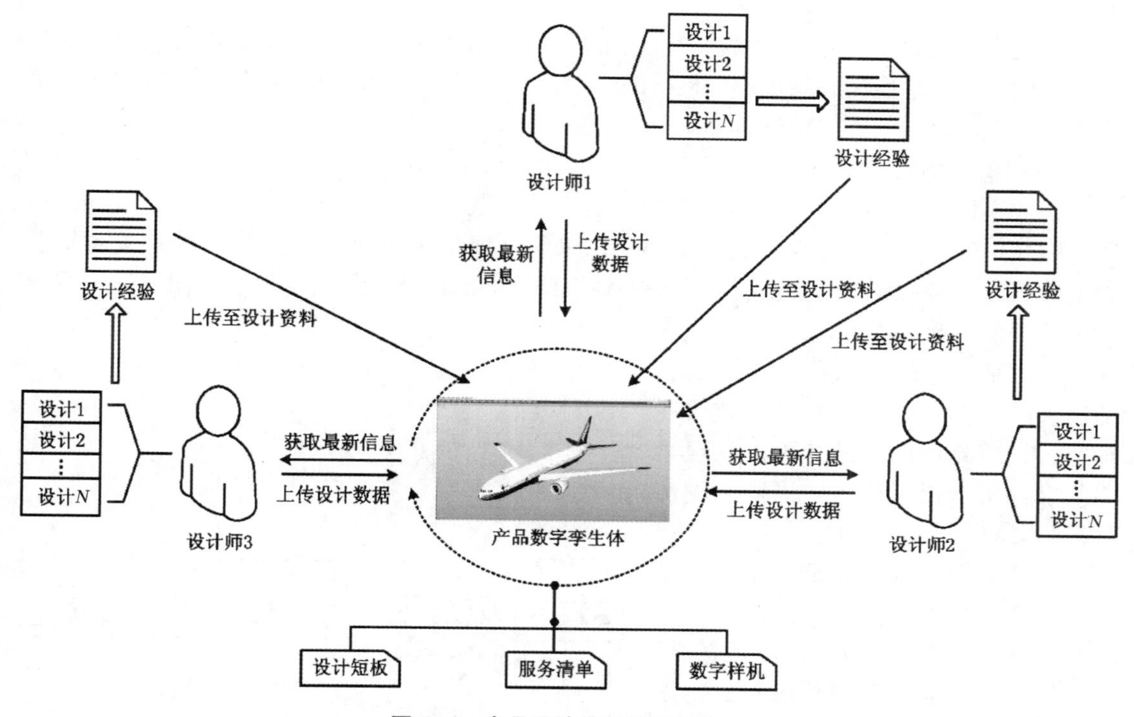

图 5-4 产品设计阶段的数字孪生

①同一个设计人员的不同版本记录。一个设计人员在设计过程中会产生多次修改，形成多个设计版本，在本次设计中被舍弃的设计版本，极有可能在后续同类产品的研发工作中被参考或采用，例如当确定某些经验数值时可减少测算次数或提高精度等，足够多的设计版本便形成了对照表，可对后续的产品研发提供巨大的参考和帮助，其价值随着记录数量的增长而快速增长，最后可上升为企业的核心设计资料。

②不同设计人员之间的协同设计。数量庞大的设计数据往往分布在不同的设计部门或同一部门不同设计人员手中。为了提高设计效率，这些设计部门与设计人员必须一致围绕公认、公开的同一模型进行设计。该公开的模型便是一代产品数字孪生体的雏形。此时数字孪生体虽然还未成为产品在虚拟空间中的真实表达，但已拥有了随时追溯的机制，而这一机制赋予了整体研发工作迅速响应产品变更的能力[6]。

③官方决策。这一初始的数字孪生体代表了产品研发进程的最新进展，肩负着产品研发的官方决策责任。该数字孪生体负责实时更新产品的各个组件，使任何一个设计人员在任何时刻看到的产品设计信息都是最新的。因此，可以避免设计版本管理混乱的问题，提高协同设计效率。

④设计评审辅助。通过审查该数字孪生体，可以评定设计短板，及时变更设计管理方案或调控设计人员，使设计任务能够按时完成，甚至由于数字孪生体始终同步最新设计进展而免去传统设计评审。

⑤初建服务清单。设计过程中由设计人员分析总结出的产品售出后，可能需要将进行

维护的项目及维护技术记录到产品数字孪生体中。

⑥数字样机功能。随着设计进度的不断推进，不断完善的数字孪生体具有了数字样机的功能。数字样机可应用于复杂的分析场合，如结构分析、装配分析、动力学分析或碰撞分析，甚至可以代替物理样机[81]。

一代产品的数字孪生体在设计阶段结束后已具备完整的模型，且能够进行复杂的分析计算，此时数字孪生体起到了产品模板的作用，后续的生产与服务工作将完全依照该数字孪生体所设定好的数据安排进行。

（3）采购协同。

采购连接资源市场与企业设计制造人员。采购既是一个商流过程，也是一个物流过程，因此采购工作主要有采购成本最小化与采购周期最短化两个目标[81]。采购员越早获得采购信息，采购成本与周期就越容易得到控制。如图 5-5 所示，从两个方面论述采购活动中数字孪生的应用方式：

①数字孪生体向采购部门的信息输出。产品设计阶段中数字孪生体逐渐完善，因此在产品设计阶段甚至早在需求分析阶段，便可向采购员输出如采购对象与最小采购量等采购信息，帮助采购员及早确定采购计划，规划采购流程，与供应商商谈。同时数字孪生体也应开放一定的端口给采购部门，使得采购部门也围绕最新的研发进度实时调整采购计划。

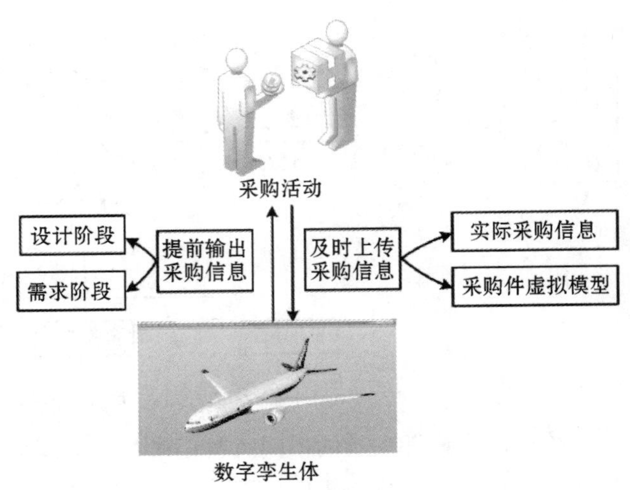

图 5-5　采购活动中的数字孪生

②采购部门向数字孪生体的信息录入。采购员将获得的实际采购信息及时上传至数字孪生体中，作为数字孪生体采购数据的一部分，这些采购信息对于后续开发控制成本具有巨大的参考价值。此外，数字孪生体还需收集采购件本身在虚拟世界中的对应模型。对于螺栓、气动接头等标准件，所需收集的一般只是其 CAD 模型和批次信息；而对于伺服电动机、电路板、控制器、LED 屏幕等具有完整功能的组合体采购件，则需收集其完整意义上的数字孪生体，即本代产品的数字孪生采购信息中应嵌套采购件的全生命周期信息。采购件被本企业购入以后就处于其服务阶段，因此需依靠其对应的数字孪生体来了解其供应商及其上游供应商及制造商甚至设计商，在各自的工作阶段对产品做出的创造和改变信息。这不仅要求本企业采用基于数字孪生的 PLM 理念来管理企业，还要求供应商企业也拥有类似的系统架构，能够在货品输出时同时输出其虚拟信息作为附属产品一并销售[6]。

（4）营销准备。

营销活动包括线下活动营销、电视广告营销等多种手段，配套的营销材料也有手册、平面广告和视频广告等多种形式。营销材料在过去往往具有不确定性：

①基于物理产品，因此营销活动必须在物理产品被制造之后才能进行；

②脱离物理产品，在物理产品制造完成之前提早进行营销活动，易存在实际产品与宣

传产品不符的风险，而基于数字孪生体的营销则排除了这一风险。

如图 5-6 所示，数字孪生体将同步输出营销信息，由于数字孪生体在设计阶段被修改时，营销材料也随之一起变动，须确保营销材料所宣传的产品信息与实际设计的产品保持一致。使用与设计同步输出的营销材料，即可避免营销活动的推迟，也不需依赖实体制造部门的生产进度。如今图形化的营销材料可以从数字孪生体的几何信息中方便地读取，营销图片可以从虚拟产品中截取，而从虚拟产品中获取视频材料的技术手段也在进步并已有一些应用，如机械产品与车间生产仿真动画的输出等实例。

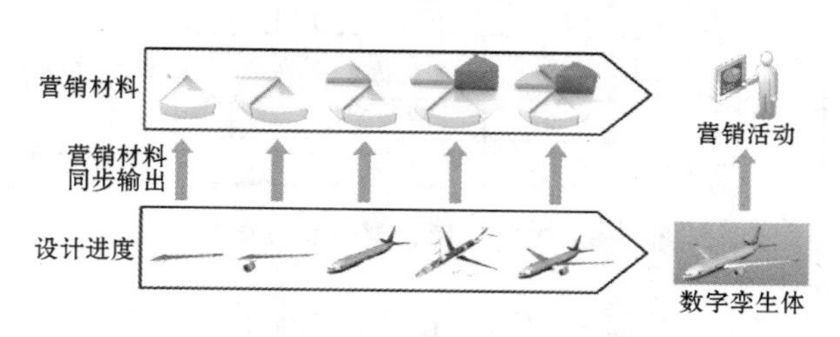

图 5-6 营销活动中的数字孪生

5.2.2.2 产品制造阶段的数字孪生

（1）快速成型。

在产品设计完成后，对于具有复杂外形的产品如汽车等需要创建产品的外形原型，以供概念展览或设计评价。如图 5-7 所示，增材制造只需输入虚拟模型即可输出物理实体，由于忽略了空腔或曲面等结构的难加工问题，使增材制造成为一条效率极高的联系虚拟产品与物理样机的通道。将数字孪生体中的三维模型信息输入增材设备，记录打印版本及打印数据，此时数字孪生体就有了相互映射的物理实体。

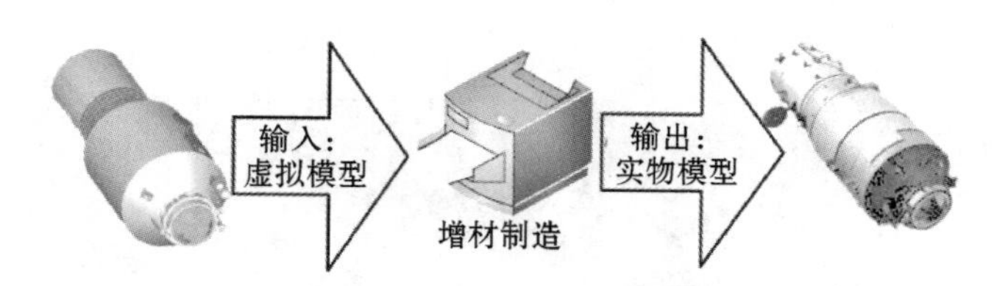

图 5-7 增材制造中的数字孪生

（2）工艺流程。

工艺流程的编制将设计转变为制造方法和步骤。如图 5-8 所示，专业工艺人员将其经验知识总结为工艺信息库，记录几何特征与工艺的匹配关系；数字孪生体对设计方案进行智能特征识别，识别获得的设计特征经由工艺信息库的处理，即可自动转换为对应的工艺。借助生产工艺仿真环境，智能匹配的工艺将在工艺工程师的监督下进行修订与仿真，逐步确定工艺顺序与工艺参数，并将结果返回数字孪生体进行存储。当设计方案变更时，数字孪生体即时更新，识别特征、匹配工艺与工艺顺序、工艺参数也随之更新，这一始于数字孪生体的工艺规划过程具有实时存储、即时响应、闭环调整的特点，从而使得设计与工艺规划能够同步进行。

（3）加工装配。

加工与装配是执行工艺的过程，在该步骤中，产品将从一个设计方案实例转化成一批

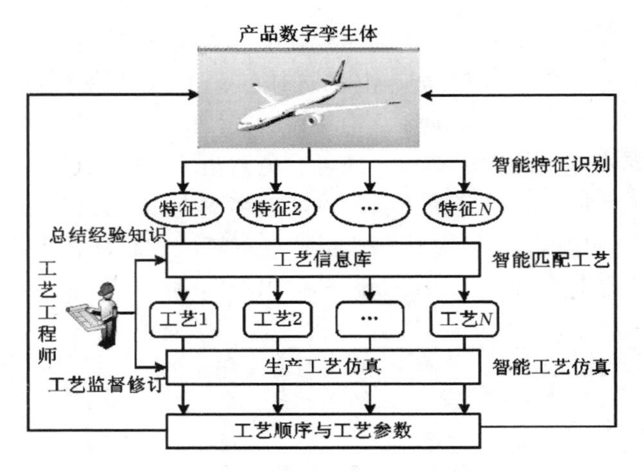

图 5-8　工艺流程编制中的数字孪生

物理实体，这一过程是整个制造阶段中涉及企业资源最广泛和复杂的过程。在加工与装配阶段，数字孪生车间（digital twin workshop，DTW）代表数字孪生技术扮演着关键角色。数字孪生车间在车间孪生数据的驱动下运动，以实现生产和管控的最优为目标[68]。如图5-9所示，数字孪生车间与数字孪生一样，同步进行以虚映实、以虚控实两个过程，以虚映实体现为虚拟空间对物理车间进行全方位全要素实时监控，以虚控实体现为对虚拟车间内部进行实时仿真与预测，并将计算结果返回并作用于物理车间。

①以虚映实。数字孪生车间起到的监控作用不同于传统的视频监控，虚拟车间的超写实性决定了数字孪生车间所提供信息的宽度与深度远远超越了传统监控摄像头。数字孪生车间基于布置在车间底层的传感器与物联网，能够将一切有价值的数据如生产资源位置、库存数量、设备状态、物料状态甚至噪声、振动、气体信息以可视化的方式刻画在虚拟车

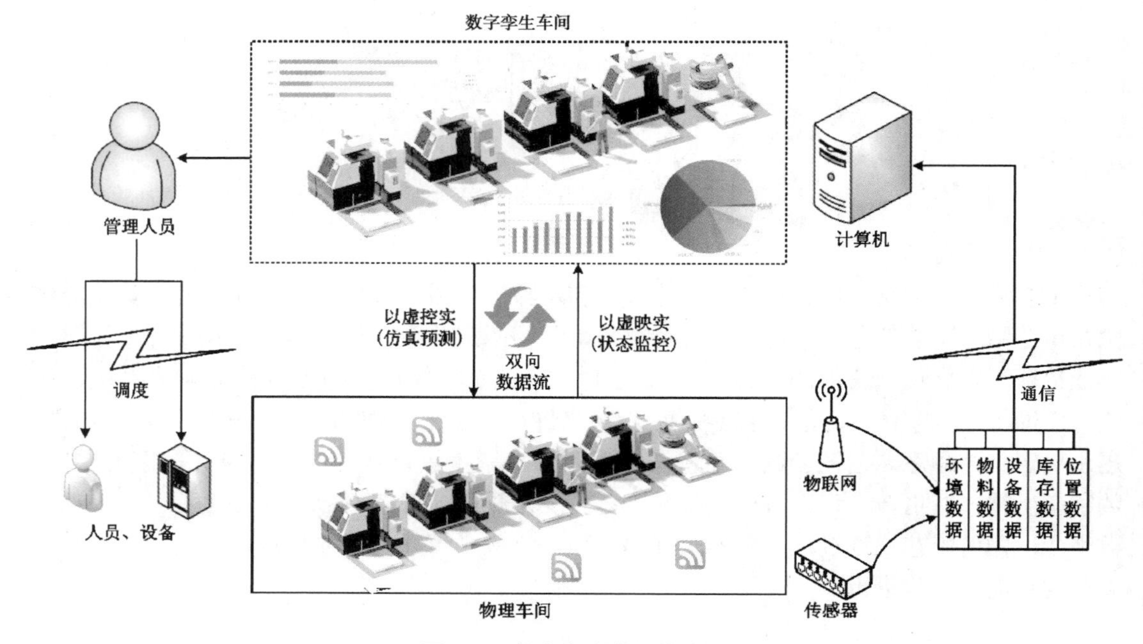

图 5-9　数字孪生车间的应用

间中。而数据推送方式可任意定制化，如数值直接显示、二维图表、通过颜色代表参数等级等，当某项生产指标不在要求阈值之内，虚拟车间将报警。除了通过物联网和传感器采集数据之外，数字孪生车间还具有完备的数据仿真、分析、推送功能，能够挖掘某一时刻车间深层的状态，有利于预防差错，确保在工期之内完成生产任务[68]。

②以虚控实。虚拟车间兼具可操作性，管理人员可实时查看生产现状，并可通过虚拟车间的界面直接向班组长发送消息，甚至可以根据安全要求拥有更高的权限直接控制设备的启停或调整其参数。此外数字孪生技术的运用使车间资源调度不再是一个与现实有时差且基于假设的先验与计划行为，而是一个在线、实时、以实际情况为根据的智能调整过程。数字孪生车间仍需继承传统离线仿真环境的架构与算法，但其驱动数据源的写实性和实时性规避了传统离线仿真仿而不真、时效性差的缺陷。

（4）制造记录。

如图 5-10 所示，制造过程中会产生两类数据，分别为车间生产数据与产品属性数据。将车间生产数据总结为工作指导书对加工与装配过程进行记录；将产品属性数据记录在完工文件中对制造过程中产品添加的特征进行记录[6]。工作指导书与产品完工文件是车间与产品的数字孪生体的完工信息。完工信息集成了产品设计与产品制造两大阶段的数据，同时面向产品维护阶段，是产品维护的主要信息来源。

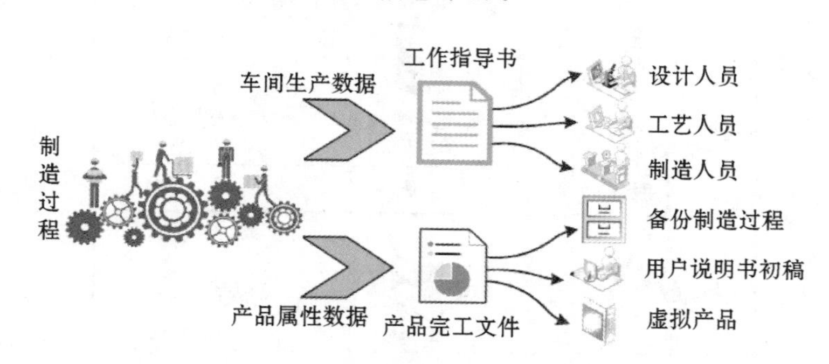

图 5-10 制造记录活动中的数字孪生

①工作指导书。工作指导书是车间数字孪生体的完工信息，其中记录了加工与装配过程中真实采用的工艺流程。对于创新性的复杂产品来说，工艺规划会经历多次修改，因此工作指导书有助于加工与装配工人总结经验、规避同类错误，帮助工艺规划师提高规划能力、增强对本企业加工能力的了解。

②产品完工文件。产品完工文件是产品数字孪生体的完工信息，其中记录着物料清单、工艺流程清单、装配清单、关键特征清单、关键参数清单、检测结果清单、配件清单，并包含产品的最终虚拟模型。其中物料、工艺、装配相关的数据对产品制造过程进行备份，用来改进产品设计和制造过程；关键特征、参数、检测、配件相关的数据是用户说明书的初稿，面向产品服务与维护阶段。虚拟模型是数字孪生在销售与服务中意义的集中体现，当虚拟空间被深度开发广泛应用时，物理产品在销售时应一并销售与其一致的虚拟产品，否则销售将被认为是不完整的。虚实并行的销售方式能够给用户提供最充足的产品信息，且虚拟产品有助于维护本企业对该产品的解释与服务权。

5.2.2.3 产品维护阶段的数字孪生

产品的数字孪生体在制造阶段之前是作为整个企业的研发共同体，而在制造过程中，产品的实例被一一制造，对应的数字孪生体也在一一成长；制造过程将产品概念模型分化为不同批次的多个实例，被制造的每一个物理产品都将映射到虚拟空间中的一个虚拟产品，因此数字孪生体也发生了相应的实例化行为，每个实例化的数字孪生体指向特定授权编号的一个产品，继而指向相应的特定用户。因此在产品维护阶段涉及两个数字孪生体的概念：产品在设计与制造阶段统一遵循的作为模板的虚拟产品称为产品数字孪生体，而制造后特定的单个产品对应的、跟物理产品一并售出的虚拟产品称为产品数字孪生体的实例[38]。在此基础上，构建如图 5-11 所示的数字孪生在产品维护阶段的运用流程。

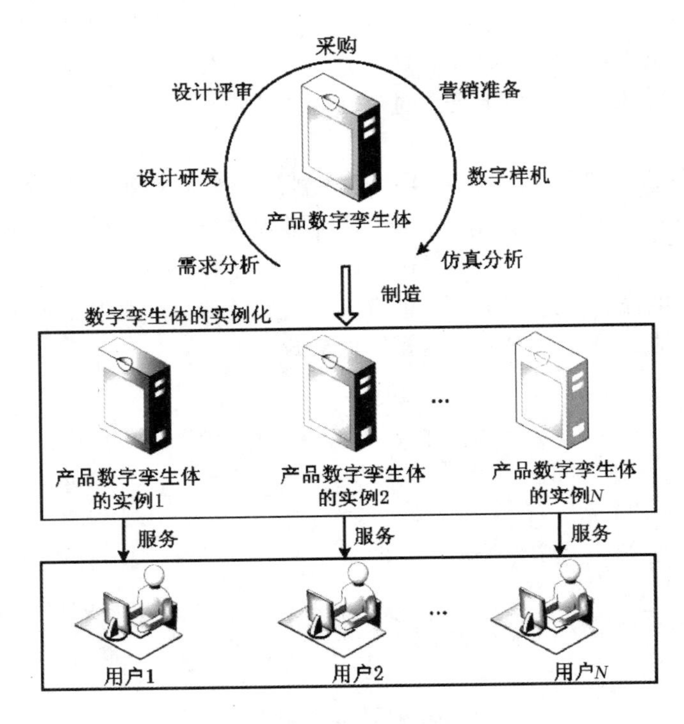

图 5-11　产品数字孪生体的实例化行为

（1）组件配置管理。

组件配置管理是指随着物理产品的变更而对虚拟产品进行维护的活动[6]。用户购买产品以后，产品进入服务阶段，相应的设计与制造商将开始产品的维护工作。除一次性消费等寿命极短的产品以外，大多数产品都难以维持原厂配置直到报废，产品往往随着使用频次的增加和使用时间的推移会出现零件磨损、疲劳、故障、损坏等情况而需要进行修理或更换组件。当今大多数产品都具有智能决策与计算功能，产品出厂时设定统一的初始状态，在服务阶段产品状态是不断变化的，软件会因用户使用而变更配置，那些具有互换性和标准接口的硬件也常常被替换，因此如果始终根据产品配置出厂时的设定来了解与维护产品可能会发生错误[74-75]。

因此，在产品的维护阶段，产品数字孪生体的实例将发挥重要的作用。如图 5-12 所示，物理产品的实例将组件信息发送给对应的数字孪生体实例，数字孪生体的实例则会自动响应物理产品的组件变更，如更新物料清单，以替换件代替原件。虚拟产品与实物产品始终保持一致，因此厂家可实时掌握售出产品的状态，也能方便而精确地获得产品的使用人群和用户对产品组件的认可程度等具有深度价值的服务信息。此时产品数字孪生体的实例联系着售后服务人员与用户，售后服务人员以维护产品为目的对产品进行跟踪监控，用户可实时上传使用问题至厂家维护部门，产品维护活动具有来自双方的驱动力和主动性。

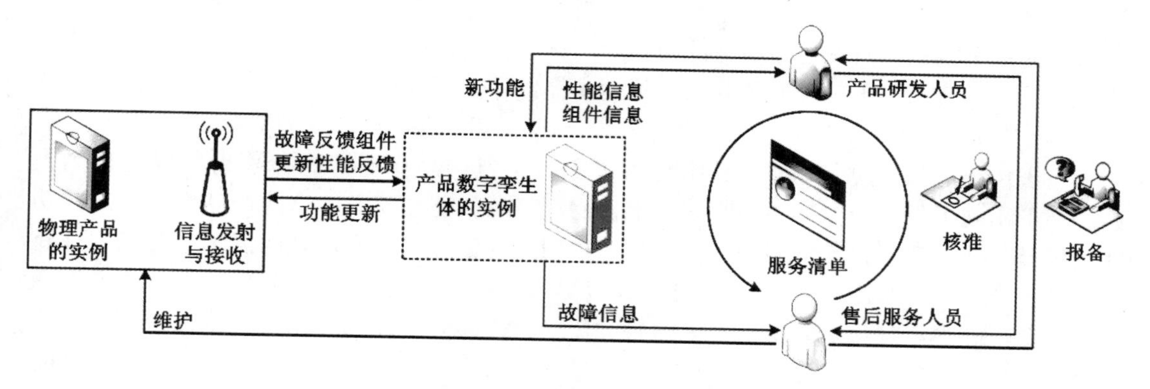

图 5-12 产品维护阶段的数字孪生

（2）服务清单运用。

服务清单（bill of service，BOS）由设计人员创建，服务于产品售后服务人员。设计人员在设计产品的同时应考虑其可维护程度，可维护程度低的设计会缩短产品寿命，应加以变更。服务清单能够衡量产品的可维护程度，应列出维护项目与维护方法。

对于售后服务人员，服务清单在进行初期产品使用培训、后期产品故障维护的时候都具有显著的应用价值。如图 5-12 所示，售后服务人员的服务工作将依托于产品数字孪生体的实例与服务清单，根据用户反馈的产品故障报备给产品设计人员，进行服务项目与服务技术审批后前往用户所在地维护产品。此时，产品服务人员与产品设计人员围绕产品数字孪生体开展协同工作，避免发生传统维护工作中售后服务人员因对产品的了解程度不及产品设计人员，而在维护现场出现无从下手的尴尬局面。

（3）产品性能反馈。

产品数字孪生体的实例还应向厂家反馈产品在实际使用中的性能。在产品发布与销售一段时间后，为了解产品性能是否达标，进行产品问卷调查或派遣发展部门的人员前往用户所在地实地调研的方式费时费力，而借助产品数字孪生体的实例，可以方便地获得更全面更客观的产品性能数据。如图 5-12 所示，产品数字孪生体的实例将定期检测与收集产品各项内在性能参数，这些参数可以反映产品在使用过程中的变化规律，也可用于分析产品性能的影响因素。此外，这些数据能够提供工作状态与设计性能之间的关系曲线，设计人员可以利用该性能偏差在后代产品中进行改进；售后服务人员能够主动、及时，甚至提前提供必要的维护和服务——这种维护远远优于产品出现故障以后才实施的维护。

当涉及安全问题时，产品数字孪生体的实例所提供的服务是无价的，举一个很有代表性的汽车服务行业中的数字孪生理念运用案例：OnStar 系统是通用汽车公司的全资子公司安吉星研发并支持的一款车载安全、保障和通信服务系统。装载 OnStar 系统的汽车，其前后防撞杆、车门、气囊甚至在车顶上都装有碰撞传感器，一旦车辆的碰撞参数超出了设定阈值，系统就会自动联系 OnStar 呼叫中心，而此时车辆的位置已通过卫星定位实时发送给呼叫中心。OnStar 系统在驾驶员无法应答的时候认为驾驶员出现了紧急情况，会立即联系警方及医护人员前往定位地点。OnStar 系统虽然不是严格意义上的车辆的数字孪生体，但其职能已涵盖数字孪生的部分服务含义，并取得了显著的效果。此外，可以想象 OnStar 系统在防盗、导航等方面的其他功能带给用户的服务和便利。

未来，OnStar 系统及其改进版本或其他同类服务产品将成为汽车软件系统的标配，并将具体的汽车数据实时发送给服务部门，如车速、转速、油量等信息可提供专业的安全建议，曲轴、变速箱等零部件的负载信息可用来提供保养周期建议。

（4）产品功能完善。

对于传统产品来说，即使产品组件可以更改，但产品功能却维持着出厂设定直到报废。当下出现了很多功能随使用时间的推移而更新的新型产品[6]，这些产品出厂设定的功能仅仅是其基本功能，更重要的功能体验来自用户的偏好和不断增长的需求。对于这种新型产品，产品本身与产品服务之间的界限变得模糊，产品的服务本质上是给产品添加功能，因此厂家在产品售出后依然可以随时方便地更改其产品以满足用户的个性化需求。这一目标借助产品数字孪生体的实例可以轻松实现：如图 5-12 所示，销售厂家售出产品时保留产品研发团队对产品数字孪生体实例的编辑权限，研发团队即可通过远程操控虚拟产品来写入新的功能，而虚拟产品会自动将新功能添加到物理产品，此类产品的功能实现主要依赖其虚拟产品。

一个应用非常广泛的案例：在智能手机产业中，由苹果公司引领的 iPhone 产品中蕴含的数字孪生服务理念。21 世纪初的手机产品在售出以后，除了手机出现故障以外，没有其他途径和机会将用户与手机制造商联系在一起，直至手机完成其生命周期而报废。而苹果公司在售出其 iPhone 时，同时售出了对应物理 iPhone 产品的虚拟产品——苹果操作系统（iPhone Operating System，iOS）。经过十多年的发展，iOS 以极快的速度更新换代，当前 iOS 除作为操作系统管理手机硬件与应用软件之外，同时也是 iPhone 手机信息的检测者与收集者。每一部 iPhone 内的 iOS 都将某些用户使用数据封装为一个数据包发送给苹果公司，这些数据包括激活时间、系统版本、登录账户、硬件编号、搭载应用程序、个人隐私管理密钥等，接受苹果公司的远程管理；同时，苹果公司也通过 iOS 向每一部 iPhone 发布新的系统，当用户下载新的 iOS 时，新系统中的新功能便被添加到 iPhone 中，如近年来逐渐被添加的家庭朋友账户功能、丢失手机找回功能等。通过虚拟产品，苹果公司实现了对其产品的跟踪监控，也实现了服务与产品本身的融合。在 iPhone 系列产品的引领下，如今市面上绝大多数品牌的智能手机均可提供在线更新产品的服务。

5.2.2.4 产品报废阶段的数字孪生

不同于传统的产品生命周期，PLM 非常重视产品的报废，这一转变来源于日益增长的环保要求和逐渐增强的法制观念。传统的产品报废被看作是简单的遗弃行为而被忽略，而产品数字孪生体的实例却不会因为物理产品的报废而失去价值，反而会将报废产品的生命加以延续。本节将论述产品报废阶段数字孪生技术的运用方式。

（1）报废指导。

由于环保和法制理念的日益增强，任由用户随意弃置产品于自然中进行产品报废的方式越来越难以立足。对于材料不可自然降解的产品来说，企业对其随意弃置意味着环境的污染，甚至将面临法律法规的制裁；对于具有再利用价值材料的产品来说，随意弃置大大增加了材料回收企业的成本，造成社会资源的无端浪费。而对于大型产品来说，产品的报废并不意味着所有零部件都到了报废阶段。产品零部件的磨损与疲劳情况会因不同用户的使用环境、工作负载的不同而不同，到了报废阶段整个产品的状态也不尽相同，因此对所有售出的产品采用统一的报废回收方式是不合适的。借助产品数字孪生体的实例，厂家能够不断监控产品及各零部件的状态，在产品达到其预期寿命准备报废时，厂家根据性能反馈数据总结一份报废指导书来指导用户实施报废，最后被实施的报废方案应作为产品的报废信息回归到产品数字孪生体。

（2）生命信息归档。

物理产品实施报废后，对应的数字孪生体的实例将开始对物理产品的全生命周期加以总结归纳。产品从设计、制造、维护到报废，其全生命周期的所有历史数据均被真实地记录在产品数字孪生体的实例中，进而返回到产品数字孪生体，对其全生命周期进行总结与归档可以分析得到更为深层的信息，如设计人员的设计偏好、设计能力进步情况、企业部门协作程度、企业管理效率短板与漏洞等。针对产品生命信息，Michael Grieves 教授从多年经商经验中提出一个潜在的担忧[6]：每一代产品在很多年后回顾，必然存在一定的时代特征，如当时的技术水平、设计理念、法律法规所导致的产品设计、制造特点，其中大多数特点实质为产品缺陷。为防止无良竞争对手委托律师取出早已过时的虚拟产品进行断章取义的起诉，产品的数字孪生体应设置到达一定年限的销毁机制。因此，即便产品已报废，依然要对产品数字孪生体的生命加以控制，既要保证有用信息的随时可调取，又要保证其过时后的销毁机制可控。

5.2.3 一种未来的制造模式——基于数字孪生的制造

数字孪生技术赋予了 PLM 新的生命，促使 PLM 开始真正完成其职能和使命。随着虚拟现实、增强现实技术的发展以及嵌入式、通信、控制及计算机仿真技术的大幅进步，产品数字孪生体将从一种虚拟空间中产品全生命周期数字化映射演化为未来制造各个阶段所围绕的核心。由于产品数字孪生体的信息流通在产品全生命周期的闭环性质，产品所有的相关数据在虚拟空间中循环了起来，产品数字孪生体能够为制造各个阶段提供所需信息，承载制造阶段的反馈信息，并且将信息传递和循环。基于此推测从 PLM 的角度，我们构想一种未来的制造模式：基于数字孪生的制造（digtal twin based manufacturing，DTBM）模式。如图 5-13 所示，产品数字孪生体是产品生命周期各阶段共同遵循的统一架构，产品的全生命周期历程将是一个产品现实生命周期与产品数字孪生体不断进行数据交互的过程。数据交互这一条件对于产品生命周期的推进是充分的也是必要的：从单一生命周期阶段来说，只有通过从产品数字孪生体中读取本阶段所需信息并返回实际信息，才能使本阶段工作具备可操作性和可服务性；从产品全生命周期来说，只有各阶段都基于产品数字孪生体进行操作，同时面向产品数字孪生体进行输出，才能保证产品信息的积累完整性与来源单源性；从产品更新换代乃至企业发展来说，只有围绕产品数字孪生体，基于历代产品的周期性完整生命信息，才能科学指导企业发展。DTBM 模式将真正实现 PLM。PLM 希望将产品全生命周期的所有数据实现全面而有效的管理，而数据作为字节存储在计算机中，因此 PLM 必须依靠扩充的制造空间——虚拟空间。正如信息物理系统（CPS）所希望实现的虚实融合的愿景那样，数字孪生技术本质上是要实现虚拟空间与现实空间的融合。而基于数字孪生的制造，实现了以产品数字孪生体为核心的虚拟空间与以产品物理生命周期为核心的现实空间的充分融合。从数字孪生体的模型本质上说，DTBM 实质上始于基于模型的定义（MBD），在产品全生命周期过程中融合了基于模型的工程（model based engineering，MBE）、基于模型的制造（model based manufacturing，MBM）、基于模型的维护

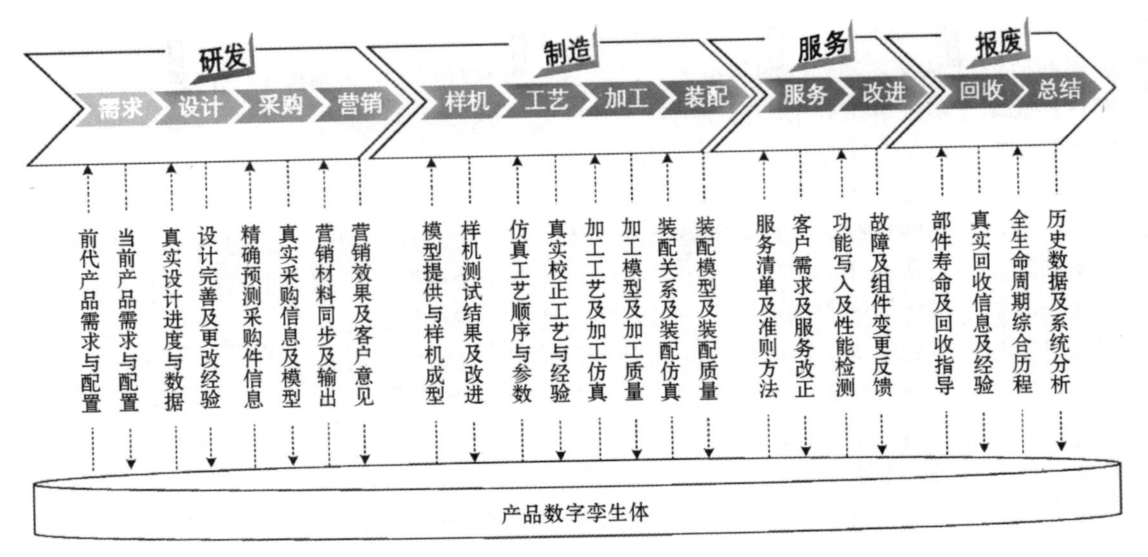

图 5-13　基于数字孪生的制造模式

（model based sustainment，MBS）的概念，在此基础上成为基于模型的企业（model based enterprise，MBE）的雏形。从方法学上讲，DTBM 是基于模型的系统工程（model based systems engineering，MBSE）运用于整个制造过程的终极和顶层实施架构。因此不可否认的是产品数字孪生体是一个多模型、多层级、多学科、多接口、多模块的集成模型，其搭载的信息可被产品生命周期各阶段按需索取、按劳供应。

数字孪生究竟能为制造业带来什么价值？商业竞争，“快鱼吃慢鱼”。数字孪生彻底改变了工程师设计和制造产品的方式，能够快速从失败中学习，快速迭代和演变，成为“快鱼”，没有利用数字孪生技术的落后者将很难赶上竞争对手，终将被市场淘汰。数字孪生的价值，就是能够减少产品设计、制造过程、系统规划和生产设施设计所需的时间，缩短上市时间；通过快速迭代持续优化产品技术性能；帮助公司灵活调整，降低成本，提高质量，提高公司各层次的生产力。

在未来，数字孪生无疑会为工业制造领域带来巨大的变革，任何一个产品在其设计和研发之初，便使用数字孪生技术构建一个与之完全对应的数字实体，这个数字实体会伴随这个产品生产制造、上线运行的整个生命周期，方便生产者和使用者对其整个生命周期中的各个重要部件和参数进行实时监控以及运维管理。我们以一架飞机的制造为例：在一架飞机的设计阶段，可以使用数字孪生并结合以往的历史数据来设计飞机的结构和模型，并通过模拟实验来验证相关的设计在各种环境下的性能；在生产阶段则可以利用数字孪生技术实时监控各项生产指标，发现问题时可以及时调整生产策略，从而提高生产的效率和质量；当飞机交付运行后则可以利用数字孪生技术来实时监控飞机的运行情况，从而帮助运维人员制定更好的运维策略。实际上，当前已经有很多制造行业（如汽车、飞机等）开始引入简单的数字孪生技术来提高产品制造的效率和质量。波音首席执行官 Dennis Muilenburg 就曾明确表示：“数字孪生技术让飞机的质量提升了 40%～50%，我们依然处于这项技术很早期的阶段。相信未来，数字孪生和工业制造一定能擦出更多火花。”

5.3 车间生产过程数字孪生系统构建及应用

车间是制造业的基础单元，实现车间的数字化和智能化是实现智能制造的迫切需要。随着信息技术的深入应用，车间在数据实时采集、信息系统构建、数据集成、虚拟建模及仿真等方面获得了快速的发展，在此基础上，实现车间信息与物理空间的互联互通与进一步融合将是车间的发展趋势，也是实现车间智能化生产与管控的必经之路。

5.3.1 车间生产过程数字孪生系统体系架构

5.3.1.1 体系架构

生产车间是一个多技术的复杂组织体，在数字孪生五维结构的基础上，车间生产过程数字孪生系统如图 5-14 所示。

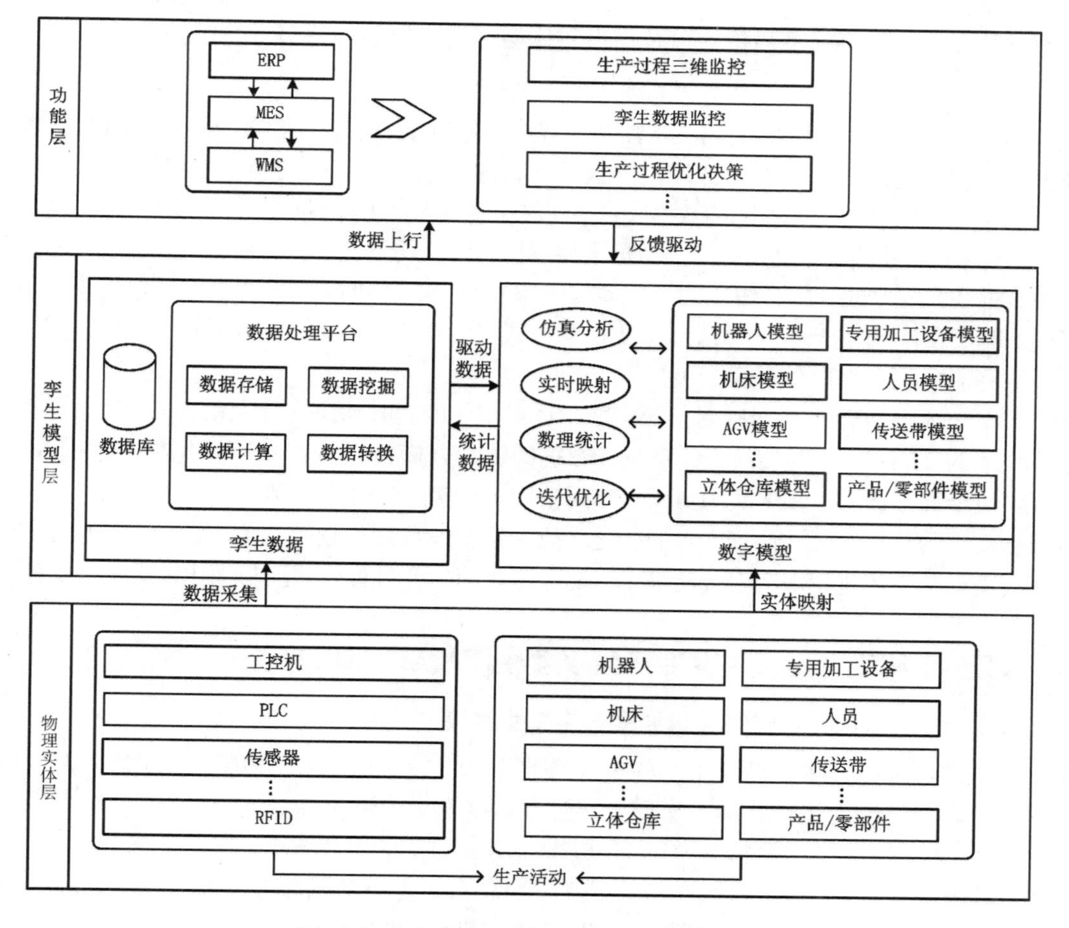

图 5-14 车间生产过程数字孪生系统体系架构

（1）物理实体层。

物理实体层是车间的主体，主要包括机器人、机床、专用加工设备、人员、自动导引运输车（AGV）、传送带、立体仓库以及产品/零部件等实体，以及能够进行数据采集与通信的工控机、可编程逻辑控制器（PLC）、传感器、射频识别（RFID）读写器等功能部件。它们有机结合，实现了对产品的加工、装配、运输和仓储等生产活动。

（2）孪生模型层。

孪生模型层是数字孪生技术的核心。孪生模型由孪生数据和数字模型构成，其中数字模型是车间对象实体的映射，是车间实体几何等物理特征的真实写照；孪生数据由车间实体产生，将孪生数据与数字模型有机结合形成孪生模型。孪生模型是对生产现场的数字化重建，旨在在虚拟的数字空间内映射实体空间的生产活动，包括实体形状、位置、动作及其相互关系。孪生模型层主要实现车间生产活动在数字空间内的虚拟再现、分析、优化以及决策等功能。

（3）功能层。

功能层面向用户，通过孪生模型在数字空间内进行生产实时映射，实现多角度的三维实时监控，同时利用虚实交互过程中的大量孪生数据来实现生产过程优化决策。

根据上述构建的车间生产过程中的数字孪生系统体系构架，可实现功能层的功能，孪生数据的获取、数字模型的构建以及物理实体层车间生产运行的实时映射。

5.3.1.2 关键技术

（1）车间运行过程数字孪生模型的建立需要构建统一的逻辑结构，面对不同的物理实体类型和多样化功能，以及实体产生的数据，构建出数字空间中的孪生模型。

（2）物理实体多源异构孪生数据采集车间底层存在大量来自不同技术和生产厂家的产品和设备，各家厂商多类型设备的接入、数据类型解析和格式均不统一。目前，工业互联网常用的多源数据获取技术包括基于 OPC 的统一架构（OPC-UA）、Modbus 等。为了保证孪生模型与现场的实时交互，稳定、迅速、安全的数据采集方式尤为重要。因此，多源异构孪生数据采集技术是数字孪生系统实现的基础。

（3）车间生产运行实时映射。数字孪生体对实体的实时动作、行为和状态的映射是数字孪生技术的基础应用。与传统对生产现场数据的统计分析相比，通过对孪生体的实时监控可以提供更全面、透明、多层次的视角；车间生产运行实时映射通过利用实时数据实现车间多种设备动作的驱动、工件位置状态的变化、故障预警及调度规划等功能。因此，车间生产运行实时映射是生产过程虚实融合的最终目的，为车间生产过程的监控与优化提供基础服务。

5.3.2 车间生产过程关键要素数字孪生建模与实现

5.3.2.1 车间生产过程关键要素数字孪生建模

在生产制造过程中，参与生产的关键要素分为产品/零部件（物料）、设备、人员等，同时生产环境影响着生产，因此车间生产过程数字孪生模型统一描述为：

$$\mathrm{DTws} = \mathrm{DTequip} \cup \mathrm{DTprod} \cup \mathrm{DTpers} \cup \mathrm{DTenv}$$

式中：DTws 为车间生产过程数字孪生模型，DTequip 为设备数字孪生模型，DTprod 为产品数字孪生模型，DTpers 为人员数字孪生模型，DTenv 为环境孪生模型。

（1）车间的设备具有加工、运输以及存储产品和物料的功能，是工业生产中的常用作业设备，如工业机器人、专用加工设备、AGV、堆垛机等，为完成孪生模型对物理实体的真实映射，首先必须确保模型的三维尺寸、行为与实体的高度一致。同时，为能够实时获取实体数据，孪生模型需要建立虚实通信控制接口；为完成其行为，需定义相关的虚拟服务。因此，设备数字孪生模型定义如下：

$$DTequip = \{FunctionM, VRInterface, VService\}$$

式中：FunctionM 为功能模型，数字空间要根据实体设备建立对应功能的孪生模型，保证二者在几何尺寸、物理结构关系、运动特性等方面的一致性。

VRInterface 为虚实通信控制接口，为实现模型间的数据交互和实时数据的驱动，孪生模型要根据运行驱动数据建立通信信号接口。因此，数字空间内部需具有灵活的信号通信机制，利用 PLC，RFID，HTTP 接口与实体进行实时通信。

VService 为虚拟服务，功能模型的有机连接与运行需要各种虚拟服务的支撑，包括设备功能的实现、信号的处理、模型行为的指导、运行规则的约束等。

（2）在不同的工艺阶段，产品对应着不同的几何形态，并伴随着订单、编码和质量等全生命周期信息；产品/零部件等信息可利用信息数据接口保存于数字空间每个产品的虚拟标签中，同时根据其工艺数据驱动产品/零部件的几何状态来演变。因此，产品/零部件数字孪生模型定义如下：

$$DTproduct = \{StructM, IInterface, SService\}$$

式中：StructM 为产品/零部件三维几何模型，IInterface 为信息数据接口，SService 为状态演变服务。

（3）生产过程的人员孪生主要体现在人员动作和空间位置两方面，通过三维结构模型映射人体结构，利用定位/动作数据接口获取物理空间的实体空间定位和关节动作数据，利用活动监控服务驱动数字模型的动作及位置的更新。因此，人员数字孪生模型定义如下：

$$DTperson = \{StructM, LMInterface, VService\}$$

式中：StructM 为人员三维结构模型，LMInterface 为定位/动作数据接口，VService 为活动监控服务。

（4）对于生产环境，其孪生模型以虚拟标签标识，通过传感器进行环境数据的获取，以量化的形式进行显示。

5.3.2.2 车间生产过程要素孪生建模实现

（1）设备孪生建模实现。

①工业机器人。工业机器人在车间现场承担着加工和搬运的功能，根据上一节建立的统一模型，FunctionM 功能模型包括机器人三维模型，数字空间的位置信息以及机器人行为；VRInterface 虚实通信接口包括关节数据接口、末端执行器数据接口、状态数据接口；VService 虚拟服务通过获取的实体空间数据，利用运动控制及信号处理服务进行机器人动作以及状态的更新。

工业机器人数字孪生模型实现概念示意图如图 5-15 所示，首先实体构建三维几何模型，导入数字空间并根据物理位置进行精确定位，其次建立其运动结构。机器人运动结构通常为连杆结构，其运动精准度依赖于实体三维模型的精度以及关节点参考坐标系的定位精度，可对模型的关节旋转中心进行定位与提取，以确保定位精度。在此基础上，根据机器人手册中的参数对机器人运动连杆结构进行精确构建。最后在运动结构的基础上实现机器人的加工行为、故障行为、协作行为等。行为的实现需要利用相应的虚拟服务程序，驱动模型完成对不同信号的功能响应。机器人驱动数据、数据来源与虚拟服务如表 5-1

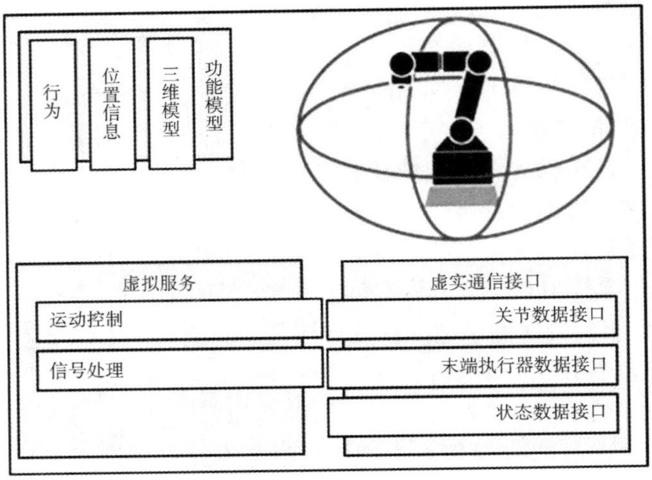

图 5-15　工业机器人数字孪生模型实现概念示意图

所示。

表 5-1　机器人驱动数据、数据来源与虚拟服务

模型名称	实时驱动数据	数据来源	虚拟服务
工业机器人	关节驱动数据 末端执行器动作信号 机器人状态数据	PLC/单片机	运动控制 信号处理

②加工设备。加工设备可以分为专业的数控机床和普通的专用设备。专用设备大多数以平移关节和旋转关节的运动结构为基础，附加特定的作业工具，因此设备的主体部分可以按照简单机器人的方式进行构建。数控机床需要对主传动机构、进给传动机构等进行构建，但考虑到本节面向生产过程，因此可简单对机床开关门进行行为模拟。加工设备等其他要素数字孪生实现概念图与机器人类似，这里不再重复。根据定义的孪生模型，FunctionM 功能模型包括加工设备三维模型，数字空间的位置信息以及加工设备行为；VRInterface 虚实通信接口包括平移关节数据接口、旋转关节数据接口、工具动作信号接口、机床门动作信号接口以及设备状态接口；VService 虚拟服务包括运动控制和信号处理服务，根据物理空间获取到的实时数据实现加工设备动作以及状态的更新。加工设备驱动数据、数据来源与虚拟服务如表 5-2 所示。

表 5-2　加工设备驱动数据、数据来源与虚拟服务

模型名称	实时驱动数据	数据来源	虚拟服务
加工设备	平移关节数据 旋转关节数据 工具动作信号 机床门动作信号 设备状态	PLC/单片机	运动控制 信号处理

③物流设备。物流设备通常包含 AGV、传送带等。AGV 包含平面上的平移和旋转动作等，同时其本体上方一般还具有各种移载功能，如用小型传送带来控制货物托盘的进出。传送带用于实现货物在其上方的流动，特殊的传送带可以配合传感器实现对货物的位置控制。根据定义的孪生模型，FunctionM 功能模型同样包括三维结构模型、位置信息以及行为；VRInterface 虚实通信接口包括空间位置数据接口、移载动作信号接口、启/停信号以及传感器信号接口等；VService 虚拟服务包括运动控制和信号处理服务，实现物流设备动作和状态的更新。其驱动数据、数据来源与虚拟服务如表 5-3 所示。

表 5-3 物流设备驱动数据、数据来源与虚拟服务

模型名称	实时驱动数据	数据来源	虚拟服务
AGV	空间位置数据 移载动作信号 AGV 状态	PLC/单片机	运动控制 信号处理
传送带	启/停信号 传感器信号	传感器/PLC	信号处理

④仓储。立体仓库是现代化仓储的典型代表，由静态的货架、托盘和负责动作执行的穿梭机、堆垛机等组成，通过对库存信息和调度信息的处理，实现零部件的出库和成品的入库。根据实际库存信息对库位上的货物进行动态调整，根据实际调度数据控制穿梭车/巷道机的动作。仓储数字模型定义如下：FunctionM 功能模型同样包括三维结构模型、位置信息以及行为；VRInterface 虚实通信接口包括巷道机/穿梭机驱动数据接口、库存信息数据库接口、出库/入库信息接口以及仓储状态接口；VService 虚拟服务包括堆垛机调度服务、库存管理服务和信号处理服务，实现立体仓库动作和状态的更新。其驱动数据、数据来源与虚拟服务如表 5-4 所示。

表 5-4 立体仓库驱动数据、数据来源与虚拟服务

模型名称	实时驱动数据	数据来源	虚拟服务
立体仓库	巷道机/穿梭机驱动数据 库存信息数据库 出库/入库信息 仓储状态	PLC/数据库	堆垛机调度 库存管理 信号处理

（2）人员孪生建模实现。

人员一般通过 RFID 或者图像识别进行身份及位置定位，在数字空间实现人员位置和人员身份的管控。根据定义的孪生模型，StructM 为人员三维结构模型，LMInterface 包括空间位置数据接口和身份数据接口，VService 包括位置控制程序和信号处理程序。其驱动数据、数据来源与虚拟服务如表 5-5 所示。

表 5-5　人员驱动数据、数据来源与虚拟服务

模型名称	实时驱动数据	数据来源	虚拟服务
人员	空间位置数据 身份数据	RFID/图像识别	位置控制 信号处理

（3）产品/零部件孪生建模实现。

产品/零部件在车间生产过程的数字孪生中处于弱化地位，主要用于映射产品/零部件在生产过程中的流动，以数字几何模型以及不同工艺阶段的虚拟生产信息来实现。一方面随着生产过程的进行，其几何外形发生相应的变化，另一方面产品相关的订单、编码、质量等全生命周期信息在孪生世界以虚拟标签显示。根据定义的孪生模型，StructM 同样包括产品/零部件三维结构模型；IInterface 获取其他系统，如制造执行系统（manufacturing execution system，MES）的订单信息、质量信息等，以及可编程逻辑控制器（PLC）中的加工工艺信号等；获取这些数据后，由 SService 中的状态演变程序驱动几何外形变化以及虚拟标签信息的更新。其驱动数据、数据来源与虚拟服务如表 5-6 所示。

表 5-6　产品/零部件驱动数据、数据来源与虚拟服务

模型名称	实时驱动数据	数据来源	虚拟服务
产品/零部件	订单信息 质量信息 加工工艺信号	其他系统/PLC	状态演变

5.3.3　车间生产过程物理实体实时数据获取

（1）基于 OPC-UA 的数据通信网络架构。

车间工业现场存在大量来自不同技术和生产厂家的设备，其接口协议等各不相同。因此，为面向异构的设备，解决数字孪生车间中虚实数据交互与融合的问题，需要建立统一的标准化虚实通信框架和协议。而 OPC-UA 支持复杂数据内置、跨平台操作，提供统一的地址空间和服务，被应用于工业控制系统、制造执行系统以及企业资源计划（ERP）中，从而促进服务系统与控制系统的连通性[83]。鉴于车间大多设备支持 OPC 协议，为解决车间异构物理实体数据获取问题，本节提出了基于 OPC-UA 的车间生产过程数字孪生系统数据通信网络架构，如图 5-16 所示。在该数据通信网络架构中，UA 服务器置于车间生产控制系统如工控机上，与可编程控制设备、数控机床、工业机器人、RFID 读写器等现场设备之间通过现场总线或工业以太网连接，获取以上设备控制部件如 PLC、传感器等 I/O 端口数据，从而实现车间底层设备数据采集。OPC-UA 服务器汇总现场数据和设备信息后，将其转换为支持 OPC-UA 协议的数据，经过数据管理与逻辑运算为 UA 客户端提供相应的服务。车间生产过程数字孪生系统作为 OPC-UA 客户端，从服务端获取相应的实时数据进行数据的读取、写入、存储以及分析计算等，在此基础上可驱动各类要素模型，更新各类要素实时生产数据，进一步进行统计分析以及智能决策等。

（2）数据采集模型构建与现场数据获取。

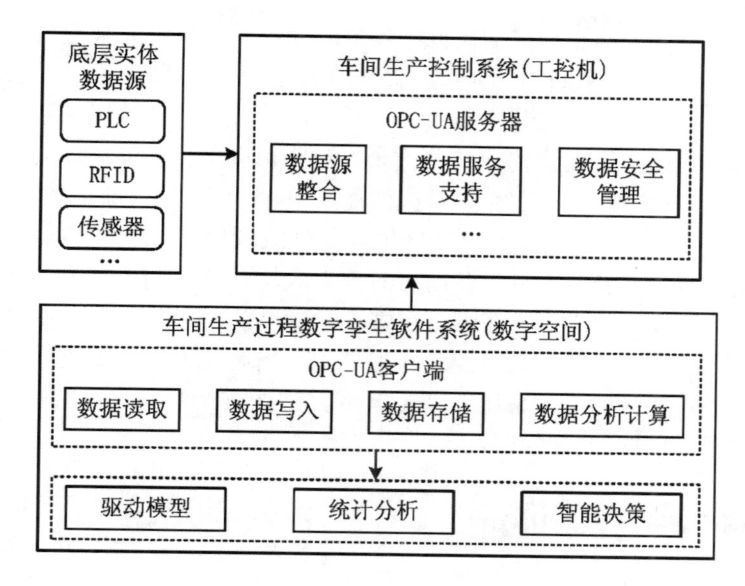

图 5-16 数字孪生系统数据通信网络架构

UA 服务器连接着数控机床、工业机器人、RFID 读写器等现场设备的控制部件，所有底层数据均由其统一获取。因此，为方便快捷地获取各类实体的数据，需要对实体对象进行数据采集模型的构建，本节采用对象与节点的建模方法。而在各实体中，采集工业机器人的数据相对较复杂，因此，本节以配有机器人控制器、其上安装吸盘式末端执行器、对物料进行吸取的六关节串联型机器人为例，进行服务器端工业机器人的数据采集模型的构建。根据孪生系统的数据获取需求，构建的机器人数据采集模型如图 5-17 所示。整个机

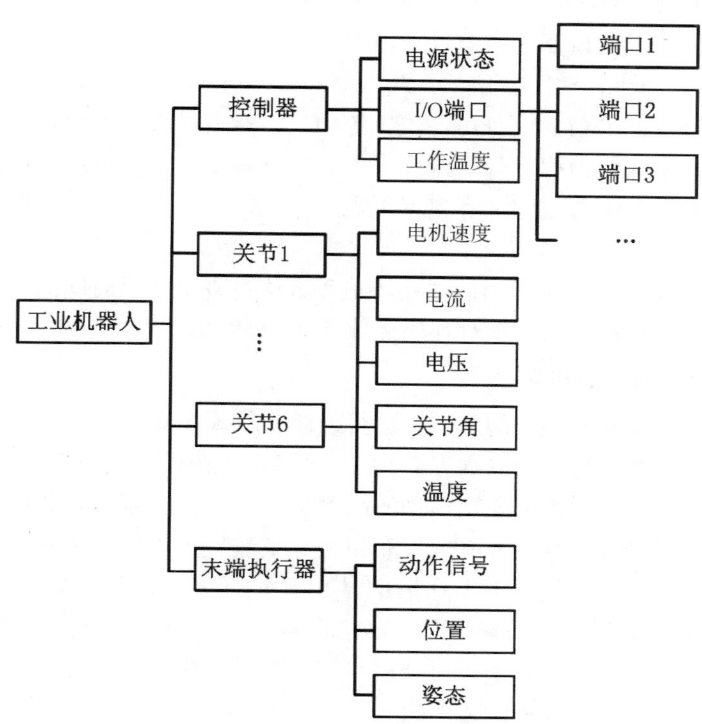

图 5-17 六关节串联型机器人数据采集模型

器人模型由6个关节、控制器和末端执行器8个部分构成。每个关节包含关节角、电机速度、电压、电流和温度等参数；控制器包含工作温度、电源状态及一系列的输入/输出（Input/Output，I/O）端口信号控制；末端执行器包含动作信号位置、姿态。

其他车间要素数据采集模型构建与此类似，UA服务器运行时，将生产过程中所有要素的源数据进行整合管理，并对客户端提供服务接口；而生产过程数字孪生系统作为OPC-UA客户端，场景中所有模型的模拟变量（属性或者信号）以同样的节点层次关系形式组织，通过遍历服务器获取现场设备的所有节点数据。即将模拟变量与服务器变量一一建立连接变量对，完成客户端对服务器节点数据的读取。由于生产系统中的部分信号是短脉冲的形式，轮询方式容易造成信号变化无法捕捉，因此为了提高孪生模型对信号的响应速度，客户端对连接变量的更新采用“变量有变化时更新”的方式。通过上述方法，即可实现孪生模型对现场数据的实时获取。

5.3.4 车间生产运行实时映射

5.3.4.1 映射主体

数字空间对物理空间的映射是数字孪生技术虚实交互应用的基础。实现实时映射后，在数字空间中对实时生产状况的分析与优化将比传统方式更实时、更便捷、更多维，也是“以虚控实”的实现基础。

数字空间与实体空间的映射与交互主要分为五个部分：

（1）产品是生产线的核心，从零部件出库到成品入库的整个生命周期都由实际生产数据驱动，完成产品的演化。产品的工艺数据、质量数据等动态存储于虚拟产品的标签中，伴随了产品的全生命周期。

（2）设备对生产线中机器人、AGV、加工设备等各种设备的动作、空间位置、运行状态进行实时映射，完成每个工位的加工。

（3）人员可以实时映射人员身份、位置等信息，对人员进行可视化管理。

（4）系统可以实时映射生产计划进度、作业计划进度、工序进度等信息，其中库存状态、物流情况、加工工位的流程、在制品数量等信息均可由数字空间进行目视化分析与管理。

（5）环境可以实时显示车间当前加工环境参数信息以及一段时间内车间环境参数的变化情况，并能够依据制造工艺需求对环境参数进行预警。

5.3.4.2 驱动数据逻辑配合

为了实现数字空间对物理空间的同步运行，需要从现场获取大量驱动信号和数据，以对数字空间中各个层级进行有效的数据驱动。而数字空间的信号逻辑与物理系统的信号逻辑不尽相同，为了利用实时数据驱动模型的高度拟真化运行，需要对数据和信号进行各种方式的逻辑处理。模型数据或信号一般以布尔型、整数型、实数型和字符串型四种形式存在，其中布尔型可连接实体设备的I/O端信号、气缸的开合信号等高低电平状态的信号；整数型可以连接没有精度要求的浮点型、状态数据等；实数型对应着高精度要求的关节角、气缸值、监测数据等；字符串型可根据自定义的格式接收灵活的数据。

数字空间的驱动数据主要可分为4类：

（1）运动驱动数据，如机器人的关节角、AGV的坐标位置、气缸值等，这类数据可以直接利用生产中对应的实时数据驱动。

（2）动作数据，动作信号在数据变化至特定值时触发虚拟世界相应的回应，例如机器人末端执行器的抓取信号、传送带的正反转信号、气缸的动作信号等。这里的布尔信号在物理世界中通常为两种形式：①脉冲形式的变化；②高低电平状态信号，需要利用虚拟服务程序对信号量的变化进行捕捉，在对应的时刻触发对应的动作。

（3）状态数据，状态信号对应着工件、设备、环境等的状态信息。例如立体仓库的库存信息需要根据库存状态信息进行更新，同时需要通过设备的状态信息进行数据统计与分析。

（4）指令数据，指生产线各个系统和模块的生产控制指令。数字空间需要根据指令含义进行解析和转化，控制数字空间的运行。根据数字空间的映射主体和驱动数据分类，车间生产运行实时映射逻辑结构如图 5-18 所示，通过对物理空间的驱动数据进行处理后作用于孪生模型，数字空间内部的各种虚拟服务程序以多线程并行的方式实现虚拟空间中产品、设备、人员、环境以及系统的映射。在此基础上实现生产过程全三维监控以及孪生数据分析，从而进一步优化生产与智能管控等。

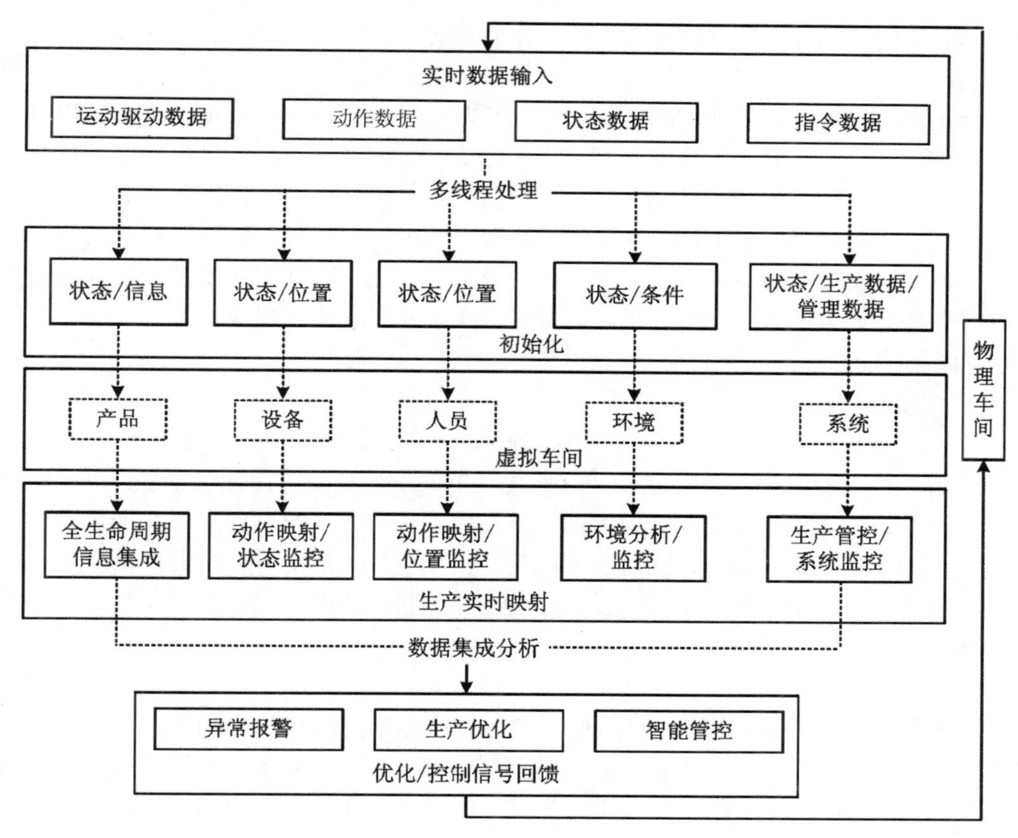

图 5-18 车间生产运行实时映射逻辑结构

数字空间的实时映射运行过程如下：

①初始化由于系统启动时间的不确定性，孪生模型在系统运行时首先需要从多个维度进行初始化，与实体空间状态进行匹配。其中包括：仓储的初始化，立体仓库货物状态需要按照实时的库存数据库信息进行当前存储状态的初始化；设备运动位置的初始化，机器

人、AGV 等的运动位置应在启动时迅速与物理实体达成一致；在制产品与零部件的位置、加工信息的初始化及环境状态的初始化等。

②实时映射数字空间同步初始化后，根据驱动数据对产品、设备、环境和生产过程进行多维的实时映射。生产过程主要体现在从零部件出库至产品入库的整个加工流程中的演变和各种设备的活动与状态。

③数据处理在实时映射过程中，对数字空间的运行数据进行统计，并对各种数据进行集成分析，包括对生产异常报警、生产决策等，进而实现对物理系统的优化与管控。

5.3.5 车间生产过程数字孪生系统应用实例

某生产车间进行 RFID 读写器的存储、加工、装配，其布局、工艺流程及现场如图 5-19 所示。整个生产线的生产流程为：①立体仓库堆垛机进行出入库作业，采用统一托盘对产品零件和成品进行装载；②AGV 取到承载原料的托盘后，送至计算机数字控制（computeri numerical control，CNC）机床对零件进行加工，随后送至装配线的上下料点；③装配线统一采用另一种相同规格的托盘，且每个加工工位各有一个；④在所有工位的托盘就位后，同时开始作业，并在所有工位的作业完成后，同时流出托盘。⑤装配线上下料机器人在每一次作业的时候，首先将装配好的产品取至上料托盘的成品位，随后给装配线上料托盘上料，同时在图 5-19 中标识 8 处完成印制电路板（printed circuit boar，PCB）装配至下盖的工作；⑥上完料的托盘在装配线上流动一圈后完成产品的装配和加工作业，重新流至上下料点；⑦AGV 将成品运回至立体仓库，连同托盘一起送至仓库中。根据上述生产线的工艺流程以及本章提出车间生产过程数字孪生系统实现方法，采用芬兰的工业机器人仿真软件 Visual Compenents 进行数字模型建模，利用 OPC-UA 技术进行通信网络构建与现场设备等各要素的数据采集，最后通过实时映射实现生产过程的三维监控等。主要实现过程如下：

（1）孪生模型构建。

根据 3 个工业机器人、6 个加工专用设备、2 个上下料输送装置、环形传送带、立体仓库与巷道机、2 个 AGV 等实体设备建立对应功能的孪生模型，保证孪生模型与实体在几何尺寸、物理结构关系、运动特性等方面的一致性。根据运行逻辑和实体数据建立模型的内部与外部通信控制信号接口，实现模型间的数据交互和外部实时数据的驱动。通过开发和脚本二次开发建立虚拟服务，实现设备作业控制、状态监控、库存控制与数据统计等功能，支撑功能模型的有机连接与运行。

（2）OPC 数据通信构建。

在车间服务器中构建物理车间 UA 服务器，利用地址空间找到车间底层的数据源，对关节驱动数据、动作信号、状态信号、仓储调度信号、报警信号等数据源进行数据模型的构建，支持外部标准 OPC 客户端的数据获取。数字空间通过 OPC 通信接口与建立的 UA 服务器进行链接，建立该生产过程共计 126 个数据通信变量对，实现生产现场各要素实时数据的采集，数据扫描周期设定为 50 ms，确保较短的数据通信延迟。

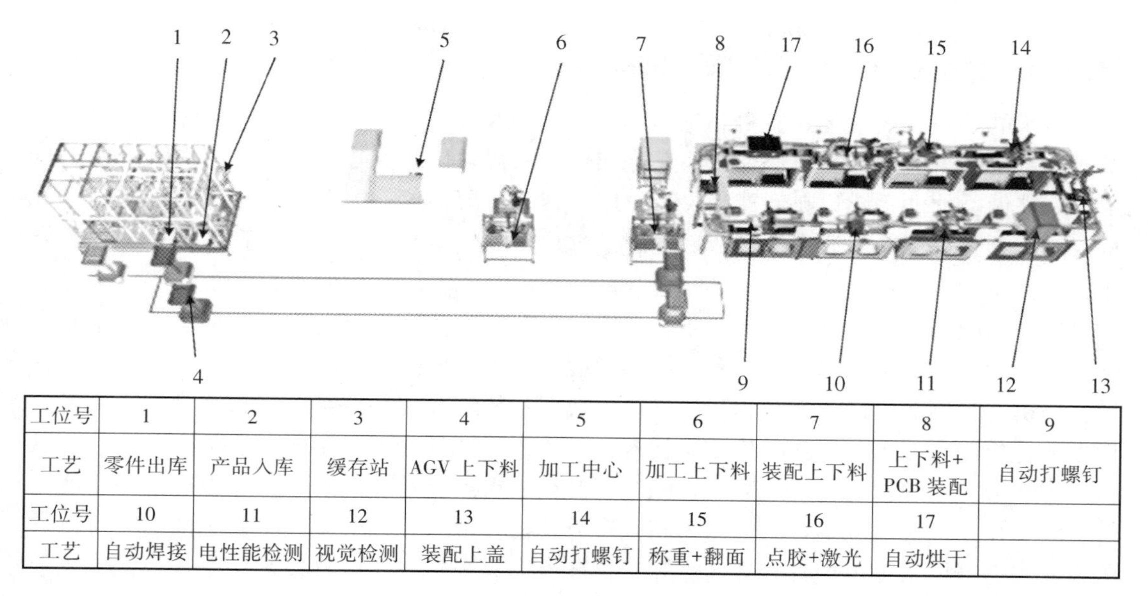

工位号	1	2	3	4	5	6	7	8	9
工艺	零件出库	产品入库	缓存站	AGV 上下料	加工中心	加工上下料	装配上下料	上下料+PCB 装配	自动打螺钉
工位号	10	11	12	13	14	15	16	17	
工艺	自动焊接	电性能检测	视觉检测	装配上盖	自动打螺钉	称重+翻面	点胶+激光	自动烘干	

（a）生产线布局

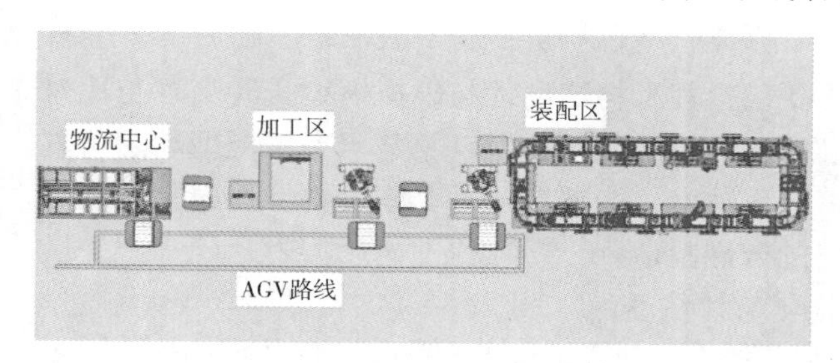

（b）生产线工艺流程

（c）生产线现场

图 5-19 生产线工艺流程与现场

（3）实时映射构建。

利用建立的虚拟服务对数据进行逻辑处理，以实时数据驱动模型的高度拟真化运行，实现设备的作业状态、仓储状况、物流状态与实际生产线一致，产品 RFID 读写器进行真实的装配几何变化。通过对采集的数据进行持续的计算与统计，对关键监控与统计数据进行可视化展示。某时刻生产线整体视图以及现场大屏监控如图 5-20 所示，生产线工位设备状态的监控如图 5-21 所示。

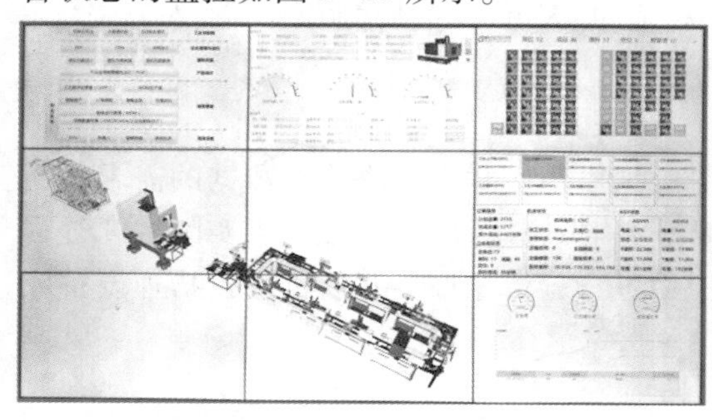

图 5-20 生产线整体视图及现场大屏监控

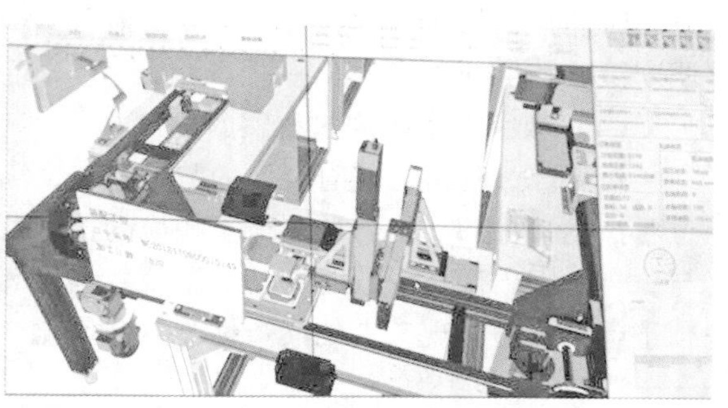

图 5-21 生产线工位设备状态的监控

5.3.6 基于数字孪生的车间管控系统

传统的车间管控系统主要由制造执行系统、数据采集与监控系统、生产线控制系统、单元控制系统组成，以实现管理的信息化和生产的自动化为核心目标，生产决策主要由技术专家来做，软件系统只起到辅助决策作用。智能工厂要求管控系统能够在制造过程中进行智能活动，尽可能地取代技术专家在制造过程中的脑力劳动，把生产管控变得更加智能化、柔性化和高度集成化。传统车间管控系统相比智能工厂对车间管控系统的要求，主要存在以下问题：缺少仿真分析和自主决策机制，并且在传统信息化体系架构下，很难融入仿真分析和自主决策机制；缺少车间信息模型和仿真分析模型，既不能有效支撑生产过程仿真分析，又不能以模型为载体形成工业大数据；传统车间管控系统耦合度高，不具备柔性生产管控能力，不易于新一代信息技术的融入；生产过程可视化程度不高。

车间管控系统作为传统工厂向智能工厂升级的重点技术改造对象，可以通过数字孪生与车间管控系统的深度融合，实现车间的智能管控，最为关键的是数字孪生的引入可以使传统的车间管控系统更加具有开放性和可扩展性，易于新一代信息技术的融入，例如工业大数据和人工智能等。

（1）数字孪生车间设备健康管理[21]。

数字孪生车间的设备健康管理方法主要包括基于物理设备与虚拟模型实时交互与比对的设备状态评估、信息物理融合数据驱动的故障诊断与预测，以及基于虚拟模型动态仿真的维修策略设计与验证等步骤。基于数字孪生技术，能够实现对车间设备性能退化的及时捕捉、故障原因的准确定位以及维修策略的合理验证。

（2）数字孪生车间能耗多维分析、优化与评估。

在能耗分析方面，信息物理数据间的相互校准与融合可以提高能耗数据的准确性与完整性，从而支持全面的多维多尺度分析；在能耗优化方面，基于虚拟模型实时仿真可通过对设备参数、工艺流程及人员行为等进行迭代优化来降低车间能耗；在能耗评估方面，可以使用基于孪生数据挖掘产生的动态更新的规则与约束对实际能耗进行多层次多阶段的动态评估。

（3）数字孪生车间动态生产调度。

数字孪生能提高车间动态调度的可靠性与有效性。首先，基于信息物理融合数据能准确预测设备的可用性，从而降低设备故障对生产调度的影响；其次，基于信息物理实时交互，能对生产过程中出现的扰动因素（如设备突发故障、紧急插单、加工时间延长等）进行实时捕捉，从而及时触发再调度；最后，基于虚拟模型仿真可以在调度计划执行前验证调度策略，保证调度的合理性。

（4）数字孪生车间过程实时控制。

对生产过程进行实时全面的状态感知，满足虚拟模型实时自主决策对数据的需求，通过对控制目标的评估与预测产生相应的控制策略，并对其进行仿真验证。当实际生产过程与仿真过程出现不一致时，基于融合数据对其原因进行分析挖掘，并通过调控物理设备或校正虚拟模型实现二者的同步性与双向优化。

5.3.7 基于数字孪生的车间建模

航天结构件制造过程属于典型的多品种、小批量的离散制造模式，生产过程复杂，因此要从“人—机—物—环”4个方面全面考虑航天结构件制造车间的运行与优化。传统的航天结构件制造车间生产方式具有以下局限：①缺乏对制造过程中物理空间数据与信息空间数据的集成与管理；②车间物理空间与信息空间之间的交互是一个开环的过程，即信息空间单向地指导物理空间的生产。针对以上问题，本节研究了基于数字孪生的航天结构件制造车间建模技术。与传统的建模仿真方法不同，本节提出的产品、工艺与资源数字孪生模型不只关注虚拟模型的仿真数据，更加强调虚实之间的对比分析与交互融合。通过虚拟模型与物理实体之间的交互，精确地仿真物理车间的生产过程，为生产活动提供决策和支持。

传统的航天结构件制造车间的信息集成方式主要为采集车间制造设备的数据，并利用单一的信息系统（如制造执行系统）对车间生产活动进行调控，虽然在一定程度上提高了车间的自动化水平，但是车间信息层与物理层相互独立、一致性差，管控智能化水平低。基于数字孪生的航天结构件制造车间依靠产品、工艺、资源数字孪生模型对车间的生产活动进行仿真模拟，将其分为4层，如图5-22所示。

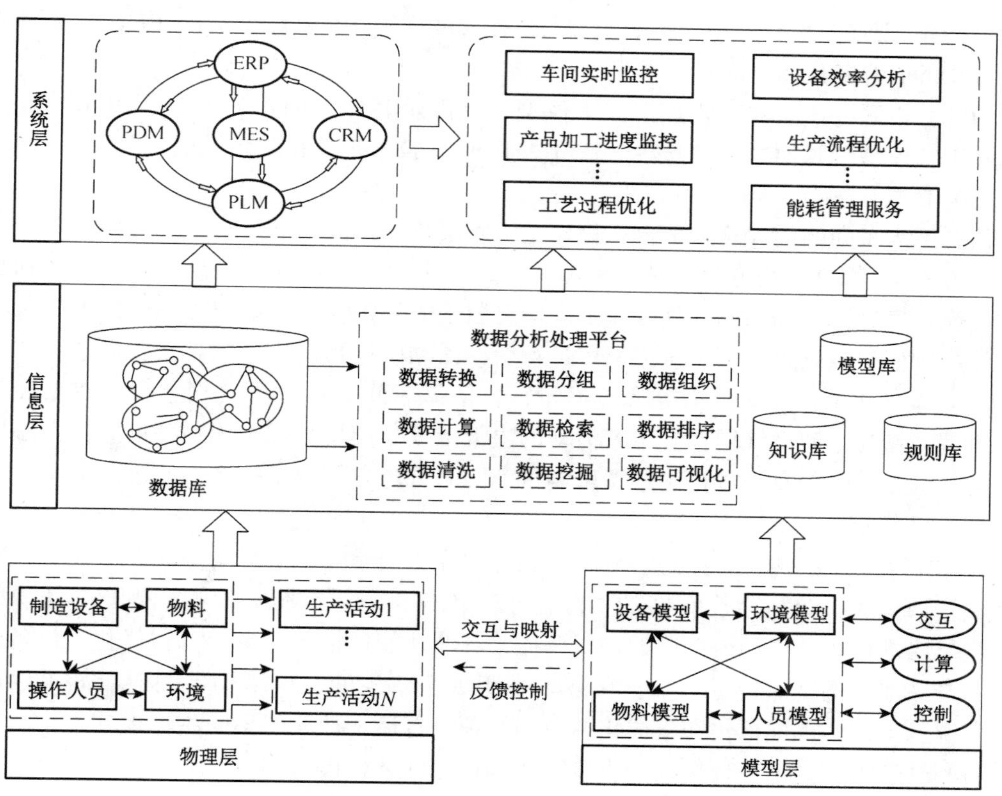

图5-22 基于数字孪生的车间建模框架

（1）物理层。

对于制造车间来说，物理层主要指车间“人—机—物—环”等客观存在的实体集合，它负责执行车间的生产活动，并提供物理空间的数据，如设备数据、人员信息、环境数据等。

（2）模型层。

模型层是物理层的真实映射，产品、资源、工艺数字孪生模型都包含在模型层。整个模型层具有交互、计算和控制属性，各种模型相互关联、协作，对物理空间中进行的各类生产活动［如产品加工、物料搬运、AGV 调度等］进行仿真分析。对于单个制造车间来说，生产环境相对固定，因此数字孪生制造车间主要关注资源、工艺和产品 3 个方面，采用面向对象的方法，模型层可表示为：

$$\mathrm{ML} = \sum_{i}^{l} \mathrm{Prod}_i \cup \sum_{j}^{m} \mathrm{Re}_j \cup \sum_{k}^{n} \mathrm{Proc}_k$$

式中，ML 为模型层；Prod 为产品数字孪生模型；Re 为资源数字孪生模型；Proc 为工艺数字孪生模型。

资源数字孪生模型的描述方法为

Re_j = {Re-Type，Re-Name，Re-Id，Re-Loca，Re-Para，Re-Sta，Re-Attr，Re-Rela，Re-Other}

式中，Re-Tyte 为资源类型；Re-Name 为资源名称；Re-Id 为资源标识；Re-Loca 为资源位置；Re-Para 为资源参数；Re-Sta 为资源状态；Re-Attr 为资源属性；Re-Rela 为资源关系集；Re-Other 为资源其他特征。

为区分不同的产品和工艺数字孪生模型，只需用名称（name）和标识（Id）来描述产品和工艺模型，其他的详细参数信息可基于 MBD 技术定义在三维模型上。

（3）信息层。

信息层为车间的信息管理平台，物理层的底层数据，操作工人的经验（如某关键工序的操作方法），模型层的各类数据、模型、知识、规则都会传输到信息层，并存储到相应的数据库、模型库、知识库、规则库中。信息层中的规则和知识可作为系统层的决策参考直接使用，模型经过封装可被直接调用进行生产活动的仿真优化。信息层存储的数据具有海量、多样、高速、多源异构等大数据特征，依靠车间数据分析处理平台，数据会被分析、整理，作为车间系统层调控生产活动的决策依据。信息层是实现物理层和模型层融合互联的关键，同时信息层数据的共享机制可消除系统层各信息系统之间的通信壁垒。

（4）系统层。

在数字孪生车间内，各信息系统不再相互独立，而是互联协作，实现产品全生命周期数字化管理。通过分析生产车间的实际需求，依靠信息层数据、模型、规则、知识的支撑，系统层进行物理层和模型层的运行调控，具体功能包括车间生产流程优化、设备效率分析、产品加工进度监控等。综上所述，基于数字孪生的航天结构件制造车间可以对产品、资源、工艺实现虚拟化和集成化的协同管理，打造一种新的车间生产模式，为车间生产人员和管理人员提供一种高效的决策方法和可靠的分析模式。

5.3.8 航天结构件制造车间数字孪生空间

5.3.8.1 产品数字化定义

传统的航天结构件制造车间在产品设计阶段和制造阶段分别需要构建不同的模型，且数据管理主要集中在产品的设计阶段，多源模型无法实现数据的传递与共享。数字孪生强调产品全生命周期数据源的一致性，在产品设计阶段定义的模型可向后续阶段延伸应用，保证数字孪生模型对产品描述的准确性。MBD 技术的兴起为数字孪生提供了产品设计、制造与服务阶段的数字化制造的信息载体。基于数字孪生的产品制造生命周期数字化定义方法如图 5-23 所示。

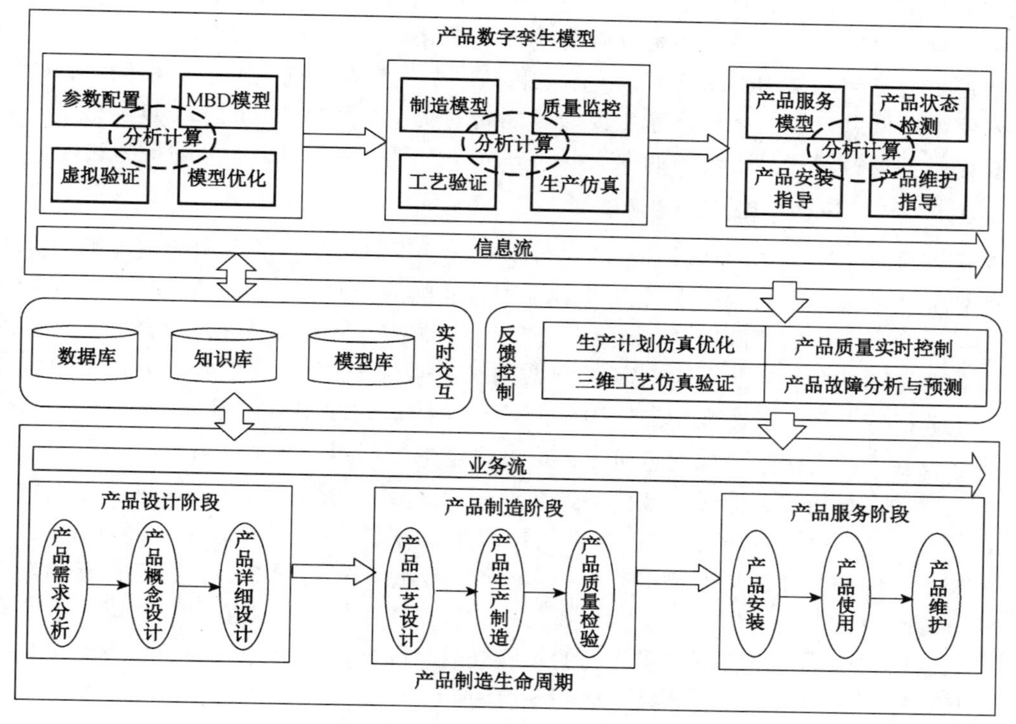

图 5-23 基于数字孪生的产品制造生命周期数字化定义

（1）产品设计阶段。

对于航天结构件制造车间来说，新产品的开发很少，因此基于数字孪生的产品设计模式主要是为了优化已有的产品和提高工件检测的效率。根据产品设计性质和目的的不同，将产品设计阶段细分为产品需求分析、产品概念设计和产品详细设计三个阶段。在需求分析阶段，设计人员根据收集产品的历史使用数据、故障数据、工艺人员及制造人员反馈的数据来制订产品需求分析报告；在概念设计阶段，设计人员根据需求分析报告确定产品优化目标，如对产品工艺参数的调整；在详细设计阶段，设计人员在考虑优化目标和设计约束的条件下，利用集成的三维实体模型定义产品的信息，包括几何信息、非几何信息与管理信息；利用该产品模型进行虚拟验证，包括应力分析、疲劳损伤分析、结构动力学分析等。

（2）产品制造阶段。

产品制造模型的构建表现为对设计模型的重构。产品从毛坯到成品需要多道工序，因此产品制造模型是一系列模型的集合，它包括从毛坯模型经过一系列加工过程最终形成零件模型这一过程中所有的中间模型。根据产品加工的工艺路线，在制造阶段会重构多个制造模型，不同的制造模型根据该道工序的加工需求，定义了不同的加工设备信息、工装信息、工艺信息、检验测试信息等，这些非几何信息可通过制造 BOM 与每个实体模型进行关联。

（3）产品服务阶段。

产品服务阶段为产品全生命周期中的最终阶段，因此该阶段的模型包含上游全部的设计信息和制造信息，并添加了产品的安装数据、使用数据和维护数据，可结合车间的信息系统管理这些数据。产品数字孪生模型具有 3 种属性：计算、交互和控制。模型的可计算性主要表现为借助仿真工具真实地反映物理产品的状态。模型的可交互性包括两个方面：一是可通过与物理产品的不断交互，不断完善数字孪生模型，提高模型的精确性；二是与其他数字孪生模型（如机床数字孪生模型）之间的交互，完成产品的加工过程仿真。模型的可控制性即通过对产品生命周期中数据的分析，控制物理空间中产品的行为和状态。

5.3.8.2 基于数字孪生的资源建模

制造资源是车间生产活动最基本的执行单元，基于数字孪生的资源建模能够提高车间生产的智能性，为车间的生产人员提供实时的、准确的产品制造生命周期服务。图 5-24 所示为基于数字孪生的资源建模。在虚拟车间对资源数字孪生模型进行整合与管理，以实现对车间制造资源的智能管控。车间制造资源包括制造人员、数控机床、加工中心、AGV、工业机器人等。通过在航天结构件制造车间搭建物联网络以增强设备的感知能力，实时获取设备的状态信息。如通过机床的可编辑逻辑控制器（PLC）可实时获取温度、转矩、电流、功率等信息，通过加装传感器获得振动信号、切削力信息；通过射频识别技术（RFID）可实时获取 AGV 的位置；通过条形码可实现数控机床（numerical control，NC）程序与加工工件的关联，从而获得产品的实时加工信息。车间制造资源的泛在感知实现物理车间资源到数字孪生模型的映射。工业总线和数据接口是物理制造资源和资源数字孪生模型之间通信的桥梁，可实现虚实之间的互联互通。同样地，资源数字孪生模型也具有计算、交互、控制 3 种属性。具体描述如图 5-24 所示。

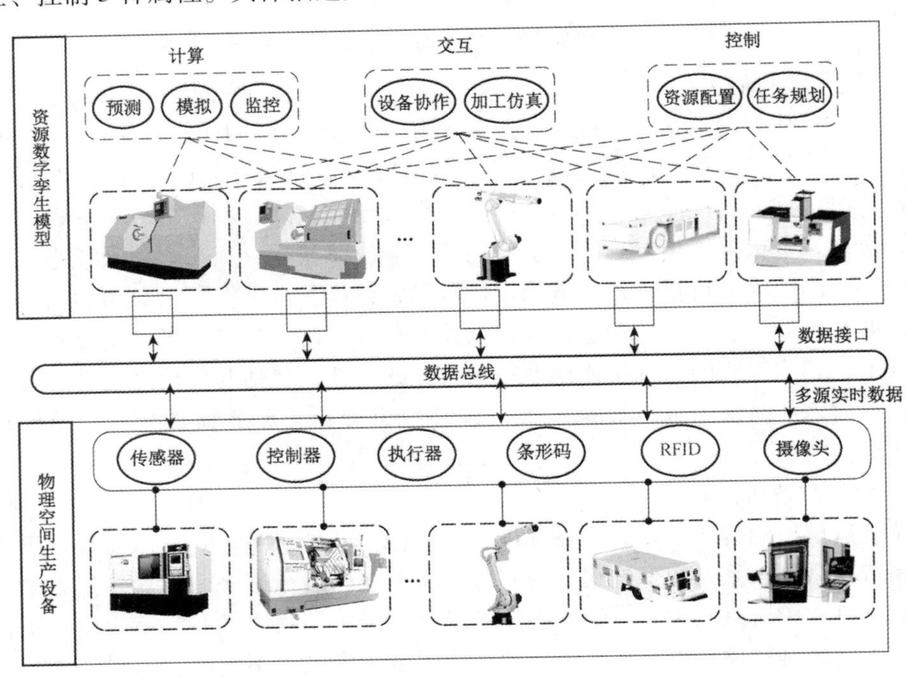

图 5-24 基于数字孪生的资源建模

（1）可计算性。

通过分析物理设备的实时数据，预测、模拟和监控物理设备的加工过程和行为。如通过采集到的机床主轴转速、切削力、温度和功率，基于神经网络预测刀具的使用寿命；通过构建设备模型，在 OpenGL 中模拟机床的加工过程。

（2）可交互性。

一方面是指资源数字孪生模型之间的交互，具体表现为模拟设备之间的协作行为；另一方面是指资源数字孪生模型与产品数字孪生模型之间的交互，在虚拟环境中仿真零件的加工过程，利用数控加工仿真系统生成 NC 代码，在车间内利用条形码关联零件制造 BOM 并连接 NC 代码。加工过程中扫描机床上的条形码即可获得零件的制造 BOM 和 NC 代码。

（3）可控制性。

当车间接收到多个生产任务时，首先要对资源进行配置。利用已构建的车间资源模型，可根据设备的生产能力，仿真任务的执行过程，规划任务的执行序列，为任务分配权重因子，并不断迭代优化这个过程。可控制性主要表现为规划任务的执行序列，并优化资源的配置。

5.3.8.3 工艺信息的数字化定义

当前的工艺设计模式下产品模型与工艺模型分离，产品模型所包含的信息不能有效地传递到工艺模型，已不能满足车间的智能化生产要求。在基于数字孪生的航天结构件制造车间内，工艺信息的数字化表达与管理是生产现场工艺设计与迭代优化的关键。

产品设计模型即为零件的最终加工状态，因此在制造阶段需要根据工艺路线，创建能够指导生产现场加工制造的工艺数字孪生模型，如图 5-25 所示。工艺数字孪生模型的构建同样依靠 MBD 技术，它以工艺信息模型为载体，融合计算、交互和控制属性。工艺信息模型包括制造工序模型、工艺属性信息和资源数字孪生模型 3 部分，将其表示为：

$$\mathrm{PIM} = \mathrm{PAI} \cup \sum_{i=1}^{m} \mathrm{MPM}_i \cup \sum_{j=1}^{k} \mathrm{RDT}_j$$

式中，PIM（process information model）为工艺信息模型；PAI（process attributes information）为工艺属性信息；MPM_i（manufacturing produce model）为制造工序模型；RDT_j（resource digital twin）为资源数字孪生模型；i 为第 i 个制造工序模型；m 为制造工序模型总数；j 为第 j 个资源数字孪生模型；k 为资源数字孪生模型总数。如图 5-25 所示，利用 UML（unified modelinglanguage）类图描述工艺数字孪生模型。工艺信息模型以制造工序模型为载体，加工过程中所需的几何尺寸、表面粗糙度、加工要求等信息都定义在制造工序模型中。一个制造工序模型对应工件的一道制造工序和多个加工特征。加工操作是指对加工特征的一次切削加工过程，加工操作所使用的机床、刀具等信息与资源数字孪生模型相关联。工艺数字孪生模型具有交互、控制与计算属性。交互属性表现为工艺模型与资源模型相关联，在虚拟车间中工序模型与相应的刀具、夹具、机床模型交互以完成仿真过程，保证工件的加工质量。控制属性表现为根据生产现场实时反馈的加工参数，进行工艺参数的调整、工艺问题的预测等，以驱动加工过程持续改进。计算属性表现为工艺数字孪生模型可以用来仿真分析以反映产品真实的加工状态，并预测可能出现的质量问题。

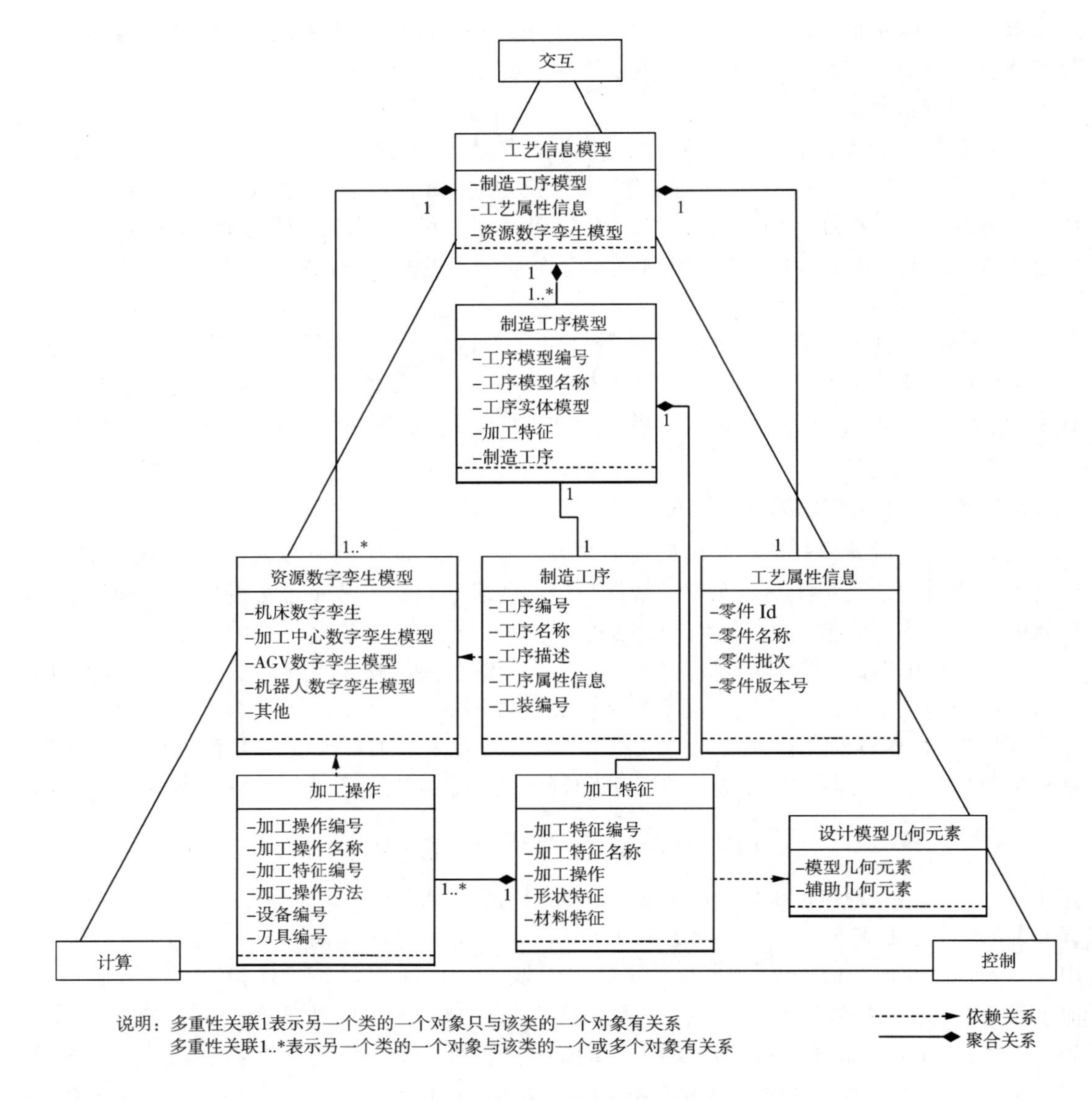

图 5-25 工艺数字孪生模型

5.3.9 应用与分析

本节以某航天企业结构件加工车间为例，展开基于数字孪生的航天结构件制造车间的应用验证。该车间配有数控车床 5 台，数控磨床 2 台，数控镗铣床 4 台，卧式加工中心 2 台。车间的加工产品及生产任务如表 5-7 所示。根据车间的生产任务，进行 3 种结构件的小批量生产。首先根据车间的布局、设备生产能力、工艺流程和资源状态，利用软件 Plant Simulation 进行虚拟车间的构建，如图 5-26 所示。将生产任务输入虚拟车间，配置设备模型的参数，根据制订的生产工艺流程进行仿真活动。目前车间内已有机床数据采集和监控软件，可实现对机床的运行时间、实时状态、加工工件数量的监测。虚拟车间的设备利用率统计分析、产品加工情况等可以以柱状图、统计报表、甘特图的方式实时反馈给车间制造人员。通过对比物理车间与虚拟车间的实时信息，及时调整车间的生产活动，保证高效地进行生产活动。根据定义的产品模型和工艺模型划分每种结构件的详细制造工序，同时传统的粗加工及半精加工采用数控车床和数控镗铣床协作的模式完成。图 5-27 所示为两种制造模式下加工 9 件结构件 A 的设备利用率对比。通过统计分析，可以发现数字孪生加工车间设备利用率有明显的提升。其中，平均值为车间所有设备利用率的平均值。

表 5-7 航天结构件制造车间加工产品及生产任务

结构件			
名称 工序 生产任务	结构件 A 11 道工序 任务 1：共 9 件	结构件 B 15 道工序 任务 2：共 8 件	结构件 C 12 道工序 任务 3：共 4 件

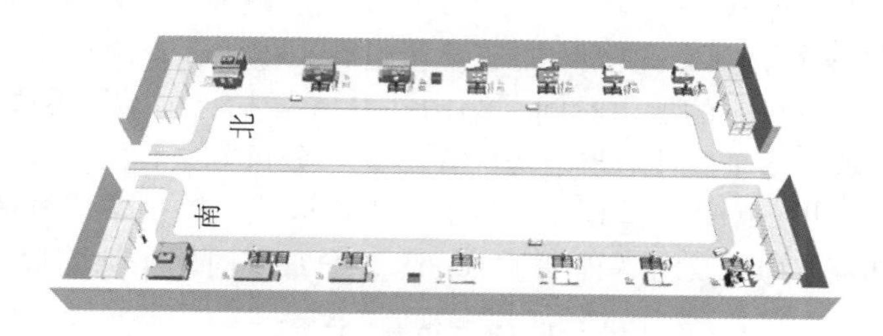

图 5-26 航天结构件制造车间虚拟模型

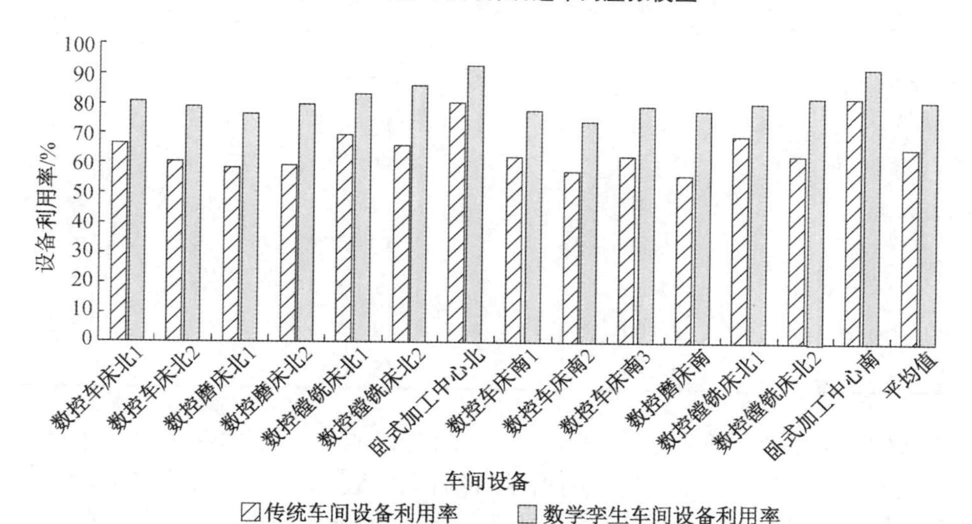

图 5-27 结构件 A 加工过程设备利用率对比

在数字孪生车间中，机床的分配、零件的加工顺序、工艺规划已经在虚拟车间中经过仿真并得到优化，所以物料可通过 AGV 配送到准确的位置。如图 5-28 所示为结构件 A 在两种制造模式下的物流及时率对比。物流及时率可以通过物料能否在一定的时间配送到正确位置进行评价。其中，平均值为加工 9 件结构件 A 的物流及时率的平均值。

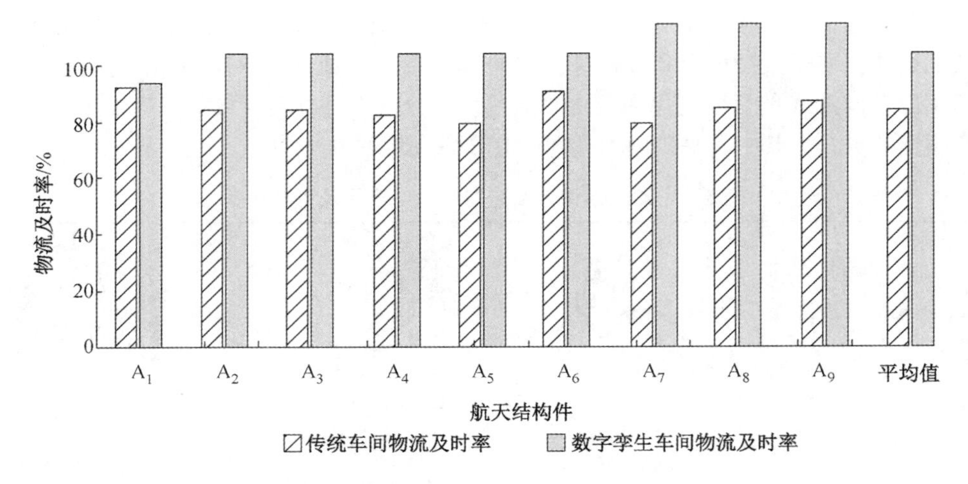

图 5-28 结构件 A 加工过程物流及时率对比

在数字孪生制造车间中，结构件 A 的加工计划经过模拟，工艺过程得到优化。在每道工序完成后，都可以利用高保真模型对加工质量进行虚拟验证，因此工件检测和加工可以同步进行，减少了结构件 A 的加工时间。结构件 B 和结构件 C 在两种制造模式下的设备利用率、物流及时率、总加工时间与结构件 A 的统计分析方法相同，如表 5-8 所示为两种制造模式下的生产结果统计分析。相比于传统的生产模式，数字孪生制造车间内设备利用率平均提高了 16.6%，物流及时率提高了 16.6%，总加工时间平均缩短了 10.22 h。

表 5-8 生产结果统计分析

传统制造车间	数字孪生制造车间	描述	
	65.4	81.7	任务 1
设备利用率/%	64.2	82.3	任务 2
	66.0	81.5	任务 3
	73.9	90.1	任务 1
物流及时率/%	73.8	92.3	任务 2
	78.9	93.9	任务 3
	67.83	57.62	任务 1
总加工时间/h	80.00	69.42	任务 2
	57.83	48.00	任务 3

基于数字孪生技术，结合航天结构件制造车间内的产品、工艺和资源进行建模，提出的数字孪生模型融合控制、计算和交互属性，提高了车间生产能力。通过构建航天结构件虚拟制造车间，保证虚实车间的实时交互。通过对比分析物理车间与虚拟车间的数据，及时调整车间的生产活动，有效地提高了车间的设备利用率、物流及时率，缩短了产品的加工时间。

5.4 结合价值流程图和数字孪生技术的工厂设计[84]

随着《中国制造 2025》的提出，以及工业 4.0[85]、云制造[86]的持续推进，智能工厂正逐步取代传统工厂。随着智能制造的发展，重新设计和建设精益的智能工厂成为当前很多企业的目标。如何科学设计智能工厂，为了快速找到满足精益目标的工厂设计方案，本章提出了价值流程图与数字孪生技术相结合的方法。

价值流程图（value stream mapping，VSM）是精益生产框架下一种用来描述物流和信息流的形象化工具。VSM 可以辨识和减少生产过程中的浪费，是实现工厂科学设计的有效工具。然而，VSM 只是形象化方法，对工厂物流和信息流的描述不够精细，难以满足存在大量自动化设备的智能工厂设计需求。数字孪生技术可细致描述工厂的物流和信息流，可在虚拟环境中完全映射真实工厂，然而在智能工厂的设计阶段存在大量设计路径，设计方案也不可避免地频繁修改，因此不可能采用数字孪生技术完全映射所有的设计路径。而 VSM 从精益角度指出了智能工厂的设计方向，恰恰可以弥补数字孪生技术的这一缺点。VSM 可快速指出设计方向，而数字孪生则可针对复杂系统提供精确的评估结果。因此，VSM 与数字孪生技术的融合，有望为智能工厂设计提供新的解决思路和技术方法。

5.4.1 结合价值流程图和数字孪生技术的工厂设计

5.4.1.1 基于价值流程图的工厂设计方法

VSM 是面向生产的工厂规划方法，能够在工厂规划分析中找出哪些地方是增值的，哪些是非增值的，其主旨在于精益，对于不合理的任务编排和机组排序，功能区块划分具有重要的指导意义。

VSM 是一种用于分析工厂设计规划的增值点和非增值点的工具。使用这种工具的优点是，任何人都可以“看到”价值流程图中的增值过程。由于能够在很短的时间内收集、分析和呈现信息，该方法在工厂规划中得到了广泛应用，并且在工厂的运作中不断改进。VSM 的重要目标是确定未来一段时间内改进的机会。价值流程图分析被定义为一个强大的工具，它不仅突出了过程低效、车间和信息失配这些问题，还提出了改进建议。由于 VSM 是一种特殊的分析方法，价值流程图可以针对一个过程或是生产线或是整个工厂进行处理。但是它同样存在不足，对于工厂设计，VSM 只能在静态短时间内做出评估，并且结论不够细化，不能够直接指导实施。

如图 5-29 所示为 VSM 快速评估示例，整个系统由客户订单的下达拉动生产，生产控制将任务分配到产线，通过看板调节均衡前端和后端产线，并拉动前端产线的生产。通过快速评估可以发现工序之间的改善点和非增值点，根据这些改善点和非增值点来定义浪费和识别浪费，然后提出对应的流程优化建议。

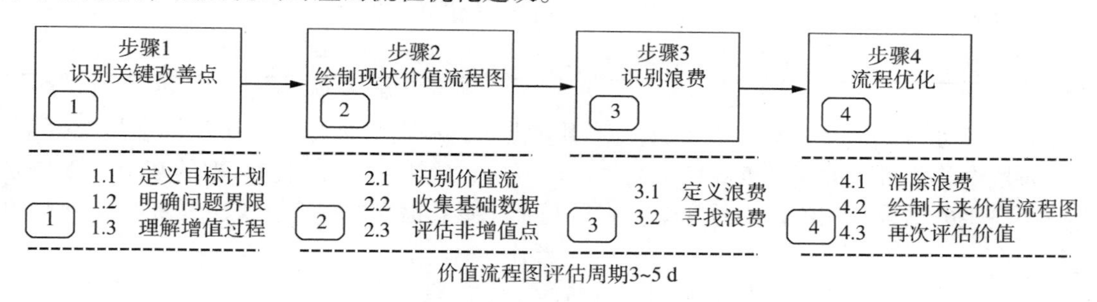

图 5-29 VSM 快速评估理论框架

5.4.1.2 基于数字孪生的工厂设计方法

通常，工厂设计包括4个主要设计阶段：初步规划、粗布局设计、细布局设计，以及落地实施。图5-30展示了工厂实体和数字孪生的不同阶段交互示例。表5-9对不同阶段的数字孪生特征做了汇总。

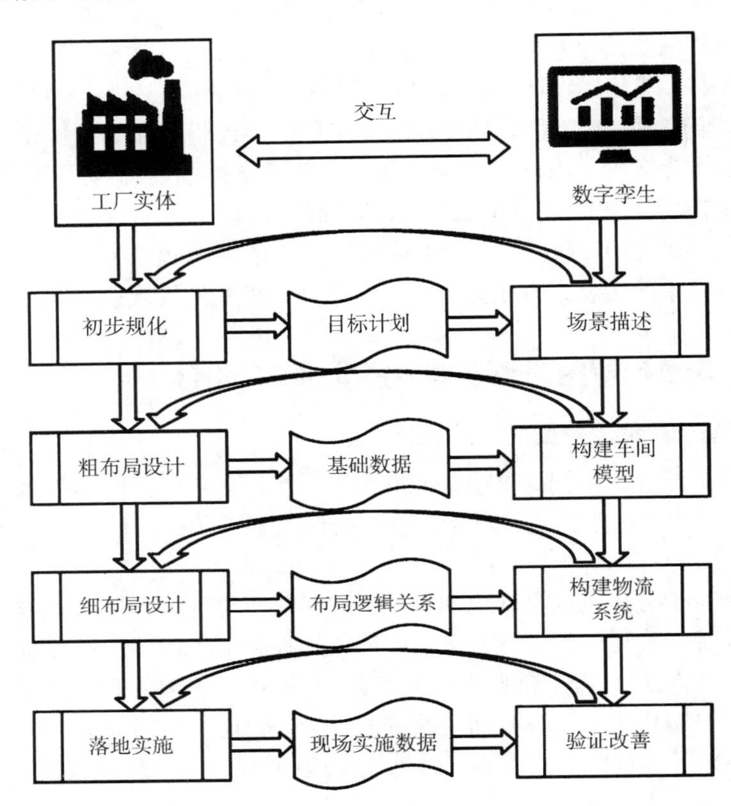

图5-30 工业规划的数字孪生理论框架

表5-9 不同阶段的数字孪生特征

阶段	数字孪生特征及其信息支撑	与物理世界的接近程度
初步规划	概念方案，企业愿景	很低
粗布局设计	二维方案，车间基础数据	较高
细布局设计	三维方案，布局逻辑关系	很高
落地实施	动态模拟，数据实时交互	极高

（1）初步规划阶段。根据企业愿景，明确需求，制定目标计划，初步拟定需求数据，这一阶段对物理世界的保真度较低。通过需求调研，确定目标计划和数据的需求，逐步完善数字孪生的结构。该阶段的数字孪生特征是企业愿景提出的概念方案，是无数据支撑的规划蓝图。

（2）粗布局设计阶段。即布局块设计阶段，该阶段要完成的是对设备数量需求的确定及对应的车间面积确定。这个过程需要经过迭代验证，根据收集数据，通过价值流程图方法快速评估初步得出设备数量，再通过仿真验证设备利用率和缓存区是否合理，找到改进的机会点，再次评估修正，最终确定该阶段的结果。布局块设计阶段的物理世界比概念设计阶段更明确。该阶段的数字孪生特征为车间基础数据支撑的二维方案，这一阶段对物理世界的保真度较高。

（3）细布局设计阶段。根据各个布局块之间的逻辑关系和各个布局块的车间内部物流和厂区物流，进行布局块空间上的理论设计，根据厂房用地、办公用地及工业绿地，计算整厂的用地面积。该阶段数字孪生特征为布局块逻辑关系支撑的三维方案。该阶段对物理世界的保真度很高，具体体现在整厂的三维方案和理论数据支撑。

（4）落地实施阶段。数字孪生设计师通过大量的数据反馈，不断验证物理实体和计算机模型的相互关系，对模型的修正得到的结果同时反馈作用于物理实体。该阶段的数字孪生特征为数据实时交互的动态模拟方案。该阶段对物理世界的保真度极高，对不同的控制策略进行数字孪生模型的验证，对物理现场做出指导。

在工厂设计规划中，数字孪生的作用至关重要。在确定的周期内完成规划目标，在该过程中规划方案不断完善，同时又需要不断地评估新改善点的可行性，如果采用单一的数字孪生技术，可以对整个系统得出很全面的分析结论，但是会有很大的工作量，在时间上可能无法满足需求，而价值流程图方法论是以精益思想为核心能够做到快速评估的方法论。在这里研究人员将两者结合，构建价值流仿真模型，当方案发生变化时，通过对模型中参数的调整，运行模型得到分析结果，可满足快速评估的需要。

5.4.1.3 基于 VSM（价值流程图）+数字孪生的工厂设计方法

将 VSM 和数字孪生两种工具结合用于工厂规划阶段，核心是在规划的每个阶段合理利用两者的优势，对规划方案进行评估调整。单一的价值流程图方法论能够快速评估规划方案，但只能在静态短时间内起到作用。单一的数字孪生技术仿真能够在动态场景下得到模拟结果，但构建模型的任务量庞大、耗时较长且无明确的方向指导。将两者结合用于规划阶段可以做到优势互补，通过价值流程图评估的方法确定研究的某一方向进行建模，大大减少了工作量，结果也更有意义。

在规划的不同阶段，各自主导的方法不同，主要输出物的形式也不同。

在初步规划阶段以 VSM 方法为主导，将企业愿景的需求进行评估，确定实施的计划项目，这一阶段的输出物为具有确定计划的概念设计方案。

（1）粗布局规划设计阶段的前期 VSM 主导，包括梳理流程，分析整理基础数据，并梳理解决的方向点，再根据每个方向对数字孪生建模提出需求。将 VSM 的数据输出作为数字孪生建模的输入数据，根据每一个 VSM 确定的问题方向，数字孪生进行具体的问题分析，验证多个可行性备选方案。例如在设备数量评估中，一组设备后端接入缓存库和三组设备并行两种方案，从成本、占地面积、设备利用率、制品数量等各个方面去分析验证这两种方案，最终的数字孪生输出结果作为该问题的决策依据。后期数字孪生建模为工作主导，该阶段的输出物为具有车间基础数据的二维方案。

（2）细布局阶段主导 VSM 和数字孪生方法并进，主要对布局块逻辑，包括车间物流、厂区物流和信息流进行分析。在布局方面，VSM 不断评估寻找可改进的方向，如在厂区物流中，发现可能出现的拥堵路段，VSM 对路径进行优化，数字孪生模型进行方案验证，最终确定具体的厂区物流路径。这一阶段的输出物为包含物流和信息流的三维方案。

（3）最后落地实施阶段由数字孪生模型主导，不断验证现场的数据情况，并对下一步工作进行指导，如在立体库落地实施中，针对装卸道口这一问题进行分析，数字孪生输出具体的装卸道口设置位置和数量等，指导现场的落地实施。这一阶段的输出物为实时交互的现场实施数据。

4 个不同阶段的 VSM 和数字孪生的结合方式和输出物如图 5-31 所示。在不同阶段 VSM 和数字孪生结合的具体方法步骤如下：

①在初步规划阶段，本阶段的输出物为工厂范围的概念方案，包括工厂布局和工厂整体运作模式等。在该阶段 VSM 占据主导，首先对环境数据进行调研，包括周边交通、人力、原料等资源状况，工厂预期目标产能，占地规模等；进而分析上述数据并以价值流程图方式将概念设计方案具体化。

②在粗布局阶段，本阶段的输出物为车间层单元布局和运作方案。前期通过 VSM 方法分析车间工作流程的增值环节和非增值环节，优化流程并粗布局。后期采用数字孪生方法以离散事件仿真方式评估车间粗布局，通过工序级仿真为设计方案提供验证和支撑，最终满足产能、空间利用率、精益生产等多方面要求。

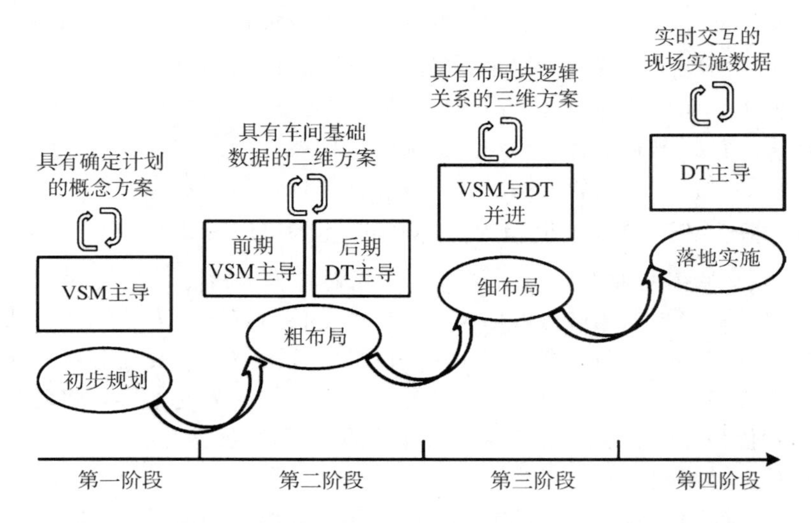

图 5-31 不同阶段的价值流程图和数字孪生的结合方式和输出物

③在细布局阶段，本阶段的输出物为具有工位、仓储、检验、物流等单元逻辑关系的车间方案，着重研究车间内物流和信息流的集成方法。该阶段 VSM 与数字孪生协同对设计提供支持，通过 VSM 逐步细化单元设计，通过工步级仿真构建高保真度的数字孪生，通过信息流和物流的虚拟融合寻找物流拥堵点，从而发现设计方案中隐藏的缺陷。进一步结合设计知识，通过数字孪生促进 VSM 的模型细化，例如设备故障发生后的紧急维修流程、物料供应的时刻表等，最终促进设计方案的迭代优化，满足设备利用率、物流顺畅、精益生产等多方面要求。

④在最后的落地实施阶段，本阶段的输出物为实时交互的现场实施数据，数字孪生技术通过详细设计评估方案，并将其模拟为虚拟工厂。在工厂建成并投产后，将虚拟工厂与真实工厂实现数据关联，通过对真实工厂运作的不断拟合，实现虚拟工厂对真实工厂的实时、精准模拟。进一步，基于虚拟工厂模型采集大量运作数据，结合数据模型和仿真模型对真实工厂的未来状态进行预测，并指导真实工厂的运作。至此，数字孪生从概念设计到最终落地实施，随着设计方案的迭代和工厂实体的落地实施，逐步细化并接近物理世界。

5.4.2 案例研究

下面着重介绍数字孪生和价值流程图仿真方法在粗布局阶段的实际应用。

5.4.2.1 价值流程图应用

由于智能化工厂需求不断升级，中国某企业的可编程逻辑控制器需要扩大生产和工厂面积。企业数字化愿景期望在未来工厂中实现。因此，在工厂设计规划阶段采用数字孪生改进规划设计方案。该工厂的主要产品是逻辑控制器，原材料是电路板和元器件。产品主要由电路板与元器件组成，其中电路板产线为一条全自动产线，由后端需求拉动，经过插装、涂绝缘膜，检测总装后完成。在规划阶段评估得出如下两种不同产线设备分配生产模式，如表 5-10 所示：模式一的特点为三条产线并行生产不同型号的产品，来降低产品订单的交期，不需设总装前的库存；模式二的特点为一条总产线生产，设置总装前的库存，换批次生产不同型号，以此降低投入成本。

表 5-10 不同产线设备分配

模式	产线	产品	日需求量	激光打标/台	电感耦合/台	脉冲宽度调制/台	插装/台	涂绝缘膜/台
模式一	产线一	V1，V2	917	3	4	6	2	3
	产线二	V3，V4	867	3	4	7	2	3
	产线三	V5，V6	282	3	2	4	2	3
模式二	总产线	V1，V2 V3，V4 V5，V6	917 867 282	5	7	4	4	5

首先在这一阶段的初期，通过 VSM 方法做了以下两项工作：

①利用 VSM 方法根据预计产出对方案进行了初步设计，将主要的 6 种产品型号进行拆分，对设备需求进行了评估预测；

②利用 VSM 方法将初步的方案进行优化，理论计算各道工序的设备利用率，设备利用率 = $\sum$ 产品型号×加工时间×宽放系数/设备数量，对利用率过高或过低的设备进行数量调整。表 5-11 为不同设备布置对应的设备利用率值。

表 5-11 设备利用率理论值

模式	产线	激光打标/%	电感耦合/%	脉冲宽度调制/%	插装/%	涂绝缘膜/%
模式一	产线一	57	95	95	95	63
	产线二	53	89	89	90	61
	产线三	13	55	55	21	21
模式二	总产线	89	91	91	89	89

从表 5-11 可以看出，模式一产线三的激光打标、插装、涂绝缘膜工位的利用率过低，说明对应工位的设备数量应调整；同样地，模式一产线一的电感耦合、脉冲宽度调制和插装工位的利用率过高，存在风险应调整。模式一调整后的设备数量和产品的价值流程图和模式二的设备数量和产品的价值流程图分别如图 5-32、图 5-33 所示。其中工序与工序之

间的箭头表示推动生产，看板表示拉动生产。

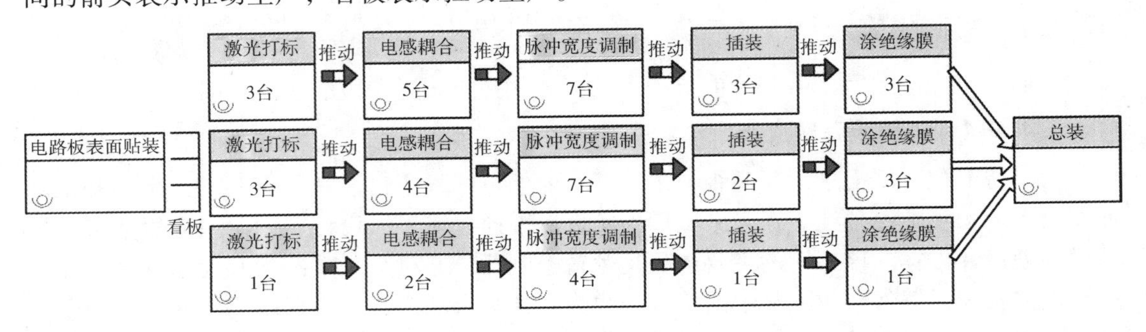

图 5-32 模式一的产品价值流程图

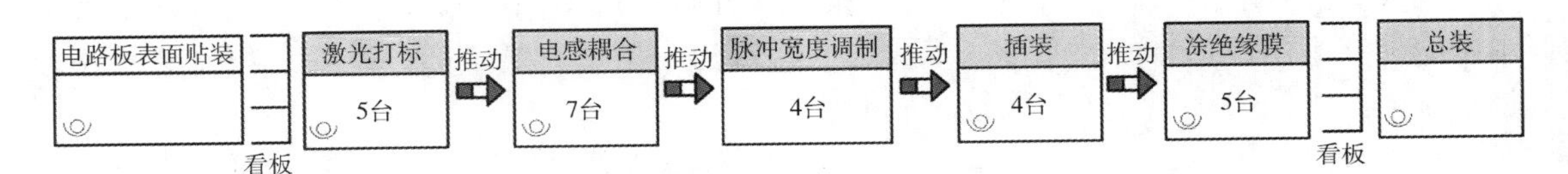

图 5-33 模式二的产品价值流程图

利用前期 VSM 经过两个步骤的优化结果，通过理论计算确定了产线的基本模式，这一基本模式更精确地表述了优化对象和优化空间。VSM 优化结果作为数字孪生的输入，构建对应的数字孪生模型，通过数值仿真提供动态的库存占用情况、设备利用率、产品生命周期等更加准确的指标，从而为决策提供更为可靠的数据依据。

5.4.2.2 数字孪生的应用

如图 5-34 所示，基于 VSM 的数字孪生价值流程图仿真模型的基本逻辑为客户模块将产品生产信息发送给生产控制模块，生产控制模块根据产品组成及生产要求将生产任务分配给推式生产模块，生产模块从任务看板中提取生产所需原材料，看板模块拉动前道工序生产对应原材料以补充库存。VSM 仿真模块的应用关键在于将 VSM 的数据流和仿真的数据流进行交互，VSM 对应的每道工序都作为仿真的研究对象，得到对应的仿真输出结果，如设备利用率、产线产能等，从而验证 VSM 的输出方案，将仿真发现的问题通过 VSM 对方案进行流程优化，得到的方案进行再次仿真验证其可行性。将价值流程理论模型初步优化得到的数据作为仿真模型的输入，利用仿真优势得出更为详尽的输出，包括设备利用情况、库存占用情况、线体产能，以此响应物理世界的规划实施，并进行实时调整。基于仿真软件 Plantsimulation，针对两种模式最终形成的数字孪生界面如图 5-35、图 5-36 所示。

5.4.2.3 价值流程图+数字孪生应用

在本案例中，价值流程图+数字孪生的应用处于粗布局阶段，由于粗布局阶段布局方案处于频繁修改的状态，因此数字孪生必须具有较强的易用性和适应性，能够随着布局方案的变化而快速变化。因此本案例中 VSM 和数字孪生结合的具体表现在价值流程图仿真方法，该方法的关键在于将快速评估的价值流程图思想转化为可执行的数字孪生仿真模型。此时对数字孪生的挑战就是对价值流程图方法的理解和对具体行业的业务的理解，二者的结合决定了数字孪生能否快速、准确地反映粗布局阶段价值流程图方法的特性。另一方面，数字孪生仿真动态的输出结果和方案分析对于传统价值流程图方法有着重要的提升作用，补充了传统价值流程图方法只能在静态短时间内进行方案评估这一缺陷。图 5-37

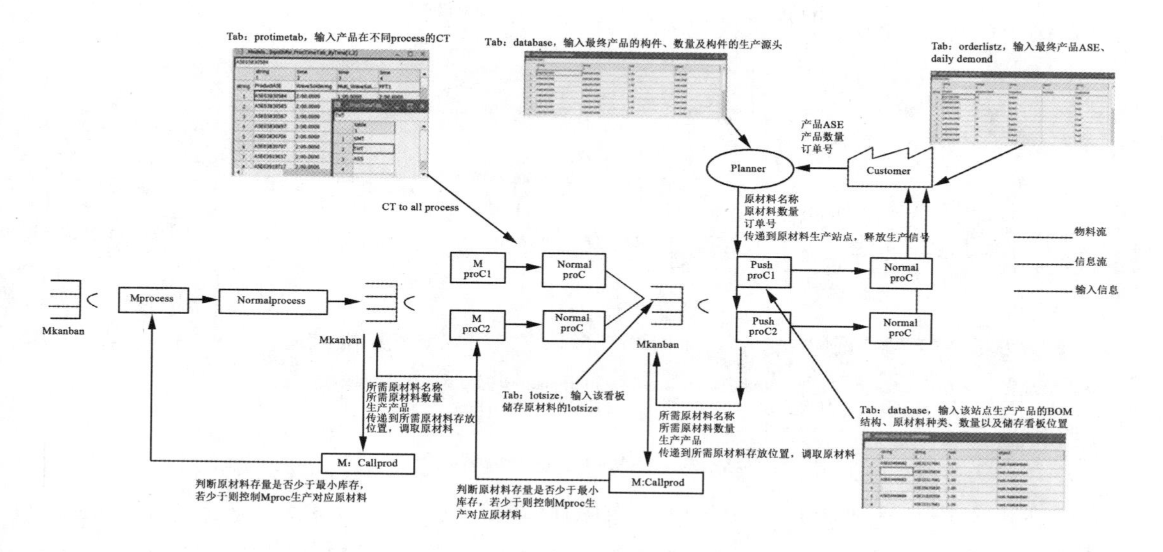

图 5-34 数字孪生价值流仿真基本逻辑图

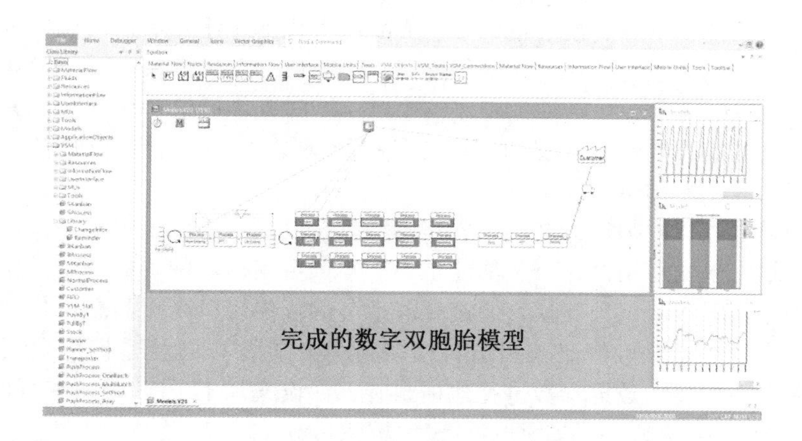

图 5-35 逻辑控制器模式一

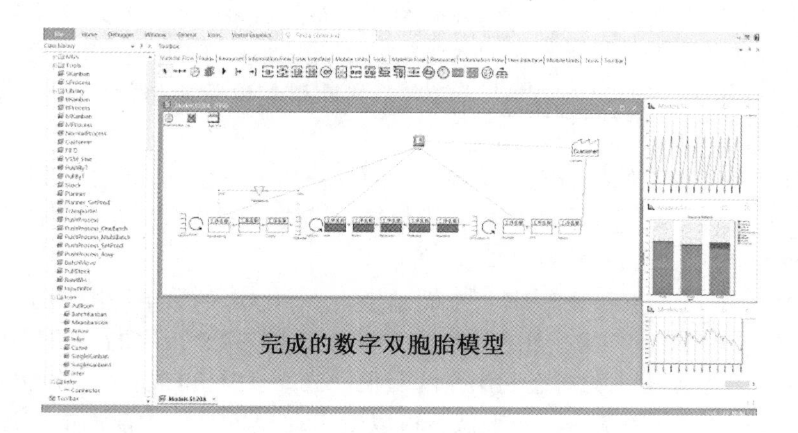

图 5-36 逻辑控制器模式二

为本案例中构建的 VSM+DT 仿真模型。

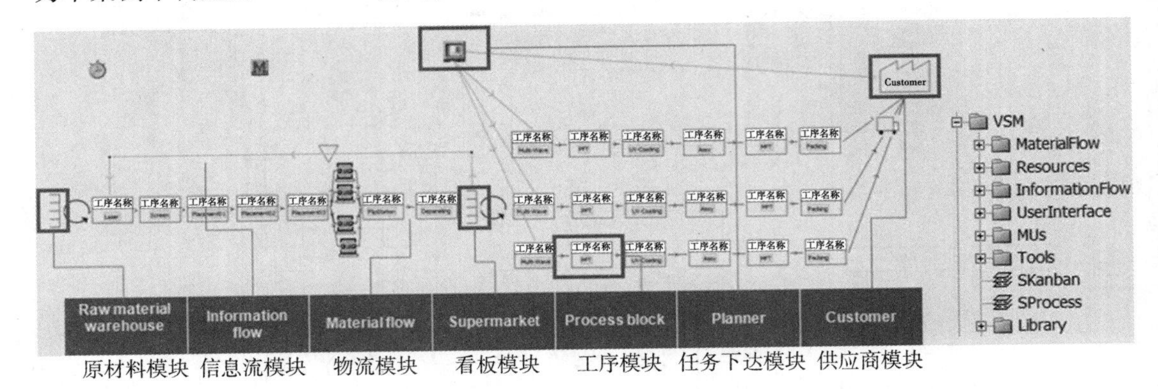

图 5-37 VSM+DT 仿真模型示例

此处开发 VSM 仿真模块库包括供应商模块（Customer）、任务下达模块（Planner）、工序模块（Process block）、看板模块（Supermarket）、原材料模块（Raw-Material warehouse）。DT 模块库包括物流模块（Material flow）和信息流模块（Information flow）。整个系统是一个拉动系统，供应商模块负责下达成品需求订单，任务下达模块负责拆分订单下达生产任务，生产任务通过信息流模块传递到工序模块和看板模块，看板模块作为连接后道工序和前道工序的对象，拉动前道工序的生产，同时提供后道工序所需的原材料，单工位和多工位拉动工序模块是最底层的生产任务执行模块，后道工序拉动前道工序的生产，原材料模块负责原材料的生产。

在对每个模块进行详细定义之后，搭建模块时，模块的柔性至关重要。模块的柔性决定了对所有规划场景的适用性，有些功能是不能够锁定到模块的，如特定的生产策略、存储策略需要根据实际情况单独建模。通过开放部分的程序接口来提高整个模块的柔性，满足现实规划场景的需要。价值流程图仿真模块化另一重要方面就是模块数据接口的标准化，即对关键的通用化的数据参数进行建模封装，如设备加工工时、换型时间等。

在案例的粗布局阶段，前期通过 VSM 方法对规划方案进行详细设计，输出物为 5.4.2.1 节所介绍的不同产线的设备分配，后期通过数字孪生方法对详细方案构建虚拟数字模型，对应的输出物为 5.4.2.2 节中所介绍的动态的数字模型。在动态数字模型中可以解决设备利用率是否正常，总体产能是否能够达到预期目标等问题，由于数字孪生模型的验证分析，使得 VSM 详细规划方案更为可靠，从而得到该阶段最终的输出物，即具有车间基础数据的布局方案。

通过对每一个关键工位的研究，得到对应的设备利用率和总体产能情况。下面通过优化后的设备数量、设备利用率和订单的完成数量对模式一和模式二进行评估，设备利用率和订单完成数量分别如图 5-38 和图 5-39 所示。

根据 VSM 的输入信息从图 5-38 可以看出模式一产线一的涂绝缘膜工序设备利用率最低，数值为 31%，模式一产线一中的脉冲宽度调制和插装两道工序的设备利用率最高，数值均为 91%，从数字孪生中的动态利用率的变化（表 5-11）可以看出，在开始时，模式-产线-涂绝缘膜工序的利用率并不是很低，可以看出在模拟过程中前面的工序发生了少量的拥堵情况，导致这道工序的利用率逐渐下降。因此需要对前两道工序再增加一台设备。从订单完成情况（图 5-39）来看，模式一单位时间内完成的订单数量比模式二大约多

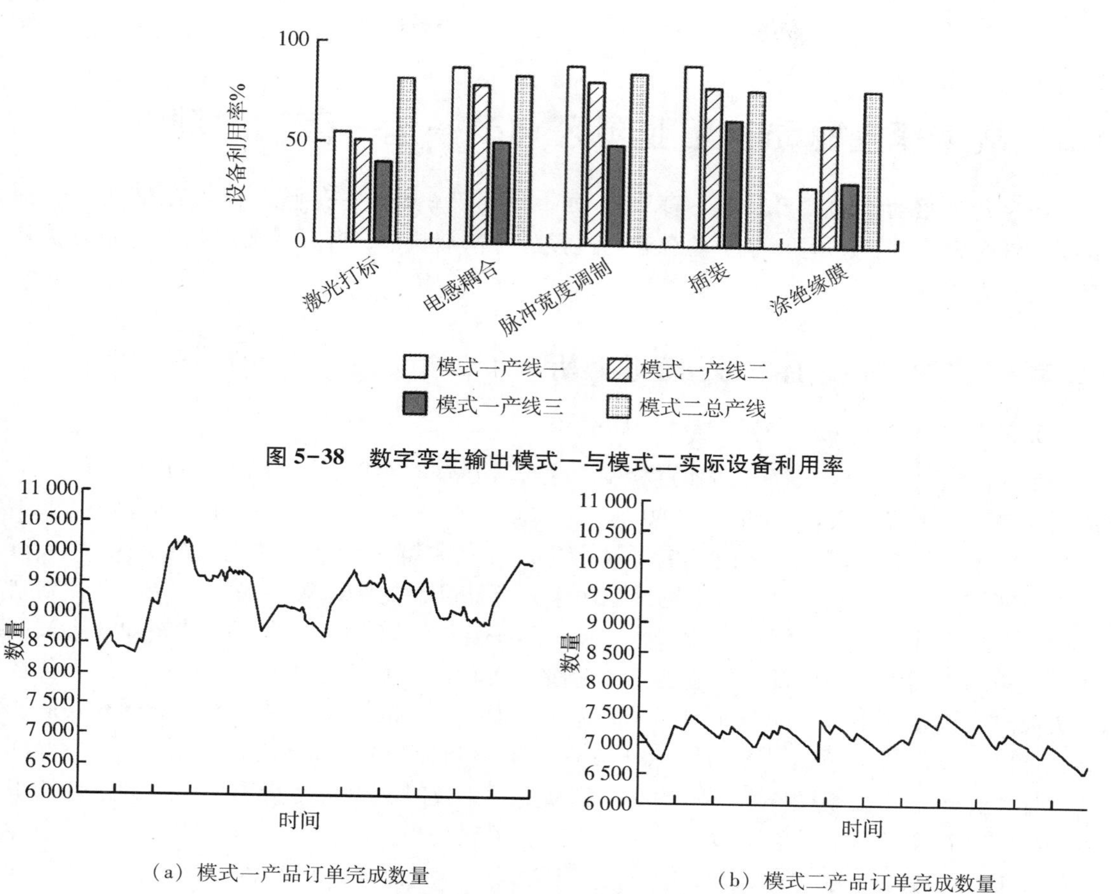

图 5-38 数字孪生输出模式一与模式二实际设备利用率

图 5-39 模式一与模式二产品订单完成数量对比

2 500个，模式一的平均订单完成速度是模式二的 1. 36 倍。综合多种因素考虑，生产模式一在订单交期方面优于生产模式二，但是需要更多设备和用地面积，对成本的要求更高。因此，在考虑订单交期最短的情况下，选择模式一方式来进行下一步的规划，在考虑到投入成本最少的情况下，选择模式二来进行下一步的规划。

该工厂目前处于粗布局结束、细布局开始的阶段，其中价值流程图和仿真穿插结合，经过价值流程图对现状进行梳理，设计未来 VSM，仿真依据未来 VSM 模拟得到机台利用率等，价值流程图依据仿真结果进一步分析找到改善点，依据改善结果计算机台数量并计算其占用面积，以此得到每个车间的占用面积，再根据各个车间的关联关系进行方位布局设计，粗布局阶段结束。

利用 VSM 和数字孪生方法的结合，可以在较短时间内完成更为细化的评估结果，对决策产生更大价值。数字孪生的动态输出结果无法通过 VSM 方法理论计算得到，这些数据对下一步规划起到了决定性作用。同时 VSM 的方案快速评估对数字孪生模型的输入也至关重要。此外，在此基础上，开发出了通用化的模块，例如对设备数量和控制策略的调整，只需改变参数就可以轻松实现数字孪生建模工作。该案例在构建控制逻辑器产线模型时，通过对模块的拼接及数据的输入，能够在极短的时间内对方案进行详细评估，对物理世界的规划设计进行指导，如果没有开发的价值流程图仿真模块，对规划设计方案的评估时间将会拉长，对物理世界的响应变慢，数字孪生的意义也将大大降低。

5.5 数字孪生驱动的工业园区“产—运—存”联动[87]

数字孪生驱动下的“产—运—存”联动（即生产—运输—存储）体现在物理与信息的高度融合，对“产—运—存”动态运行过程进行精准映射，并在动态干扰下建立关联单元间的动态协同。

5.5.1 “产—运—存”联动运作分析

5.5.1.1 “产—运—存”运作问题分析

工业园区“产—运—存”运作过程中，生产、运输和存储各环节虽为各自独立的决策体，却在运作上紧密关联。如图 5-40 所示，“产—运—存”运作流程由外部客户需求驱动，生产单元依据外部需求和内部资源进行生产计划决策并严格按照决策结果执行生产；运输环节按照生产下线结果进行运输计划决策；存储环节的库位规划决策则以运输计划结果中产品的入库信息为依据。工业园区“产—运—存”高效运作的最理想状态即各决策主体的决策结果高度协同以及运作过程无缝衔接。然而，传统工业园区“产—运—存”各环节决策过程大多为串行式的单元内部局部优化过程，由于缺乏从全局的角度进行有效的协同，加之信息沟通不顺畅，极易因运作过程衔接不当而导致资源浪费、运作成本高等问题。如生产环节，由于操作水平不均衡、物料配送不及时、设备运行不稳定等动态性所引发的生产节拍变动造成成品下线不及时，与其相关联的生产和物流环节无法根据其动态性对生产节拍、发车频率和库位规划进行适当的调整，从而导致产品等待，资源浪费等问题；物流环节，由于配送路径改变、运输车辆故障、车辆运行变化等动态性造成运输车队无法在预定的时间以预定的车载能力将成品运输入库，导致生产环节在制品积压、存储环节出现成品库存等待等问题。

5.5.1.2 “产—运—存”动态联动挑战

由上述分析可知，工业园区“产—运—存”运作是一个涉及多环节、多决策体的复杂网络系统，各个环节紧密联系在一起。生产、运输和存储三者之间的高度耦合性使得任何一个环节的不确定性都将引起整个生产物流的不同步。尽管越来越多的生产企业通过动态引入外部资源、柔性重组生产系统、适时调控生产流程来满足客户不断变动的个性化需求。然而，资源与流程重复使用频率的降低却给生产系统运作过程引入了不可避免的动态性。面向具有不确定资源和流程的生产系统，精准地获取、评估并消解动态性干扰，时刻将系统执行过程控制在可能达到的最优状态，是此类生产系统进行管理和控制最理想的状态。目前工业园区“产—运—存”多阶段系统联动运行在状态监控和过程管控方面存在以下 3 个层面的挑战。

（1）缺乏实时的复杂系统动态性感知手段。由于复杂的“产—运—存”系统各环节涉及人员、设备、物料、车辆、库位等大量动态数据，因此实时动态信息的获取是实现大型系统协同优化决策和动态联动控制的重要支撑。传统工业园区“产—运—存”系统由于缺乏有效的感知手段难以实现对实际执行过程动态信息的全面感知和实时监控，从而无法全面了解系统的实时运作状态，导致不能对动态干扰做出及时的响应。

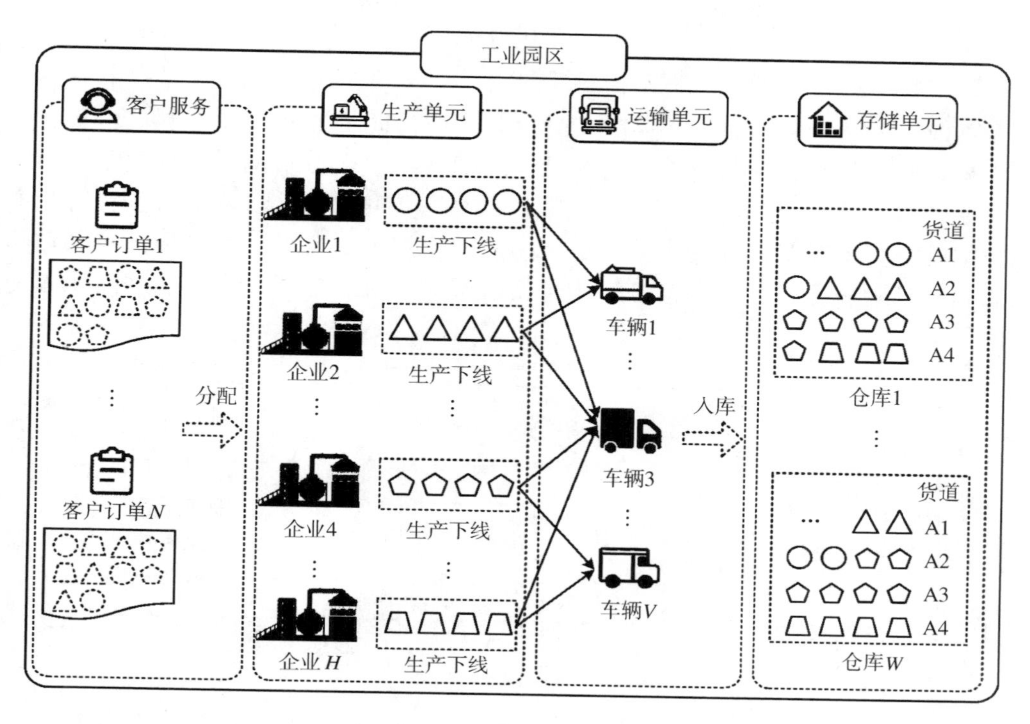

图 5-40 工业园区“产—运—存”运作流程图

（2）缺乏定性的实时动态系统性建模框架。传统“产—运—存”系统的建模仿真过程所得到的结果往往是基于历史数据的静态模型，针对这种基于静态模型所做出的决策只是经验性的决策，而不是实时的精准性决策。由于缺乏在生产系统特定状态下对动态性进行多维度、适应性考量的系统性建模框架，不能将实时散漫动态因素与静态模型相结合，无法形成大型系统实时动态模型进行实时精准决策，导致无法结合外部需求和内部资源约束对系统进行实时动态联动决策。

（3）缺乏定量的多单元实时协调管控机制。“产—运—存”系统各环节之间的决策相互独立，并未考虑其他关联环节的资源与约束进行协同决策。由于缺乏实现系统多单元实时动态协调的控制机制对动态建模后的系统进行定量引导，使得大系统无法根据各关联环节的动态性变化进行实时协调管控，从而导致整体运作水平呈局部管控、静态优化，而非全局管控、动态优化。针对上述问题分析，实现工业园区“产—运—存”多决策环节间联动决策运行不仅需要构建物理系统实时状态感知与虚拟系统信息融合架构，更需要一种联动决策方法为多单元联动决策提供实际方法支撑。而这也形成了数字孪生控制体系下面向高动态性工业园区“产—运—存”联动决策与控制方法的关键内容。

5.5.2 数字孪生框架下的联动决策解决方案

如上节所述，工业园区系统的高效运作需要各决策单元的高度协同运作来保证，同时要求各决策单元能够在高频动态干扰下根据实时状态信息进行自主的、适应性的及时动态调整，以消除或减少动态因素对系统造成的影响，实现“产—运—存”全流程无缝化、智能化协同运作。这种在实时数据的支撑下，通过对动态性的评估，系统采用关联单元之间的协同决策以保证系统平稳、顺畅、高效协同运作的方法即为联动机制。基于联动思想，提出一种基于数字孪生的单元级联动决策解决方案。

5.5.2.1 基于数字孪生的联动信息架构

为实现工业园区"产—运—存"实时、自适应协同决策和联动控制，本节将经典的数字孪生映像体系扩展为符合实时联动需求的数字孪生控制体系，构建基于数字孪生的智能"产—运—存"实时联动信息架构，如图 5-41 所示。采用基于实时状态感知的虚拟映射技术和智能联动决策方法，为实现生产、物流无缝衔接和高效联动运行提供基础信息和服务支撑。该信息架构包括物理对象层、虚拟模型层、联动服务应用层 3 个层级。

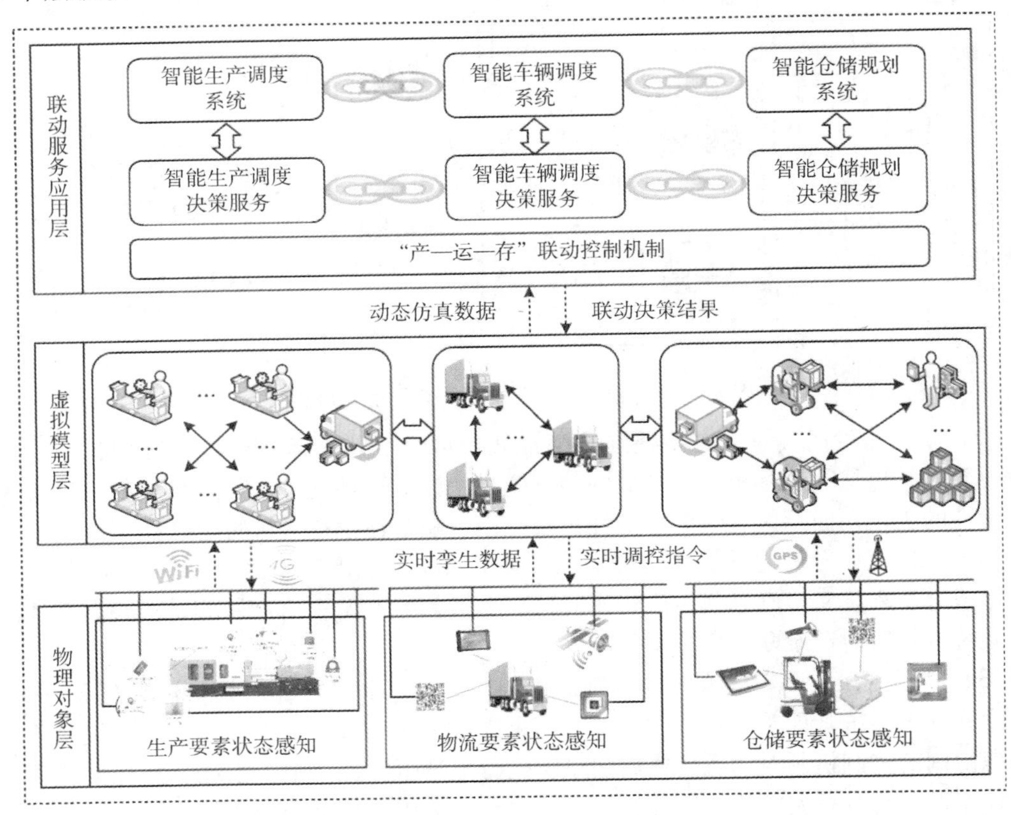

图 5-41 孪生数据驱动的"产—运—存"联动决策信息架构图

（1）物理对象层。主要通过 RFID/二维码多源标签、传感器、无线传感网络（wireless sensor networks，WSN）、GPS 等智能感知与定位技术对生产环境人、机、物、环境等全要素多源异构信息进行实时感知和监控，实现动态"产—运—存"物理环境的智能感知与互联、实时交互与控制、智能协作与共融。

（2）虚拟模型层。基于物理对象层所采集的生产执行环境多维度、多粒度异构静态模型数据和动态运行数据，将物理层的各个"产—运—存"物理执行单元通过孪生建模技术在虚拟层映射为可反映其实时运行状态的虚拟执行单元，并依照对应于物理层的"产—运—存"运作关系在虚拟层形成虚拟运作系统，对物理层的"产—运—存"运作过程进行系统性实时精准映射和动态反馈控制。

（3）联动服务应用层。在对系统执行状态和环境动态性进行实时精准识别和综合有效评估的基础上，各虚拟执行单元依照管控模型嵌入决策算法（例如生产调度算法）形成虚拟决策单元，并在基于目标级联法所开发的分布式协调框架下进行全局最优协同决策。同时，以服务的形式封装到定制化的物理层交互式智能应用系统中，从而实现信息决策和物理执行的交互和反馈，实现决策过程智能化、运行状态可视化、执行过程可控化。

5.5.2.2 实时动态性驱动的联动决策方法

5.5.2.1 节介绍了如何在数字孪生控制体系驱动下为“产—运—存”系统提供精确的实时信息和充足的资源。尽管如此，如何利用这些零散的信息和资源构建大型系统实时动态模型，并在实时动态性驱动下进行实时联动决策来支持“产—运—存”系统高效协同运作是大型“产—运—存”系统过程控制的关键战。本节从定性的角度提供数字孪生控制体系下面向动态性因素的联动决策方法，引入针对多种动态因素影响范围的联动决策机制，将传统以物理对象的“精确映像”为目标的“虚拟模型层”扩展为以联动式生产运作“全生命周期联动决策”为核心的“虚拟决策层”，实现复杂动态环境下大型“产—运—存”系统全生命周期联动决策，减少甚至消除由于动态性造成的协同差异化、提高协同运作精度、减低协同运作成本。实时动态性驱动的联动决策流程图如图 5-42 所示，其具体过程如下：

（1）物理对象感知。基于物联网感知技术和信息物理融合技术对车间执行现场硬件资源（包括设备运行参数、资源能力信息、人员通勤情况）和软件资源（制造执行系统、物料需求计划、企业资源计划）等多尺度、全要素信息进行实时感知、采集和融合，形成全要素实时信息互联共融和全流程执行情况动态监控的数字化感知环境。

（2）基本静态建模。生产过程计划阶段，基于所采集的“产—运—存”全流程实时多尺度融合数据（人、机、物、单、能等），构建“产—运—存”物理环境的多视图基本静态模型。同时，基于定量的多单元协调决策机制在系统优化目标指导和优化规则约束下通过目标级联、参数耦合、约束关联进行生产计划、运输计划和存储计划的协同优化决策制定初始的运作计划，为“产—运—存”系统协同优化运作提供指导。

（3）实时动态仿真。生产过程执行阶段，基于计划开始执行前所形成的基本静态模型，以驱动事件和变迁时间为驱动，虚拟模型层对“产—运—存”系统底层物理环境的实时运作情况进行完整的镜像映射，构建实时的动态虚拟模型，同时基于实时生产数据、历史生产数据等车间孪生数据对“产—运—存”过程进行监控、仿真、评估及预测。在预测扰动因素的作用下通过对比实际运行结果与实时系统优化状态，根据预期执行偏差值判断对系统的影响范围从而触发多单元实时联动决策机制。

（4）实时协调管控。针对虚拟模型层实时动态仿真及预测结果，基于多学科优化的大系统多单元联动决策模型对复杂动态性作用下的生产过程进行前摄性建模与过程定量描述，从而进行联动状态判断与优态路径引导，生成“产—运—存”系统实时优化运行决策并以调控指令的方式对物理层资源配置结构、设备运行参数、车间作业计划等进行实时调控，实现“产—运—存”运作实时在线调整。

（5）系统各层级重复以上过程反复迭代修正优化，实现大型系统全生命周期多单元协同优化运作。

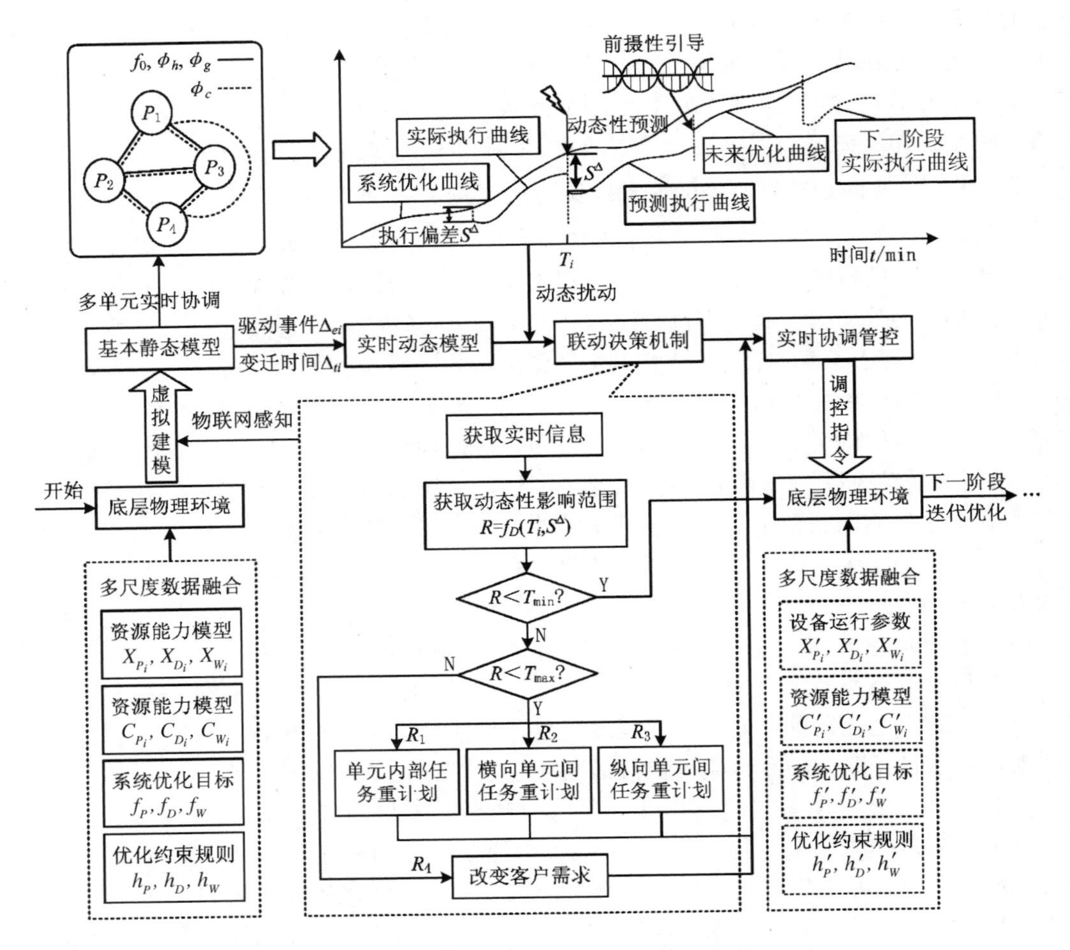

图 5-42 实时动态性驱动的联动决策流程图

5.5.3 “产—运—存”联动决策数学模型

从定量的角度建立孪生层的多个独立决策、联动运作的“产—运—存”多单元决策模型，并采用目标级联法（analysis target cascading，ATC）对其以全局优化、分布控制的模式进行系统性协调与控制，解决复杂系统在动态干扰下的实时联动决策问题。

5.5.3.1 模型假设

批量生产是典型的生产方式，被广泛应用于工业中，例如涂料和食品企业。批量生产的特点包括：①高柔性机器；②多品种，小批量客户订单；③半连续生产过程；④在不同时刻使用的资源可以共享。本节以批量生产方式的典型化工园区生产运作为研究对象，基于上述实时动态性驱动的联动决策方法，研究其生产、运输和存储的多单元协调优化和联动决策问题。由于涂料产品具有高度定制化的特点，不同客户对于相同产品的颜色、粒径、光泽等要求各不相同。假设园区中每个制造商生产一种产品，来自同一客户订单的不同产品被拆分到不同的制造商生产以减少定制化需求对制造商生产资源的约束。Milk-Run运输模式具有多频次、小批量的特点，可以通过运输规模效应减少运输成本。因此，运输环节考虑固定运输频率的 Milk-Run 方式。固定频率指运输车辆以设定的最小时间间隔的整数倍派发车辆，车辆按照规定的路线循环到各制企业下线点进行取货。存储过程考虑平面仓库，为到达的产品安排库位规划，每个客户订单必须等待所有的产品均到齐后才可发货。综上所述，本节考虑客户动态需求的影响，为简化问题并不失一般性，问题假设如表5-12所示。

表 5-12 问题假设表

编 号	问题假设
1	一个客户订单包含多种产品，不同产品由不同企业进行生产
2	每个生产制造商只生产一种产品
3	一个订单的一类产品为一个生产批次
4	一个订单批次同一时刻只能在一台机器上加工
5	每一个订单有多道生产工序，所有订单具有相同的工序
6	同一时间一台机器只加工一个订单
7	每一道生产工序都有多台并行机器
8	加工时间包含设置时间和切换时间
9	各道工序不同机器的加工时间不同
10	订单加工开始后不允许中断
11	订单完工后存储在下线点等待运输入库
12	不考虑下线点存储空间限制
13	运输单元的发车频率为最小时间间隔 T 的整数倍
14	每个发车时间仅安排一辆车执行取货任务
15	每辆运输车辆按照设定的路线到所有生产企业下线点进行取货任务
16	不同发车时间可以派发不同类型的车辆
17	忽略下线点到仓库的运输时间
18	一条货道同一时刻存储的订单不超过两个
19	暂不考虑订单无货道可用的情况
20	同一客户订单的所有产品均入库后才能发货出库

5.5.3.2 基于目标级联法的联动优化过程

目标级联法（ATC）是一种基于模型的、多层级的、分层的系统设计优化方法[88]，通过将最初的原始系统划分为一系列具有层级之分的子系统，各个子系统有它们自己的分析模型，进而一个大的复杂设计问题被转化为更小的子问题。ATC 方法将整个联动系统的动态目标传递过程转化为具有多个层次结构的子系统实时优化过程：各个子系统由其上一级父系统来协调优化，最后达到整个系统的全局优化。

5.5.1.2 节挑战分析中提到，虚拟层中各单元均为相互独立决策的个体，由于缺乏参数的关联和约束的耦合，各单元按照各自的局部目标进行独立决策所得到的结果无法保证系统的全局最优。按照 ATC 算法的结构和建模思路，5.5 节将工业园区“产—运—存”联动优化问题按照在生产中完成的任务从下到上分为生产层、运输层和存储层，分别包含车间生产调度子系统、车队运输调度子系统和仓库库位规划子系统。为实现各独立决策单元的全局优化，各子系统之间通过目标级联和参数关联进行全局协调，具体优化过程如图5-43所示。存储层以累计成本 TC 与系统层目标总成本 T 偏差最小为目标进行仓库库位规划，同时以订单运输时间 $t_{ON_i}^{h}$ 合变量对运输层子系统进行协调，保证订单在库时间最短；其次运输层优化结束后将反应变量上传回存储层并以订单下线时间 $t_{off_i}^{h}$，子系统进行协调，保证同一订单的产品在不同车间下线时间一致；最后，生产层优化后将反应变量上传到运输层。通过以上过程反复迭代直到优化过程收敛到最优解，从而实现“产—运—存”多单元的全局优化决策。

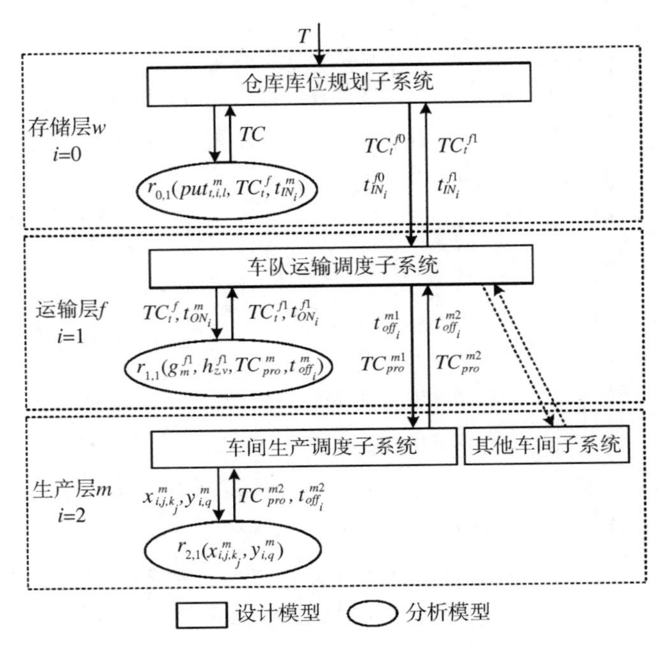

图5-43 “产—运—存”系统ATC分层结构图

5.5.3.3 数学建模

通过前文对“产—运—存”运作的分析，工业园区系统最理想的状态是各独立运作单元之间协同一致运作，具体表现为客户订单的下线时间、运输时间和入库时间的一致性；效益上则以最大的资源利用率和最小的成本来满足客户需求为评价指标，因此在ATC各建模层次设计过程中，以总成本最小作为系统目标，分别以订单下线时间、运输时间和入库时间以及各层的累计总成本作为各层的耦合变量进行数学建模，其具体参数符号如表5-13所示。

表5-13 参数符号信息

符号	描述
H	生产车间总数量
h	生产车间编号，$h=1,2,\cdots,H$
n	待加工的订单数量
i	订单编号，$i=1,2,\cdots,n+\alpha T$

续表

符 号	描 述
Q_i	订单 i 的总数量
Q_i^h	h 车间生产订单 i 的数量
J	订单的工序总数量
j	订单的工序编号，$j=1, 2, \cdots, J$
M_j	工序 j 的并行机器数
k_j	工序 j 的机器编号，$k_j=1, 2, \cdots, M_j$
$t_{e_{i,j}}^h$,	订单 i 的交货时间
$S_{i,j}$	订单 i 的第 j 道工序
T_0	车辆最小发车时间间隔
k	整数，kT_0 为运输车辆下线点取货的时间间隔，$k=1, 2, 3, \cdots$
N_z	每天最大的发车总次数
z	每个时间间隔发车的车次编号，$z=1, 2, \cdots, N_z$
$h_{z,v}$	z 班次派出车辆 v
v	运输车辆编号，$v=1, 2, \cdots, N_v$
L_v	车辆 v 的额定载重
T_{max}	每天工作的最晚时间
N_v	运输车辆总数
$g_{i,z}^h$	车间 h 的订单 i 由第 z 车次运输入库
N_{war}	仓库的库道（货道）总数
l	货道编号，$l=1, 2, \cdots, N_{war}$
V_l	货道 l 的容量
C_{pro}^h	车间 h 单位时间生产成本
C_{tar}	单位时间延期惩罚成本
C_{war}	单位时间仓库存储成本
C_{tuf}^h	车间 h 单位时间下线点缓存成本
C_v	车辆 v 的固定派车成本
C_{war}^{fix}	每个库位固定使用成本
C_p^{fix}	车间生产的固定成本
T_{i,j,k_j}^h	车间 h 订单 i 的 j 工序在机器 k_j 上的单位加工时间
$t_{off_i}^h$	车间 h 订单 i 的下线时间
$t_{s_{i,j}}^h$	车间 h 订单 i 的工序 j 的开始时间
$t_{e_{i,j}}^h$	车间 h 订单 i 的工序 j 的加工结束时间
$t_{ON_i}^h$	车间 h 订单 i 的运输时间

续表

符号	描述
$t_{OUT_i}^h$	车间 h 生产的订单 i 的出库时间
$t_{IN_i}^h$	车间 h 生产的订单 i 的入库时间
t_{IN_i}	订单 i 的入库时间
t_{OUT_i}	订单 i 的出库时间
T_{del_i}	订单 i 的延迟交货时间
x_{i,j,k_j}	生产环节决策变量，订单 i 的工序 j 由机器 k_j 加工
$y_{i,p}$	生产环节决策变量，订单 i 安排在位置 p 上加工
$put_{t,i,l}^h$	仓储环节决策变量，t 时刻订单 i 存放在货道 l 上
$out_{t,i,l}$	仓储环节决策变量，t 时刻订单 i 从货道 l 出库
$u_{l,t}$	货道 l 在 t 时刻的可用状态，等于 1 表示被使用，等于 0 表示未被使用
$p_{t,i,l}$	当 $put_{t,i,l}=1$ 时，表示 t 时刻订单 i 存放在货道 l 的托盘数
αT	T 时刻动态新增的订单数
DT	客户需求动态性发生的时刻
TC	生产物流系统总成本
T	系统层目标总成本

（1）存储单元数学模型。

存储单元为运输入库的成品安排库位。为保证货物周转顺畅，订单在库时间必须尽可能短。该层模型中，将成品在库时间转换为仓储成本 TC_{war}。如前文所述，同一订单的不同产品入库时间不一致将间接延长订单的在库时间，因此本层模型与运输层以车间 h 订单 i 运输时间 $t_{ON_i}^h$ 为耦合变量，本层目标为最小化存储层累计总成本。

目标函数：

$$\min:\ \| TC - T \| + \varepsilon^0, \tag{5-1}$$

$$\sum_{h=1}^{H}\sum_{i=1}^{n}(t_{ON_i}^h - t_{ON_i}^{h_1}) + (TC_{tran} - TC_{tran}^1) \leqslant \varepsilon^0, \tag{5-2}$$

式中：TC 为生产物流系统总成本，T 为系统层目标总成本，ε^0 为反应误差，$t_{ON_i}^h$，TC_{tran} 和 TC_{tran}^1 均为运输层上传到本层的反应变量。其中生产物流系统总成本 TC 由运输层累计成本 TC_{tran}、库位使用成本 TC_{war} 和订单延迟成本 TC_{tar} 构成。

约束条件：

$$TC = TC_{tran} + TC_{war} + TC_{tar}, \tag{5-3}$$

$$TC_{war} = \sum_{t=1}^{N_{war}} u_{l,t} \cdot C_{war}^{fix} + \sum_{h=1}^{H}\sum_{i=1}^{n}(t_{OUT_i}^h - t_{IN_i}^h) \cdot Q_i^h \cdot C_{war}, \tag{5-4}$$

$$TC_{tar} = \sum_{i=1}^{n} T_{del_i} \cdot C_{tar} \cdot Q_i, \tag{5-5}$$

$$Q_i = \sum_{h=1}^{H} Q_i^h,\ i \in \{1, 2, \cdots, n + \alpha T\}, \tag{5-6}$$

$$t_{IN_i}^h = t_{ON_i}^h, \quad (5-7)$$

$$t_{OUT_i} = \max\{t_{IN_i}^h \mid h = 1, 2, \cdots, H\}, \quad (5-8)$$

$$\sum_{l=1}^{N_{war}} u_{l,t} \leqslant N_{war}, \quad (5-9)$$

$$\sum_{t=1}^{N_{war}} put_{t,i,l}^h \cdot p_{t,i,l}^h = Q_i^h, \quad (5-10)$$

$$\sum_{a=1,\ b=1}^{n} put_{t,a,l}^h \cdot p_{t,a,l}^h + put_{t,b,l}^h \cdot p_{t,b,l}^h \leqslant V_l,\ l \in \{1, 2, \cdots, N_{war}\}, \quad (5-11)$$

$$\sum_{i=1}^{n} put_{t,i,l}^h \leqslant 2,\ l \in \{1, 2, \cdots, N_{war}\}。 \quad (5-12)$$

其中：式（5-4）和式（5-5）分别表示库位使用成本和订单延迟成本；式（5-6）表示生产单元生产各个订单的总数量；式（5-7）表示不考虑运输车辆在途中的运输时间，订单的运输时间即为入库时间；式（5-8）表示订单中的最后一个产品入库时即可出库发货；式（5-9）表示任一时刻被使用的货道数量约束；式（5-10）表示订单的入库数量等于订单的总数量；式（5-11）表示货道的容量约束；式（5-12）表示任一时刻一条货道最多只能放两个订单。

（2）运输单元数学模型。

运输单元为不同生产车间下线的成品安排车辆运输到仓库。为保证成品下线后能够及时入库，减少下线点的积压，订单运输时间必须尽量与下线时间一致，故本层模型与生产单元的耦合变量为成品下线时间 $t_{off_i}^h$，因运输不及时造成的下线点缓存成本为 C_{buf}^h。

目标函数：

$$\min: \| TC_{tran} - TC_{tran}^0 \| + \sum_{h=1}^{H}\sum_{i=1}^{n} \| t_{ON_i}^h - t_{ON_i}^{h_0} \| + \varepsilon^1, \quad (5-13)$$

$$\sum_{h=1}^{H}\left[\sum_{i=1}^{n}(t_{off_i}^h - t_{off_i}^{h_2}) + (TC_p^h - TC_p^{h_2})\right] \leqslant \varepsilon^1 \quad (5-14)$$

式中：TC_{tran} 为运输层累计总成本，$t_{ON_i}^h$ 为车间 h 订单 i 的运输时间，ε^1 为反应误差，$t_{off_i}^h$ 和 TC_p^h 为生产单元上传到本层的反应变量；其中运输层累计成本 TC_{tran} 由下线点缓存成本 C_{buf}^h、生产成本 C_p^h 和派车成本 C_v 构成。

约束条件：

$$TC_{tran} = \sum_{h=1}^{H}(TC_p^h + TC_{buf}^h) + \sum_{z=1}^{N_z}\sum_{v=1}^{N_v} h_{z,v} \cdot C_v, \quad (5-15)$$

$$TC_{buf}^h = \sum_{i=1}^{n}(t_{ON_i}^h - t_{off_i}^h) \cdot C_{buf}^h, \quad (5-16)$$

$$t_{ON_i}^h = \sum_{z=1}^{N_z}(g_{i,z}^h \cdot z \cdot kT_0), \quad (5-17)$$

$$\sum_{z=1}^{N_z} g_{i,z}^h = 1,\ i \in \{1, 2, \cdots, n+\alpha T\},\ h \in \{1, 2, \cdots, H\}, \quad (5-18)$$

$$\sum_{v=1}^{N_v} h_{z,v} = 1,\ z \in \{1, 2, \cdots, N_z\}, \quad (5-19)$$

$$\sum_{h=1}^{H}\sum_{i=1}^{n}(g_{i,z}^h \cdot Q_i^h) \leqslant \sum_{v=1}^{N_v} h_{z,v} \cdot L_v,\ z \in \{1, 2, \cdots, N_z\}, \quad (5-20)$$

$$N_z = \frac{T_{\max}}{kT_0}, \tag{5-21}$$

其中：式（5-15）表示运输层累计成本，为生产成本、缓存成本和派车成本之和；式(5-16)为生产下线点缓存成本；式（5-17）表示入库时间约束，订单 i 的入库时间等于所运班次的发车时间；式（5-18）表示订单运输约束，一个订单只能由一辆车运输；式（5-19）表示派车约束，每个发车时间只能派一辆车取货；式（5-20）表示运输车载量约束，每一发车班次所运输订单总数不超过所派车辆的载重。

（3）生产单元数学模型。

生产层为各个车间合理地分配订单的加工顺序，使同一客户订单的不同产品在不同车间尽可能同时完成。将各生产车间订单的下线时间 $t_{off_i}^h$ 作为耦合变量传回运输层，生产层目标是加工完所有产品的时间最短，x_{i,j,k_j} 和 $y_{i,q}$ 为生产层各子系统优化的决策变量，分别确定订单在各车间的加工机器和订单加工先后顺序。

目标函数：

$$\min: \max C_{i,J} + \sum_{h=1}^{H}\left(\sum_{i=1}^{n} \| t_{off_i}^h - t_{off_i}^{h_1} \| + \| TC_p^h - TC_p^{h_1} \|\right)。 \tag{5-22}$$

其中：式（5-22）为生产层的目标函数，即最大完工时间最小化和订单下线时间差最小，$C_{i,J}$为生产车间最后一个下线订单的完工时间，$t_{off_i}^h$和 TC_p^h 为运输层为生产层各子系统设置的调度目标。

约束条件：

$$TC_p^h = C_p^{fix} + \sum_{i=1}^{n}\sum_{j=2}^{n}(t_{e_{i,j}}^h - t_{e_{i,j-1}}^h) \cdot C_{pro}^h, \tag{5-23}$$

$$t_{e_{i,j}}^h = t_{s_{i,j}}^h + \sum_{k_j}^{M_j} x_{i,j,k_j}^h \cdot T_{i,j,k_j}^h \cdot Q_i^h, \tag{5-24}$$

$$t_{e_{i,j-1}}^h \leqslant t_{s_{i,j}}^h, \tag{5-25}$$

$$t_{off_i}^h = t_{e_{i,j}}^h, \tag{5-26}$$

$$\sum_{k_j=1}^{M_j} x_{i,j,k_j}^h = 1,\ i \in \{1, 2, \cdots, n+\alpha T\},\ j \in \{1, 2, \cdots, J\}, \tag{5-27}$$

$$\sum_{i=1}^{n} y_{i,p}^h = 1。 \tag{5-28}$$

其中：式（5-24）为订单 i 的第 j 道工序的完工时间；式（5-25）为工序加工顺序约束，表示工序必须在上一道工序完工后才能开始加工；式（5-26）表示订单下线时间为最后一道工序的完工时间；式（5-27）表示同一时刻一道工序只能在一台机器上加工；式（5-28）订单加工顺序中，每个优先级位置只能对应一个订单。

5.6 数字孪生技术与供应链管理

在现代商业世界中供应链不断生成数据，利用这些数据实现供应链价值最大化，可以使企业在激烈的竞争环境中脱颖而出。因此，一些具有前瞻性的企业开始考虑将数字孪生

(DT) 概念应用于供应链管理。

近年来，随着计算和通信成本的下降，企业采用数字孪生技术变得越来越容易，将促进模型构建工具、仿真软件功能的进一步发展。很多领域如工厂流程、全球供应链、机器维护等领域正在考虑将数字孪生技术投入使用。数字孪生技术可以提高整个行业及跨行业的制造、运输、供应链、医疗保健等方面的业务洞察力和绩效。在每个行业中，数字孪生技术都有很多用途，并提供许多创新的可能性。数字孪生技术可以提供实时监测、预测，并为实时操作提供决策支持，使企业提高效率并节省成本。高德纳公司预测到 2021 年，半数大型工业公司将使用数字孪生技术，这些组织的效率将提高 10%[89]。如果将数字孪生技术运用到供应链物流领域，资产负债表中的供应链收益将增加 10%，而且不是一次性收益，是长期的收益。

在过去十年中，供应链运营领域发生了巨大变化，物联网技术（IoT）出现后，供应链中几乎任何物品都可以实时跟踪，不仅仅是成品，还包括卡车上的轮胎、飞机上的机翼以及运输货物的托盘等。同时，第三方也可以为供应链运营企业提供新形式的数字信息，例如精确的天气预报信息、社交媒体信息以及交通警报信息等。不断扩展的数字智能技术已经产生了大量数据，供应链企业如何利用这些数据实时优化供应链并处理应急情况，是供应链管理领域重要的课题之一。供应链数字孪生技术将会影响供应链的业务流程、运营、员工、合作伙伴和客户的决策等，并能够在供应链持续运营情况下进行供应链最优决策和管理。

5.6.1 面向供应链管理的数字孪生

5.6.1.1 供应链管理现状分析

（1）供应链管理中仿真技术应用的重要性。

在传统供应链管理模式中，经常因信息掌握不及时而导致决策失误，供应链系统复杂、效率低、响应速度慢，存在不可预测的风险。面对供应链中信息流、物流、资金流产生的海量数据，传统方法难以对存在的问题和挑战进行描述与求解，所以在数字化时代，仿真技术成为供应链管理相关人员常用且高效的工具。目前国内企业技术储备不足以收集顾客多元化的需求数据，缺乏有效的沟通平台将供应商、分销商、零售商有机联系起来[90]。特别是在非高科技领域的供应链环节，物联网技术、电子数据交换（EDI）技术等都没有得到大规模的应用及更新[91]。供应链管理技术需要持续改进，才能够在激烈竞争中满足客户的需求，确保按时交付货物和服务。管理企业的供应链意味着每天做大量的决策，并在企业的物流成本和客户的灵活需求之间寻找平衡点，在此过程中存在很多不可避免的不确定因素和随机性因素，供应链流程过长，特别是实际控制过程中遇到障碍需要调整时，往往会因决策不及时而错失商业机遇[92]。尽管一些企业采用了信息化等新技术，许多供应链管理人员仍然面临着供应链网络可视化等问题的严峻挑战。仿真技术一定程度上实现了供应链可视化，但在智能时代，大数据的出现意味着仿真技术需要不断提升与改进。

（2）供应链管理中仿真技术的应用现状。

为实现供应链可视化，仿真技术被不断应用到物流与供应链建模中。常用的仿真软件有 Flexsim，Multi-Agent，Anylogic 等，仿真建模可以帮助企业应对挑战、降低成本以及改善服务，并可以快速清晰地分析供应链中相互关联、动态和随机的事件，进而帮助企业完善决策。

Flexsim 是美国的三维物流仿真软件，能够对系统中所有基本存在的实物对象（如传送带、仓库、集装箱等）构建模型、仿真，实现业务流程可视化，其对象具有开放性，建模速度快。有学者通过 Flexsim 仿真技术对供应链运作流程仿真建模，采取制造商延迟策略，降低整体的库存水平，提高规模经济效益[93]，也有学者通过 Flexsim 仿真技术模拟仓储系统作业过程，结果表明供应链信息共享对仓储作业起着重要的作用[94]。Multi-Agent 系统解决的问题更复杂，多个 Agent 之间可共享问题与方法等信息，从而协调并实现共同目标，这一仿真方法相比其他仿真技术成本更低、效率更高，可重复使用，能有效解决供应链协调问题。Multi-Agent 仿真技术可仿真模拟具有复杂自适应特征的制造业供应链系统，较好地反映供应链内部的运行状况[95]。供应链企业为了选择评价合作伙伴建立模型，不同的 Agent 之间可充分沟通协调，使得评估工作快速有效，且能较好反映合作伙伴之间关系的动态变化[96]。Anylogic 是一款应用广泛的，对离散事件、多智能体和混合系统建模和仿真的工具，也是唯一允许将系统动力学模型组件、基于多智能体与离散事件开发的模型组件相结合的工具。有学者在 Anylogic 平台上进行建模，用于研究闭环供应链库存和牛鞭效应[97]。

（3）供应链管理中采用数字孪生技术的必要性。

虽然仿真技术在供应链管理中应用广泛，但都只是优化其中的部分问题，要实现对整个复杂且动态的供应链与物流系统仿真建模，且可以操控与决策，还是存在一定难度。面对庞大的数据库，信息共享有利于供应链管理系统中各企业的联动，积极融合“互联网+”技术，在企业之间建立信息交互平台，使各方信息传输速率得以提高[98]。数字孪生技术的问世，表明仿真技术应用不再只局限于产品设计和降低物理测试成本，而是扩展到各个运营领域，包括产品的远程诊断、智能维护、共享服务、流程的动态优化等。

智能制造业的转型使供应链体系向协同化转变，由原来相对稳定的供应链体系转变为一种更大范围、更灵活、更多向、更社会化的协同体系。数字孪生技术正在重塑制造业，相关行业也将在数字孪生技术的推动下更新换代。这意味着数字孪生技术在供应链管理中的应用是必然趋势。基于系统理论的供应链需求不断增长，引发了业界尝试运用数字孪生技术解决供应链动态规划，而数字孪生技术可以为企业提供信息共享平台。

5.6.1.2 供应链数字孪生技术已有的应用与展望

通过供应链数字孪生技术，可以在组织内创建流程镜像和提供所有供应链相关业务信息，创建一个连续循环，快速、持续的微调供应链网络，提高端到端供应链的可视性和透明度，为各个产品线的供应链和基准流程设定标准做出明智的决策，改善物流效率。运用数字孪生技术中的模型来识别具有差异或结构故障的供应链低效运行流程，实时监控供应链的流程或在发生特殊情况时采取应急措施，即及时掌握信息，加快响应速度，进一步提高供应链效率。基于数字孪生技术将供应链客户进行细分，为每个客户创建个人资料，即建立一个模型，数字孪生技术可以评估每个独特客户的供应链流程执行情况，提出物理资源和人力资源的最佳利用方案。基于数字孪生技术对现有供应链管理的助力和赋能，使很多企业对供应链数字孪生技术跃跃欲试。

（1）数字孪生技术在供应链管理中的应用案例。

目前，已有企业将数字孪生技术应用于供应链管理中，如世界上最大的轴承制造商 SKF，在其整个分销网络中构建了一个数字孪生模型[99]，包括 800 多个 SKU 的主要数据，涵盖 5 个不同系统的 40 个安装单元。数字孪生技术使该公司的区域化模型转变为全球综合规划模型。根据数字孪生技术提供的数据可视性和完全性，供应链规划人员能够从本地运营转变为全球化决策。

BOSCHERT S 在其报告中指出了数字孪生技术在优化供应链网络方面的优势[100]。第一，实时在线的敏捷性。基于实时供应链运行数据，可提高供应链决策的速度，在其面对不断变化的环境和难以预见的情况时，能够快速响应。第二，通信与协作。供应链组织与供应商、合作伙伴和客户可以实现实时通信与协作，根据可靠的最新数据做出决策。第三，智能优化。通过将人和机器的数据与高级分析及预测性见解相结合，供应链运营商可以优化人机决策。第四，点到点的可视化。数字孪生技术可以随时查看整个供应链，实现对其绩效关键方面的可视化管理。这种可视化可以跟踪物料流、掌握进度以及平衡供需。第五，整体决策。通过对供应链的全球运营视图，企业可以实施跨业务决策。这些优势通过与客户建立更紧密的联系，提高客户的参与度，同时供应链企业可以根据用户的需求改善定制服务的体验，使客户忠于品牌并扩大企业的业务范围。总之，数字孪生技术使供应链管理企业能够快速、持续地微调其实时供应链网络，帮助企业做出更明智的决策，比以往更快地适应不断变化的环境。数字孪生技术将供应链运行的实际变化转变为数字信息，为供应链企业提供其供应网络运行方式的全球化运营图，缩短供应链的反应时间，使企业更有效地满足消费者的需求。

（2）数字孪生技术在供应链管理中的应用展望。

在未来，随着数字孪生技术的发展，还可将此技术应用在逆向供应链管理、应急物流等业务中。

第一，在逆向供应链管理中的应用。为了重新获取产品的使用价值或正确处置废弃产品，应在检验和分类处理的工作环节就检验回收产品的质量，这可以为逆向供应链中各个产品制定恰当的处理策略提供相关的信息。通过数字孪生技术对逆向供应链流程建立仿真模型，企业可确定对回收产品特性评判的标准，机器根据标准自动对回收产品进行分类。各种标准的产品包括再使用产品（即可直接再使用或再销售的产品）、需升级产品（即需要对产品进行再包装和修理、修复或再制造的产品）、原料恢复产品（包括拆用配件和再循环）、废物处理产品（包括焚化和掩埋产品）。生产商在面对退回产品时，要充分利用数字孪生技术建立数据模型，在检验与分类处理的过程中自动分析回收产品存在的缺陷，以便管理者在正向供应链中使用这些信息对产品设计进行改造，可大大提高企业效率。通过数字孪生技术为逆向供应链提供机会来模拟、验证和优化整个生产系统，并测试如何依靠生产流程、生产线和自动化来构建产品的所有主要部件和子组件，帮助计划团队设计一个有效的物流解决方案来满足生产线的需要。为了实现“智能工厂”，也可将自动导向的车辆、机架、箱子和运输工具列为生产系统的数字孪生体的一部分。

第二，在应急物流中的应用。应用数字孪生技术建立应急物流供应链数字孪生体，分析所有突发事件的不确定性因素，建立应急物流数据库以及风险分析模型，进而制定规范（具有系统性、科学性、针对性、可操作性）的应急预案，在这个虚拟的空间内根据模拟的各种可能发生的紧急情况进行“实战演练”，进一步提高政府官员或者企业人员对危机管理的意识。当然，应急物流工程在完成“应急”任务的基础上，也应充分考虑物流成本。通过数字孪生技术可以对运输路线进行优化以及加强对应急物资的有效管理。如面对自然灾害、公共卫生事件时，不仅要选择最优路径，还要对应急物资储备量进行预测，避免不必要的资源浪费，从而对物流成本做出更精确的预算。数字孪生技术在应急物流中的应用，可以保证一旦有突发事件，数字孪生系统能够以最短的时间对不同的应急物流预案进行评价和排序，从而确定最优方案。

5.6.2 供应链数字孪生技术面临的挑战

数字孪生技术的应用将会给供应链管理工作带来前所未有的便利，并为供应链核心企业及相关方创造巨大的价值，但同时在供应链数字孪生过程中会面临新的挑战，如节点数据采集困难、建模环境复杂、缺少数字孪生标准、数据所有权问题及数据滥用和安全问题等。在此，针对供应链节点数据采集以及供应链子系统建模过程中面临的问题和挑战展开具体讨论与分析。

5.6.2.1 关于供应链节点数据采集

供应链是复杂、协调和自适应的系统，其流程在很多方向上流动，并且通常是同时进行的。因此，供应链数字孪生技术的关键在于细节，软件产生的答案或决策的质量在很大程度上取决于供应链数据采集的可行性和准确性。

（1）需要明确供应链采集的范围。

数字孪生的关键技术是对整个供应链进行建模。数字孪生必须根据经济架构（收入、利润、投资回报率、成本优化）来衡量业务概念和模型，并在产品/服务推出时掌控进程。其中供应链业务、财务和运营部分数据还需要参考销售和运营计划等方面的数据。

（2）模型必须与相关数据配对才能成为数字孪生。

从技术角度看，软件必须能够协调最终可能影响供应链的所有数据，这意味着必须考虑许多数据类型，包括从传统的供应链输入到非传统的数据来源（如 CRM 数据），甚至是非结构化的在线数据，这些数据都会影响需求感知。而传统的企业 ERP 数据或基于电子表格数据都不适合此目的。环境及其运作方式的数据至关重要，如果没有数据则无法验证模型，并使所有预测和决策都会受到影响。另外，数据必须做到随时更新，同时数据代表的含义必须一致。

（3）物联网技术背景下中小企业采集数据的能力不足。

随着计算和通信成本的下降，物联网将变得越来越普遍，并且更容易提供必要的数据流。基于物联网技术的实现，数字孪生的数据采集愈加重要，连接设备必须向模型报告运营数据，以进行处理和分析。但是，有关全自动数据采集系统的方法并未在中小企业中广泛传播，一方面是由异构数据库引起的，另一方面是由不充分的数据处理系统引起的。此外，由于中小企业实现工业 4.0 的能力不足，数字孪生对中小企业发展的优势尚不清楚。

（4）供应链系统尚无法共享数据。

已有的供应链运用中虽然生成了大量数据，但无法共享，更无法在共享数据的情况下运行各自的应用程序。

当然，仍有许多未解决的数据采集问题，例如缺少数字孪生的标准、数据的所有权问题以及非常重要的数据滥用和安全问题等。

5.6.2.2 关于供应链系统建模环境

供应链可以在多种场合应用，顾客对供应链系统的需求是多样化的，供应链需求的不确定性、时间约束的紧迫性、峰值性、弱经济性、非常规性以及政府和市场的共同参与性等都要求供应链管理必须高效。从供应链系统的复杂性角度出发，数字孪生技术的发展可能面临以下挑战。

（1）重新设计和优化系统建模工具。

并非针对当今可用的传感器和物联网数据的种类与数量，需要软件重新加工以便将这些新功能提炼为虚拟且有用的东西，并重新思考业务的设计、构建和操作。

（2）面向供应链管理的数字孪生建模环境应具备可扩展性，其中包括数据可扩展性和功能可扩展性。

在数字孪生中，一旦有新的数据源可用时，该模型如何扩展是亟待解决的问题。真实的供应链系统模型涉及很多组件和要素，并且可能在较短时间内变得更加复杂。因此数字孪生模型应能扩展到多个领域。例如，供应链分析可以从仓库和零售业务建模中受益。但是，对这些环境进行建模可能需要采用不同的数据和方法。将复杂且不同的流程和操作结合起来需要灵活的建模环境，理想情况是能够连接不同的建模方法。

（3）数字孪生系统的安全性。

一旦实施了供应链数字孪生，业务合作伙伴之间就需要相互信任，同时为确保供应链相关企业之间的信息安全，还需要符合要求的系统安全监管机构，以确保利益相关方和客户数据的安全性和可用性，最终实现数字孪生模拟没有偏差且结果可验证。

（4）仿真软件的依赖性和建模工具单一化。

最大限度地减少用于创建和操作数字孪生的软件平台数量有助于简化支持、维护和进一步开发模型。开发数字孪生需要捕捉必要的现实世界的复杂性，这通常需要不只一种建模方法。多方法建模环境可以通过提供单个工具来准确捕获所有必需的详细信息，从而简化开发流程，且单一工具的使用可以加快部署速度。

目前，我国经济社会已进入数字化时代，国家智能物流骨干网建设也要通过数据来驱动网络运营，实现实体的物流物理网络和虚拟的物流数字网络“软硬结合”，需要合适的数字孪生技术。国家智能物流骨干网还应该鼓励商业模式创新，既让建设者有市场回报，又具有公共基础设施属性，实现全网共享，服务于全社会。

整体而言，数字孪生涵盖了整个供应链业务流程范围，从最高级别的大型流程和网络资产到最低级别的工作指令。如果没有人工智能，这种完整的模型是不可能的，涉及机器学习（包括深度学习）和图像、语言处理等各种领域。在整个过程中，数字孪生涉及人类行为模式分析、数学建模和决策，目的是寻求更好的操作和决策。当前，数字孪生可以在一定程度上实现可预测性和自我改进，这比以往的任何模型都更准确。同时物联网技术的进步对于数字孪生的成功至关重要，可以运用传感器或者物联网技术收集大量数据，从而实现数字孪生中的模型与现实之间的交互。只使用传统模拟技术来模拟整个商业难题，相当于放弃了利用业务运行的实时数据改善业务，因此数字孪生的运用水平可以被视为改善业务运营和提高竞争优势的重要因素。

随着数字孪生作用的逐渐加大，制造商会更有动力为每个客户甚至每个产品创建一组数字孪生。在这种情况下，供应链管理利益相关者必须尽早参与数字孪生的开发，并基于供应链全球化视角定义和完善数字孪生的项目和产品。分析大量数据，工作烦琐，成本非常高，同时构建数字孪生的过程非常耗时。但是，我们认为，在供应链上使用数字孪生，并为托运人、货运代理商、承运商等供应链节点企业提供全球贸易的可视化是有价值的，预先构建供应链数字孪生可扩展框架，是为所有利益相关者获取收益的关键。

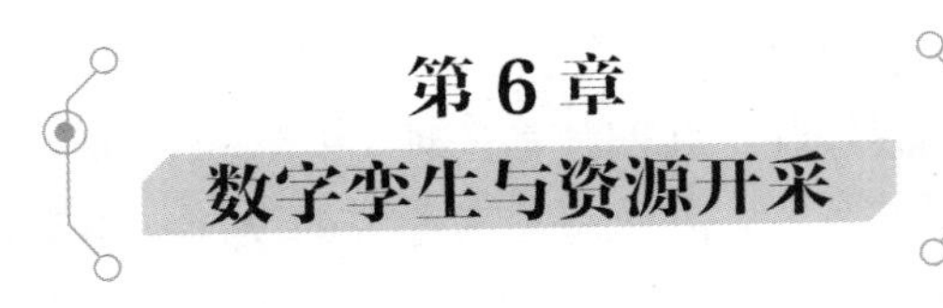

第6章 数字孪生与资源开采

资源开采成套装备不断向自动化、智能化、无人化发展，在“工业4.0”“中国制造2025”“互联网+”等时代大背景下，新一代信息技术，包括云计算、混合现实、大数据、物联网和信息物理系统等已经逐步开始与现代工业深度融合，这些都迫切要求我国无人智能采矿技术必须再加力再加速。

6.1 基于数字孪生的综采工作面

6.1.1 基于数字孪生的综采工作面生产系统设计与运行模式的总体模型与运行流程

6.1.1.1 总体模型

如图6-1所示，基于数字孪生的综采工作面生产系统（digital twin fully mechanized coal mining face，DTFM）主要由物理综采工作面（physical fully mechanized coal mining face，PFM）、虚拟综采工作面（virtual fully mechanized coal mining face，VFM）、综采设计与监控服务系统（fully mechanized coal mining face design and monitoring system，FMDMS）和综采孪生数据（fully mechanized coal mining face digital twin data，FMDTD）组成。其具体关系为：基于FMDMS的设计模块和监控模块提供的设计理论方法和监测监控底层运行模型，通过PFM和VFM在要素级、单一系统级和生产系统级的双向真实映射与实时交互，以及FMDTD提供的知识库、历史数据和装备实时运行数据等的实时更新，实现PFM，VFM，FMDMS的全要素、全流程、全数据集成和融合。在FMDTD的驱动下，实现综采工作面生产要素管理、生产过程预仿真与实时控制等在PFM，VFM，FMDMS的迭代运行，从而在满足特定地质条件的约束前提下，达到综采工作面生产系统配置和装备协同安全高效开采的目的。

6.1.1.2 运行流程

运行流程如图6-2所示。

（1）阶段①是对工作面要素管理的迭代优化过程，反映了DTFM中PFM和FMDMS的交互过程，其中FMDMS起主导作用。当DTFM接到一个生产任务（主要是煤层探测数据以及相关条件和参数等输入）时，FMDMS中的设计模块在对应的综采煤层和装备选型数据库中的历史数据及其他关联数据的驱动下，对生产要素进行分析、评估和预测，得到设备选型配套及布置、采煤工艺与流程等初始配置方案，指导PFM进行设计。PFM将各工

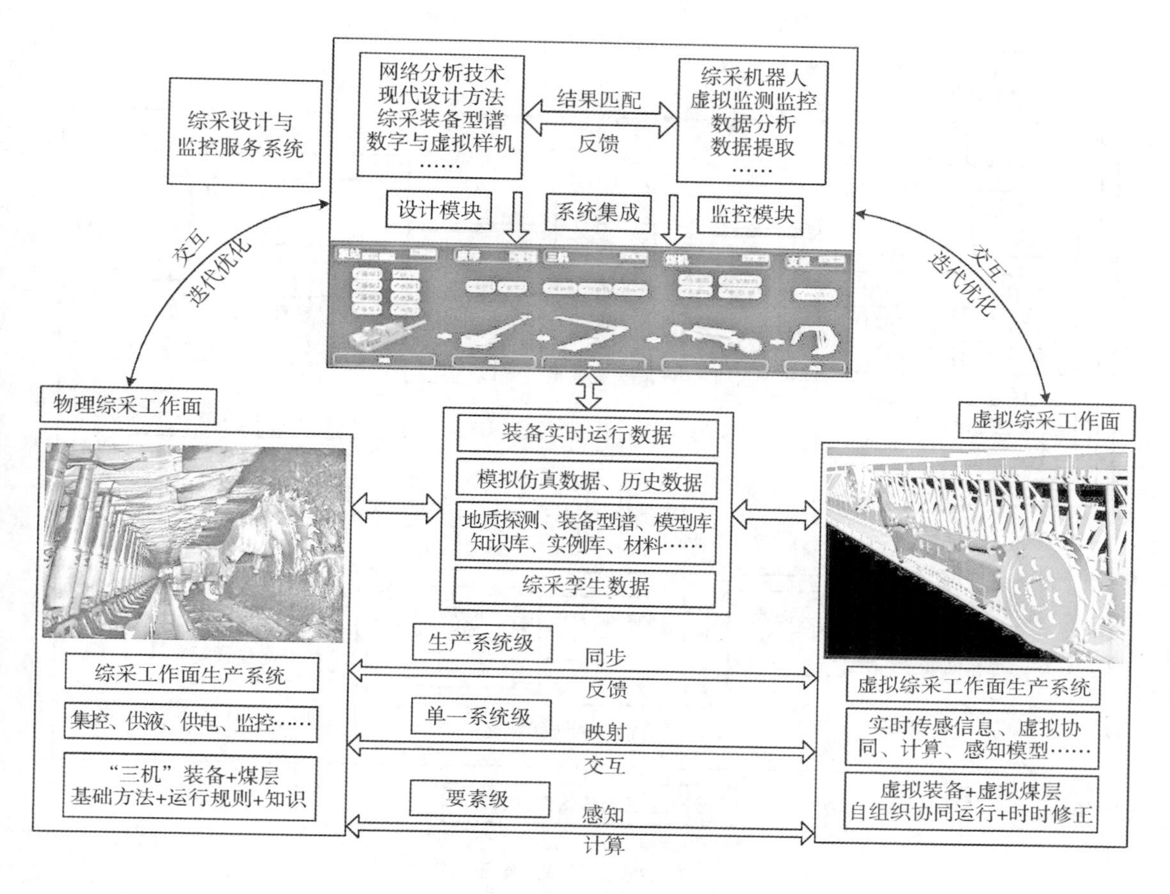

图 6-1 总体模型

作面要素实际布置过程中的实时数据发送给 FMDMS 继续进行模型推理、实例推理和优化，并指导工作面要素进行相应修正。反复迭代后，获得工作面要素的最优配置。

（2）阶段②是对生产计划的迭代优化过程，反映了 DTFM 中 FMDMS 与 VFM 的交互过程，其中 VFM 起主导作用。VFM 接收阶段①生成的初始的最优工作面要素的配置，生成与 PFM 完全一致的虚拟工作面，建立设备、煤层等虚拟模型，并将设备布置在虚拟煤层中，赋予其对应的运行行为，在 FMDTD 中的历史仿真数据、模拟实时数据以及其他关联数据的驱动下，基于各种要素、行为及规则模型等，并模拟实际运行中遇到的各种干扰和问题，对综采生产计划进行仿真、分析和优化。仿真分析结果传送至 FMDMS，并对生产计划做出修正及优化，最后返回至 VFM。反复迭代后，获得最优的生产计划，生成生产过程运行指令。

（3）阶段③是对生产过程的实时迭代优化过程，反映了 DTFM 中 PFM 与 VFM 的交互过程，其中 PFM 起主导作用。PFM 按照阶段②生成的生产过程运行指令进行实际生产，并将实时数据传输到 VFM，VFM 将实际运行数据与预定义的生产计划数据进行对比，输入实际扰动因素继续进行虚拟仿真，对生产过程进行评估、优化及预测等，发现运行中可能出现的问题，将生产运行优化指令以程序的形式输入到集中控制系统中，以实时调控指令的形式作用于 PFM，对生产过程进行优化控制。如此反复迭代，直至实现生产过程最优。

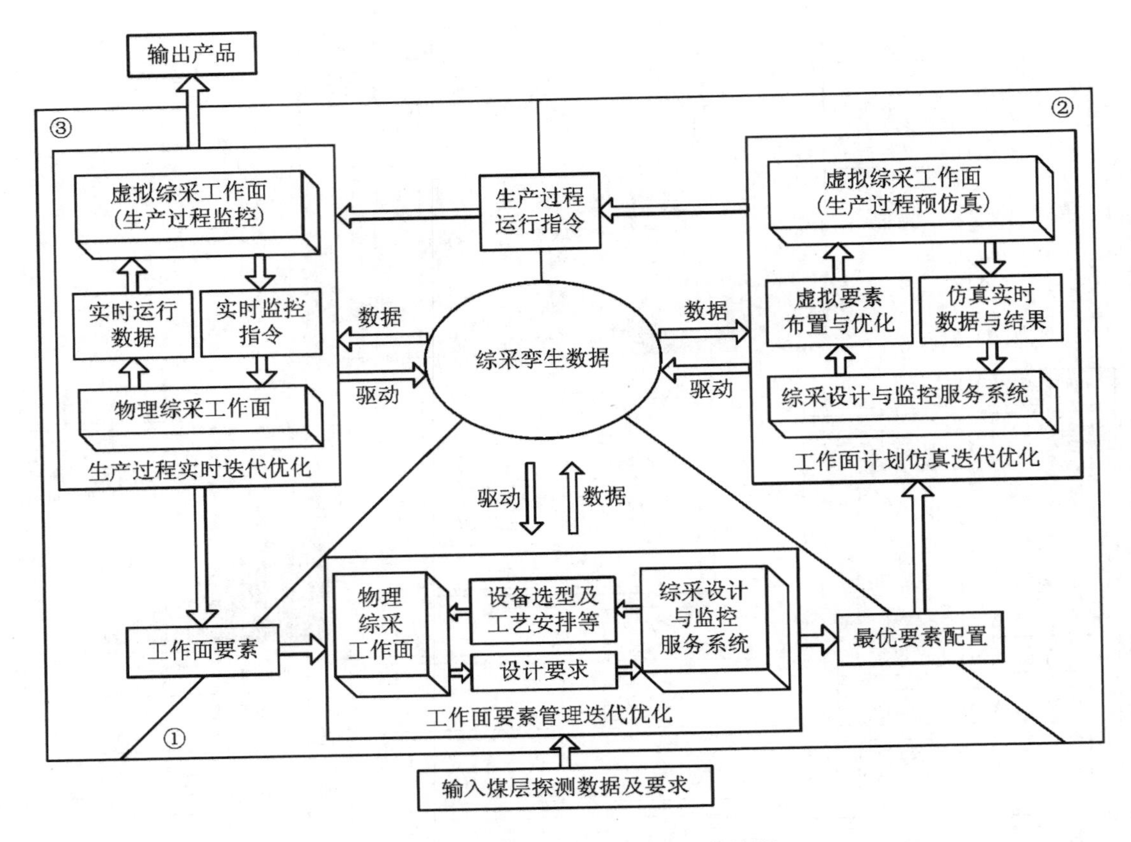

图 6-2 数字孪生综采工作面运作流程

6.1.2 数字孪生综采工作面关键技术

6.1.2.1 第一阶段：综采工作面生产系统设计理论与方法

（1）进行综采装备产品全生命周期的设计综采装备设计需参照通用机械产品的设计过程，大幅度提高产品的数字化设计水平，建立贯穿全生命周期适用于各个生产阶段的数字样机，与虚拟样机进行协同设计。在设计过程中，还需结合产品在井下的实际运行工况，对综采装备的一些特殊需求进行特异性的设计。具体过程为建立系列化综采装备产品，将互联网、数据库与现代设计理论方法相结合，实现综采装备产品的概念设计、参数化建模、虚拟装配、计算机辅助工程（computer aided engineering，CAE）分析、优化设计、可靠性设计、知识管理等过程的数字化、网络化、智能化与集成协同化。建立综采装备产品知识库，包括实例库、零件库、材料库、CAE 分析知识库等，运用混合知识表示模型，实现设计实例、规则和设计过程的表示和封装，有效管理综采装备产品的设计知识。突破综采装备设计制造的共性关键技术，包括网络环境下各商业设计软件（MATLAB，ANSYS，UG，ADAMS）的协同调用技术，整机和关键零部件的虚拟样机建模技术，动力学、静力学、刚柔混合动力学分析技术，结构强度、优化设计、结构模态和疲劳寿命分析技术。最终实现综采装备的设计数字化、资源集成化、运行网络化、管理信息化、服务智能化、过程自动化，进而缩短产品研发周期、降低产品研发成本，提高产品质量、提升产品市场竞争力。

（2）进行煤矿企业选型配置设计在综采装备产品设计的基础上，进行综采生产系统的选型配置设计。主要包括：

①建立常见的综采装备型谱，建立一系列生产过程的虚拟模型及其行为库，包括装备特征尺寸数据库、装备性能参数库、装备特征化仿真脚本库、装备特征零部件参数化模型库、装备整机装配模型库，构建完全可以模拟装备真实行为的数字化虚拟装备。

②构建综采生产系统多层次知识模型，建立工作面关键要素的知识库，以更好地服务综采的设计过程。建立的对象主要包括“人—机—环境”等，其中：“人”是指能对设备发生控制指令的操作物体，是一个狭义的概念，需要考虑控制系统的自动化水平以及操作工人的主观能动性；“机”主要指综采装备，包括“三机”（采煤机、刮板输送机、液压支架）、液压系统等相关综采装备及其行为；“环境”包括煤层、围岩、矿压、顶板破碎和各种灾害（水、火、瓦斯等）。

③依据数据构建虚拟煤层，全部由地质真实数据实时驱动生成，并可提取煤层曲面的特征数据，转化为装备可以运行截割的路径。

④以上述三者为基础，构建智能综采跨领域设计、仿真一体化软件工具，高效、快速地实现工作面要素的最优配置。

6.1.2.2 第二阶段：虚拟综采仿真分析

（1）综采工作面元素布局及虚拟仿真运行一体化软件开发。

①首先将综采装备快速布置到虚拟煤层中。需要根据装备配套、运动约束关系和极限姿态条件，建立装备工作空间的参数化模型，进而研究虚拟环境下装备定位及运行方法，包括采煤机和刮板输送机联合定位定姿虚拟方法、刮板输送机与虚拟底板耦合分析方法、基于顶底板曲线与地理环境的液压支架定位定姿方法、液压支架与刮板输送机中部槽浮动连接虚拟方法等，将以上方法进行集成设计，以达到虚拟环境下装备协同推进仿真的目的。

②综采装备运行规律模型研究。该模型是指在井下各种可能出现的驱动及扰动作用下，对装备行为顺序性、随机性、并发性、联动性等特征进行刻画的行为模型。其中：驱动主要是指预先制订好的生产计划和规划；扰动包括地质信息探测不准确，或者机载传感器探测失效造成的问题，主要包括采煤机自动调高存在误差率导致滚筒截割岩石的问题、刮板输送机超载的问题、液压支架姿态的问题（倾倒、矿压、顶板破碎等）、直线度问题（主要是“三直一平”，煤壁直、液压支架直、刮板输送机直，截割顶、底板平等）。规则包括根据综采工作面的运行及演化规律建立的评估、优化、预测等规则模型。

③仿真的方法主要为半实物仿真和离线仿真。能够提供分布式仿真系统的运行支撑环境；能够实现综采装备在地理环境下协同的三维可视化环境仿真演示；综采工作面生产系统离线仿真包括综采装备截割路径自主规划，煤壁模型实时修正；虚拟行为编译，动态运行配套，动态参数实时可变的动力学、有限元分析，与工程分析软件进行及时的协同与融合，以及材料、疲劳等综采装备虚拟状态监控参数是否全面，是否能实时记录仿真数据等。

（2）仿真可信度评估新方法。仿真方法解决后，需要对仿真系统仿真结果的可信度进行评估，采用新型融合虚拟现实（VR）架构下组合模型可信度智能评估的新方法，支持具有“动态演化、可重用、可扩展”等特征的复杂仿真系统可信度评估。

（3）无人综采装备体系建模与仿真协同智能演进方法在取得足够信任的仿真结果后，即可在仿真系统中将装备作为“机器人”进行运转，建立全方位自主运行仿真无人综采工作面。在此基础上，研究虚拟环境下无人综采装备集群的动态复杂环境感知、协同控制、通信交互等建模仿真方法和自组织协同规划方法，为无人综采装备体系的设计、评估提供理论基础。

（4）基于数字孪生的真实煤层运行模拟仿真技术突破、基于真实煤层运行模拟仿真虚实映射快速建模、基于孪生数据仿真的模拟仿真预测与工艺优化、模拟仿真过程的在线补偿与精准控制等关键技术，研制智能综采模拟仿真优化原型系统，实现综采装备与煤层联合虚拟仿真运行过程的实时智能闭环控制，达到安全高效开采的目的。

6.1.2.3 第三阶段：综采生产系统在线虚拟监测与控制

（1）虚拟监测，包括运行监测、协同监测、分布式的网络协同监测和动力学监测。

①运行监测。实时采集综采装备运行在线数据，驱动虚拟场景进行同步，从而直观监测整个工作面运行状态。

②协同监测。在监测软件后台，利用半监督理论模型，建立协同运行数学模型并进行实时测算，进行基于数据驱动和模型融合的虚拟监测，同步预测装备运行状态，从而提高监测的可靠性和准确性，并具备自修正功能。

③分布式的网络协同监测。利用局域网协同技术，分布式地处理获得的各装备实时运行的状态数据，各监测主机实时分享和同步状态，减小网络压力，加快数据处理速度。

④动力学监测。虚拟现实监测软件进行二次开发，找到各工程分析软件接口，与MATLAB，ADAMS，ANSYS，AMESim等工程分析软件进行实时交互，获取动作数据和状态。比如：采煤机实时受力状态通过截割阻力、截割电机温度、电流数据传回监测主机，并通过接口进入ADAMS进行动力学分析，然后进行采煤机摇臂等关键部件的ANSYS受力分析，依次完成采煤机整机ADAMS动力学分析、采煤机摇臂等关键部件的ANSYS受力分析和采煤机调高液压系统的AMESim分析，并将实时运行分析结果返回虚拟监测软件，进行实时呈现。

（2）对底层实时数据进行仿真运算，构建大数据驱动的综采生产系统过程数字孪生仿真平台，实现智能综采工作面在线实时虚拟运行、智能综采离线和在线仿真与优化等功能，形成智能综采虚拟重构解决方案。

（3）虚拟反向控制。将智能综采虚拟仿真实时优化控制结果输入到实际综采装备控制系统中，实现物理系统运行控制的最优化。建立基于数据驱动的数字模型与物理工作面控制系统同步运行验证机制，实现智能综采的虚拟验证与同步运行。

（4）综采机器人自主完成采煤任务，即所谓的“无人开采”。将智能化综采装备升级为综采多智能体系统，在复杂未知地质环境或部分已知但缺少足以提供截割信息精度的地质环境下，集成综采多智能体协同感知、规划与控制各环节，基于全局正常或局部失效或完全失效情况下的多智能体任务建模与分配模型、智能体间信息交互与共享机制，运用动态自组织理论与方法，实现复杂环境下的综采多智能系统自主协同，实现综采多机器人系统协同群集运动控制。

6.1.3 案例

在本实验室条件下，初步实现了数字孪生综采的一个设计原型系统，三个阶段可以分别完成综采装备的数字化设计、综采生产系统的虚拟仿真与优化和综采生产系统的实时虚拟监测与控制等功能。

（1）第一阶段建立了综采装备数字化设计系统，设计原理图如图 6–3 所示，由概念设计子系统、CAD 参数化建模子系统、虚拟装配子系统、CAE 分析子系统、设计服务子系统、知识管理子系统、文献与培训子系统、其他辅助功能子系统 8 个子系统组成，并建立了实例库、材料库、零件库、知识库和模型库，各环节数据可以相互传递，从而完成从综采装备的前期概念选型设计阶段到建立真实条件下的产品数字化样机整个装备全生命周期设计流程（见图 6–4）。

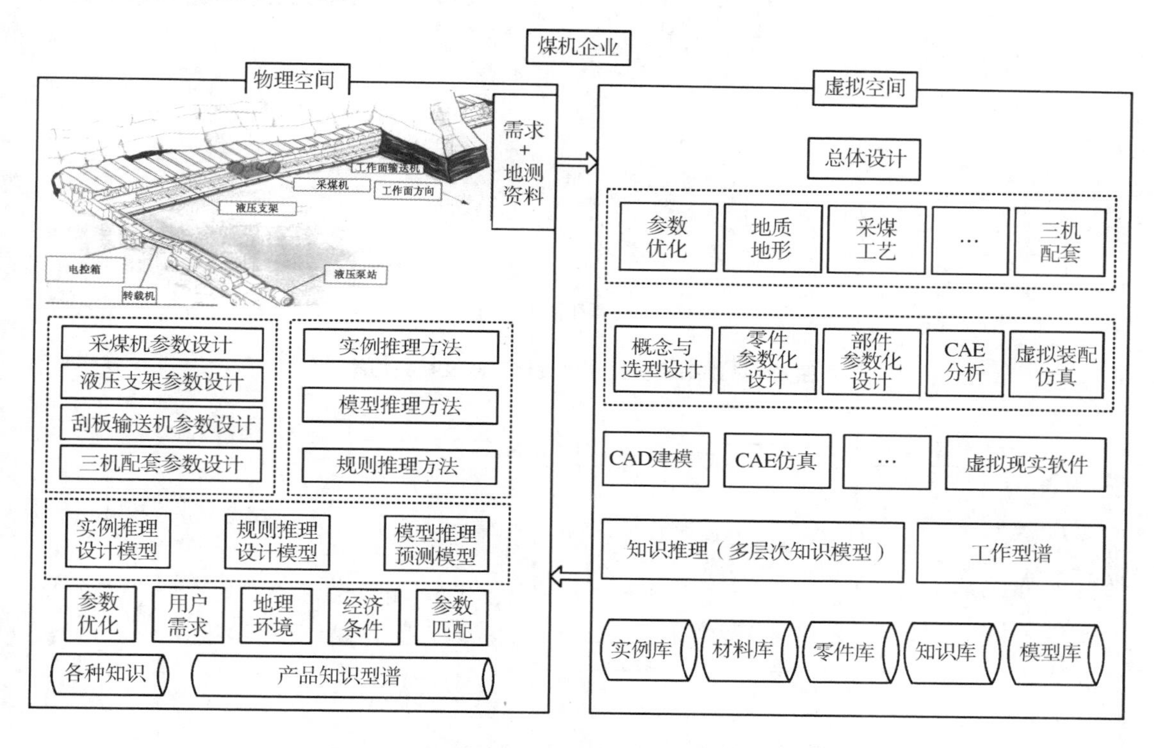

图 6–3 原型系统第一阶段数字孪生设计对应图

各装备设计完成后，利用建立的综采数字模型和煤矿综采成套实验系统，完成相关配套预算工作，在 Unity3d 软件中进行装备虚拟配套，并设置相关采煤工艺参数进行仿真。具体过程为：首先根据采煤地理环境条件和装备条件的需要，利用装备选型设计与方法模块从综采装备选型数据库中选出装备具体型号，输入数字化装备模块，进而关联装备特征尺寸数据库和装备性能参数库中的特征参数，并将参数传递进入装备特征化仿真脚本库和装备特征零部件参数化模型库，进而生成装配特征零部件参数化模型，并通过装配模型库生成整机模型，构建可以完全模拟装备真实行为的数字化装备。模型的建立需要进行轻量化设计，去除复杂的内部传动结构，在外形上要与实际装备模型一致，使得在虚拟仿真中对服务器软硬件资源开销最小，关键零部件配合及整机模型可实现数据参数化驱动，并能完整地表达装备配套运行关系；然后在 Unity3d 软件中构建虚拟煤层模型，全部由地质真实数据实时驱动生成，同时提取煤层曲面的特征数据，转化为装备可以运行截割的路径，从而完成综采工作面要素的配置。

（2）第二阶段数字孪生设计原理图如图 6–5 所示。将第一阶段建立的数字化装备模

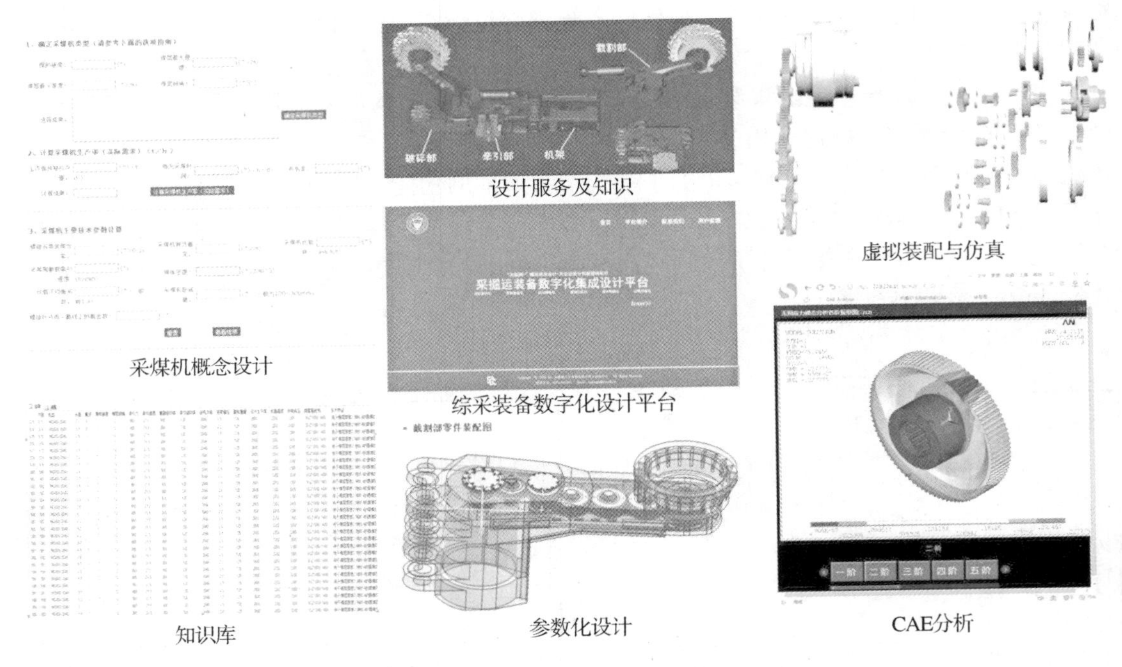

图 6-4　综采装备数字化设计系统及相关功能

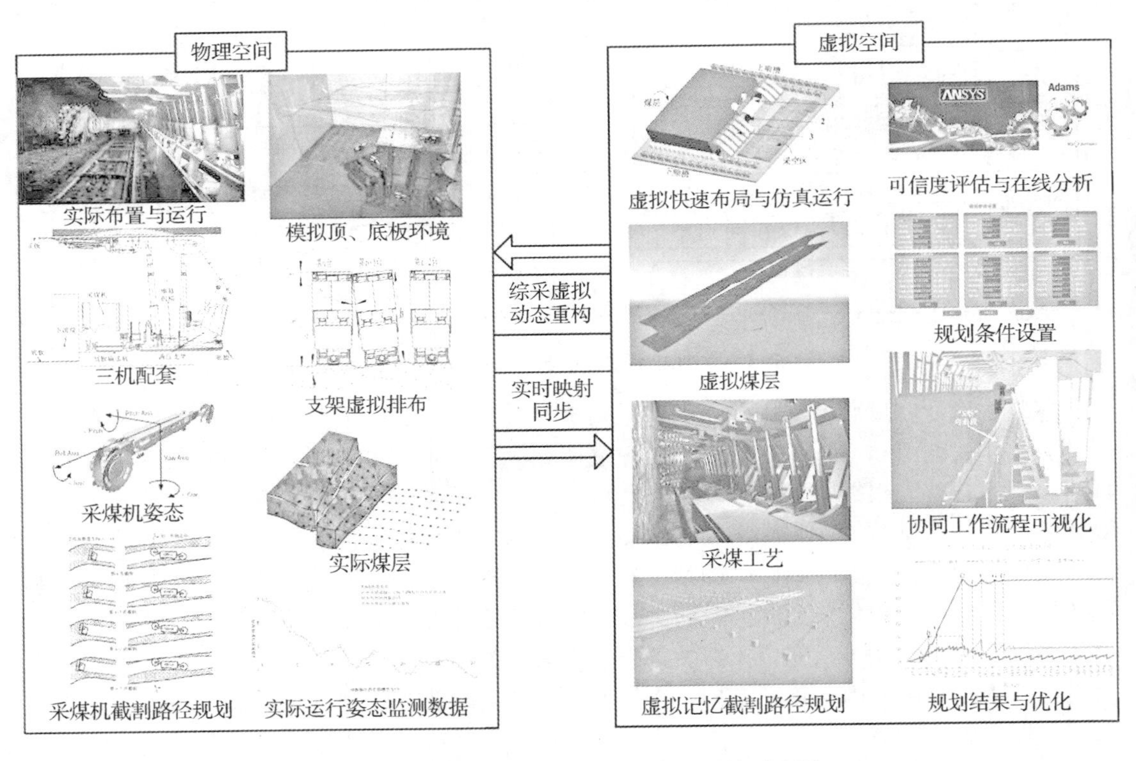

图 6-5　原型系统第二阶段数字孪生设计对应图

型导入 Unity3d 软件中，将数字化装备按照井下实际排布规则布置在虚拟煤层中，利用底层嵌入的多种采煤关键参数模型和实时运行记录下来的数据，按照方案设计输入不同的规划条件进行虚拟仿真，并实时记录采煤机牵引速度、刮板输送机负载和液压支架跟机等关键参数规划数据。利用不同方案虚拟仿真结果的对比，处理模块完成性能参数、工艺参数等优化问题，进而按照优化结果进行运行，从而达到指导生产的目的。

这解决了煤炭生产企业快速选择配套装备以及针对特定井下地质地形条件对预选装备方案的提前测试问题，提前发现装备运行中可能出现的各种问题，在众多方案中选择最优方案，达到综采虚拟仿真的全生命周期的最优设计。

（3）第三阶段综采虚拟监测监控设计原理图如图 6-6 所示。本实验室拥有煤矿综采成套试验系统，已完成智能化改造；加装集中控制中心；配备液压支架电液控制系统、工作面智能控制系统和视频监控系统。具备模拟井下实际工况条件下的综采装备运动学能力，可以实现远程自动化采煤。在全套设备以及人造顶、底板环境上布置相关传感器，实时采集数据，并通过高速通信网络传回顺槽集中控制中心、远程调度中心和 VR 实验室。将编译的各装备 VR 系统进行整合和汇总，编译完成综采装备 VR 系统；然后提取装备数字化模型各变量，建立数据接口，接入实时传感信息进行实时数据采集。实时数据驱动虚拟综采工作面，分别在三个平台进行 VR 监测。操作人员可以利用“虚拟画面+视频+数据”在模拟的顺槽集中控制中心操作面板上，按下按钮，对设备运行进行远程人工干预；也可在 VR 实验室，利用多种虚拟现实人机交互手段与虚拟人机交互界面进行虚拟操作，VR 硬件与软件对操作人员位置、姿态和动作进行捕捉，将虚拟操作转化为现实指令并接入集中控制中心进行真实设备的操作，指引相对应操作的设备完成调整工作，进而完成远程人工干预和巡检任务，并对真实的综采工作面实时运行工况进行真实呈现，从而达到监控的目的。在远离生产现场安全的地方直接对运行异常的设备进行远程人工干预，且支持多人进行协同和同时巡检工作。

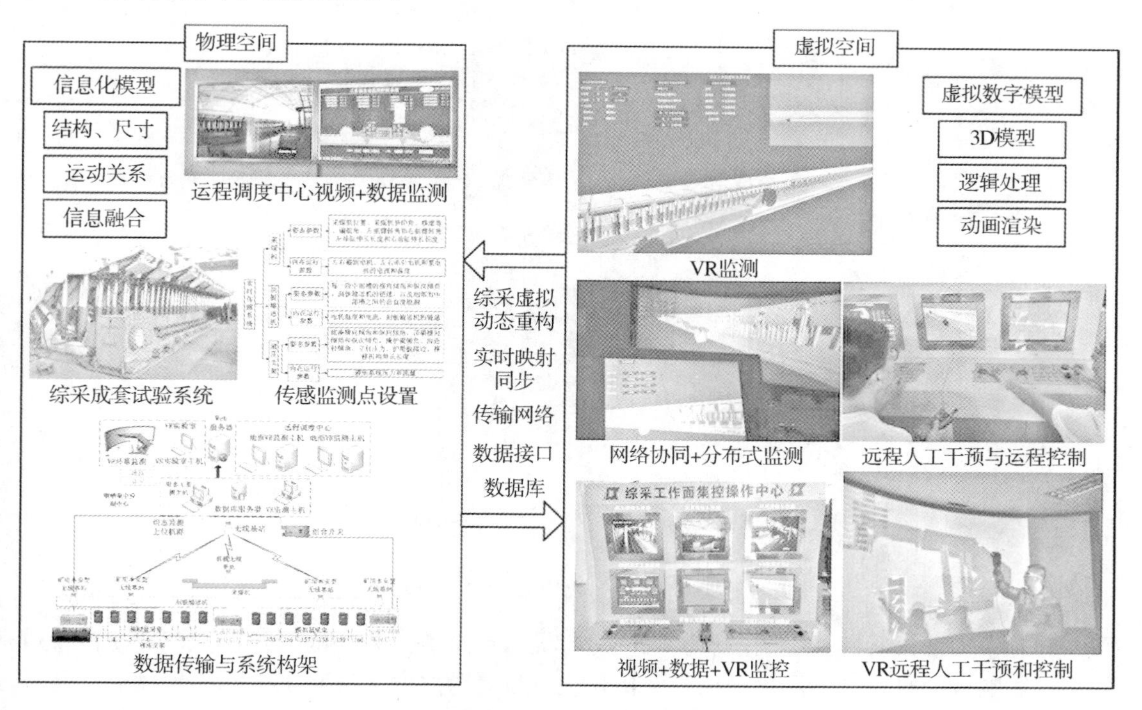

图 6-6 原型系统第三阶段数字孪生设计对应图

6.2 数字孪生与管道设计

传统管道设计思路基本为串行设计，按照可行性研究、初步设计、施工图依次进行，虽然主流管道设计大多已经采用三维设计方案，但三维模型通常是静态的，对设计人员经验依赖性较强，利用率不高，对管道系统全局性考虑较少。

管道数字孪生体赋予三维模型新的生命力，基于高保真动态三维模型，关联各种属性和功能定义，包括材料属性、感知系统、有限元模型等，可反馈现实世界管道系统实际施工、运行、维护等数据，实现线路、工艺、设备、控制、电力、建筑等全要素、全过程仿真模拟。管道数字孪生体在设计前期即可识别异常情况，从而在尚未施工时，即可提前避免管道设计缺陷，使设计发生根本转变，实现面向管道运行维护的设计和优化。此外，数字孪生体还可以持续累积管道设计和建设的相关知识，帮助设计人员不断实现重用和改进，实现知识复用。

管道数字孪生体包含线路、站场、建筑三个方面（见图 6-7）：

①管道线路包括测量三维、地质三维、基于地理信息系统（geographic information system，GIS）的选线、多专业协同施工图。

②管道站场包括工艺、仪表自动控制逻辑、电力系统、三维施工图等。

③建筑方面包括建筑信息模型建模、建筑内辅助设施、钢结构。

多专业设计数据融合集成后，模拟现场工艺、控制、环境影响等方面进行虚拟验证，根据验证结果对数字孪生体进行更新和迭代优化。同理，施工阶段和运行阶段的数据均可代入管道数字孪生体进行更新。

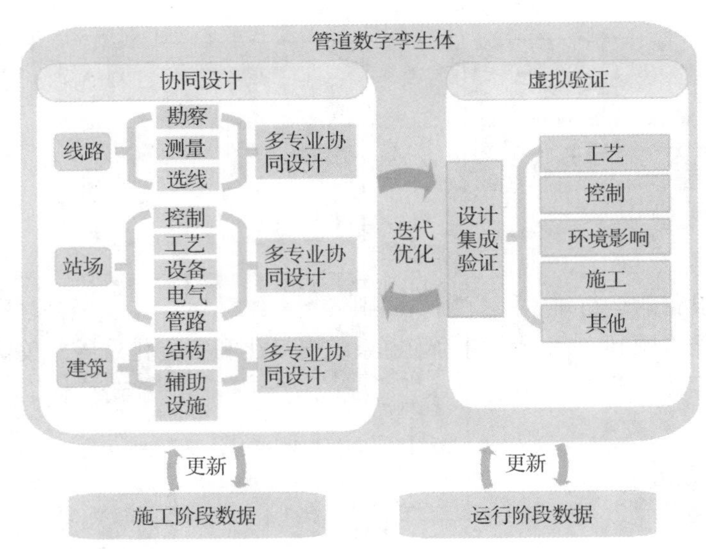

图 6-7 基于数字孪生体的管道设计过程示意图

随着中国油气管网建设的发展，管网运行灵活性显著提高，网络化运行模式使得管道间相互影响日趋复杂，管网集中调控及优化运行难度随之增大。基于数字孪生体的管网调度模式，如图 6-8 所示，通过物理实体管道系统与管道数字孪生体进行交互融合及相互映射，实现物理实体管道系统对管道数字孪生体数据的实时反馈，使管道数字孪生体通过高度集成虚拟模型进行管网运行状态仿真分析和智能调度决策，形成虚拟模型和实体模型的协同工作机制，达到二者的优化匹配和高效运作，实现管网动态迭代和持续优化。此外，基于数字孪生体的管网调度模式，承接设计阶段的工艺、控制、设备虚拟模型，接收实时采集的工艺参数、控制参数、设备状态参数等数据，并考虑其耦合作用，通过不同学科的仿真组合进行系统协同仿真，更准确、全面、真实地模拟管网复杂运行过程并进行趋势预测，采用遗传算法、人工神经网络、群体智能等新兴智能优化算法进行优化控制，整体解决压缩机组/泵机组启停选择、运行工艺参数设定、管网资源调配及流向优化等问题。

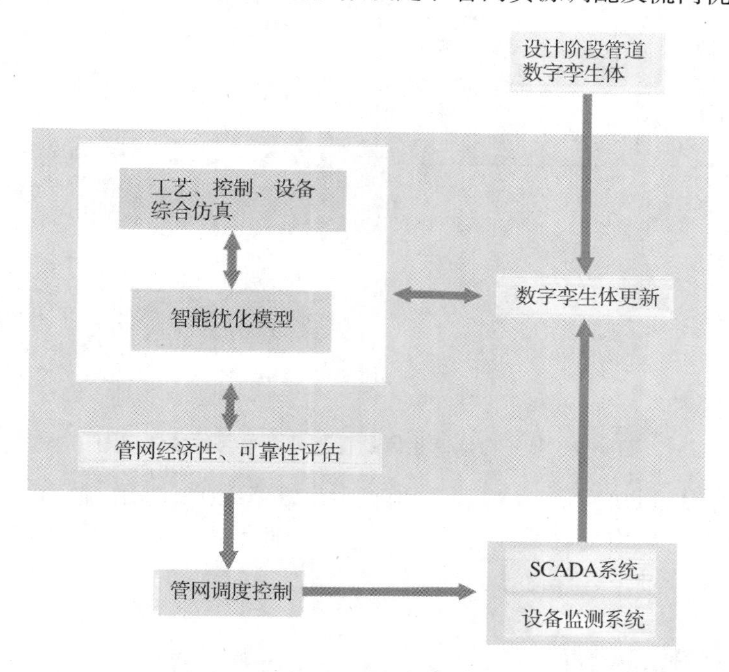

图 6-8 基于数字孪生体的管网调度模式示意图

6.2.1 设备运行维护

管道设备包括机械设备、电气设备、仪表设备、计量设备等，结构复杂、种类众多、数量巨大。管道设备的运行维护，直接影响到管道系统的可靠性、经济性及安全性，同时关系到无人站场能否顺利实现，是制约管道系统自动化和智能化发展的关键因素。

基于数字孪生体的设备维修维护，即承接设计、采购、安装调试阶段的设备虚拟模型。根据实体设备的数据采集与监视控制系统（supervisory control and data acquisition，SCADA）、设备监测系统、运行历史等数据，对数字孪生体加以更新，进行集成多学科、多物理量的仿真模拟分析，实现基于 RCM，RBI，SIL，RAM 的可靠性安全评估及基于故障案例库的诊断，对设备的健康状况进行评估，预测设备故障原因及剩余寿命，给出维修维护策略，制订维修维护作业计划。实体设备完成维修维护作业后，将相关数据和信息反馈给数字孪生体进行更新，从而保证物理设备的安全高效运行（见图 6-9）。

基于数字孪生体的设备维修维护，可实现设备维修维护由部件级别向系统级别转变，由故障诊断向故障预测转变。同时，还可通过虚拟现实/增强现实/混合现实技术，提高人机交互的体验性，将零部件三维结构、维修维护流程等虚拟信息叠加到同一个真实维修维

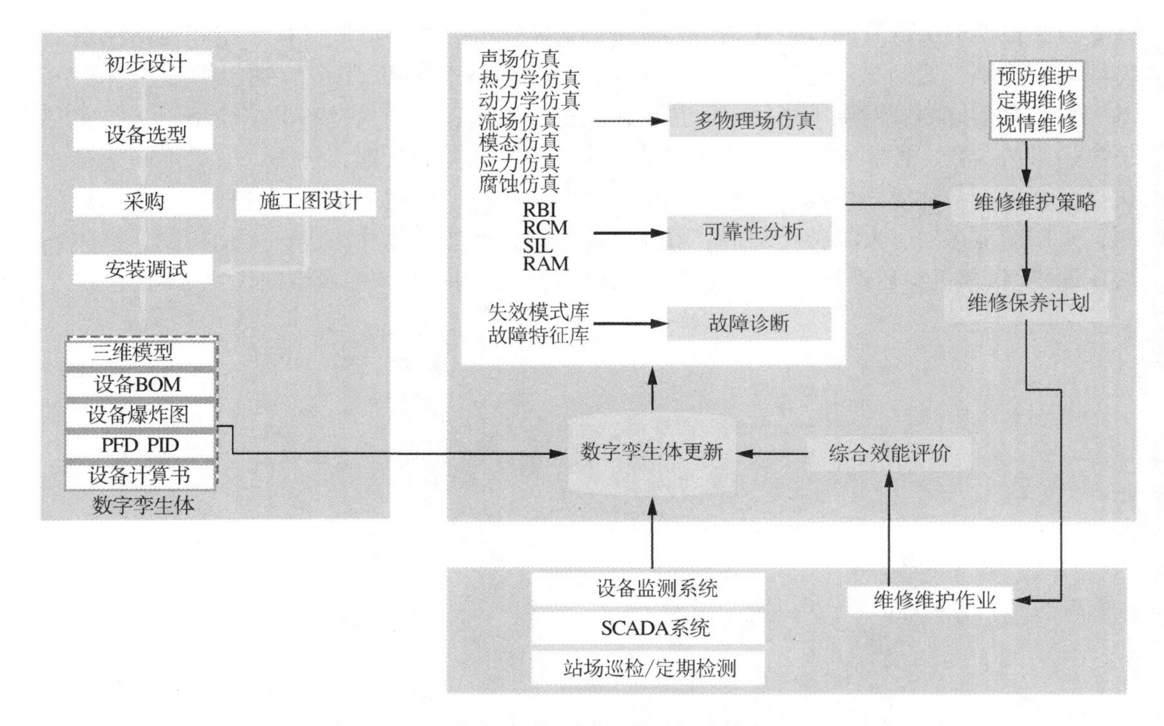

图 6-9 基于数字孪生体的管道设备维修维护流程图

护环境中，两种信息相互补充，清晰直观地显示出维修维护的操作流程和操作步骤，协助现场操作人员作业，从而提高其工作准确性、安全性及高效性，可有效实施设备安全培训、操作培训、维修维护远程指导。

6.2.2 全生命周期管理

数字孪生体贯穿管道全生命周期的各个阶段，记录整个周期内全部对象、模型及数据，是管道系统的数字化档案，反映其在全生命周期各阶段的特征、行为、过程及状态等，可实现管道全业务、全过程信息化、可视化统一管理。同时，还可实现各个阶段业务模型和数据的传递、交换及共享，调用当前所处阶段并共享过去阶段的对象、模型及数据，为全过程质量追溯和持续提高管道系统管理水平提供依据和保障。以投产运行阶段为例，数字孪生体在管道设计和建设阶段的数据与模型可为管体质量追溯、设备可靠性分析提供准确的模型和数据来源。

6.3 数字孪生与在役油气管道设计

随着中国油气骨干管网建设步伐的加快，以及全球物联网、大数据、云计算、人工智能等信息技术的发展应用，中国石油提出“全数字化移交、全智能化运营、全生命周期管理”的智慧管道建设模式，并选取中缅管道作为在役管道数字化恢复的试点。中缅管道是油气并行的在役山地管道，通过对管道建设期设计、采办、施工及部分运维期数据进行恢复，结合三维激光扫描、倾斜摄影、数字三维建模等手段，构建了中缅油气管道试点段的数字孪生体，为实现管网智慧化运营奠定了数据基础[101]。

6.3.1 数字化恢复流程

在役管道数字孪生体的构建对象为管道线路和站场，流程主要分为4个部分：数据收集、数据校验及对齐、实体及模型恢复、数据移交。线路和站场数字化恢复成果暂时提交PCM系统（天然气与管道ERP工程建设管理子系统）和PIS系统，待数据中心建成后正式移交（见图6-10）。

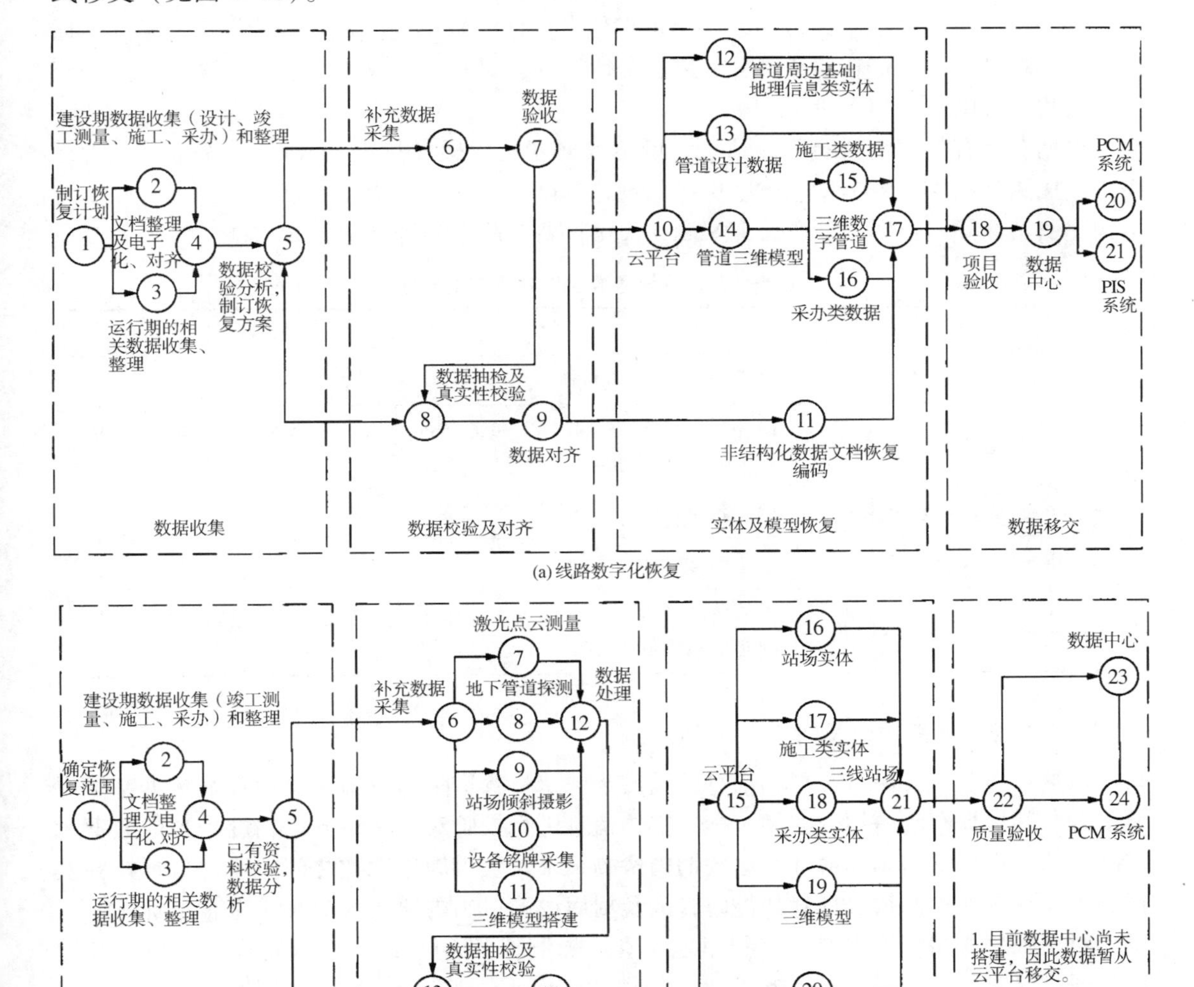

(a) 线路数字化恢复

(b) 站场数字化恢复

图6-10 在役管道数字孪生体构建流程图

6.3.1.1 数据收集

为了满足管道正常运行，需要确定数据的恢复范围，主要包括管道周边环境数据、设计数据及建设期竣工数据。管道周边环境数据包括基础地理数据和管道周边地形数据，为管道本体建立承载环境。管道设计数据包括专项评价数据、初步设计高后果区识别数据及施工图设计数据。管道建设期竣工数据包括竣工测量数据、管道改线数据，并将施工数据、采办数据与管道本体挂接。

目前已有成果资料主要包括竣工图数据、采办数据及施工数据。分析发现已有成果资料（竣工测量数据、中心线数据、基础地理信息数据等）的完整性、准确性参差不齐。通过抽样检查已有成果资料的范围、一致性及精度等，对其进行收集、校验，确定需要补充采集的数据范围和采集手段。

根据对已有数据资料的分析结果，量化数据恢复指标（见表 6-1）。从基准点、管道中心线探测、三桩一牌测量、航空摄影测量、基础地理信息采集、三维激光扫描、三维地形构建、站场倾斜摄影、站场管道探测、关键设备铭牌采集等方面补充数据。

表 6-1　地下管道数字化恢复技术指标

指标	要求
基础地理信息数据采集	中心线两侧各 400 m
卫星遥感影像图	两侧至少各 2.5 km，分辨率不低于 0.5 m 或 1 m，精度应满足 1：10 000的要求
航空摄影测量正射影像图	两侧各 400 m，分辨率大于 0.2 m
航空摄影测量数字高程模型	管道两侧各 400 m
大型跨越点高精度三维扫描	大型跨越重点关注目标物点间距不低于 0.02 m，一般区域关注点点间距要求不低于 0.05 m，其他点间距不低于 0.1 m

6.3.1.2 数据校验及对齐

数据校验及对齐是从数据到信息的关键步骤，将管道附属设施和周边环境数据基于焊缝信息或其他拥有唯一地理空间坐标的实体信息进行校验对齐，对齐以精度较高的数据为基准，使建设期管道本体属性与运营期内检测结果及管道周边地物之间关联。数据校验及对齐主要从管道中心线、焊口、站内管道及附属设施、站内地下管道及线缆等方面进行。

对于一般线路管道中心线，利用地下管道探测仪和 GPS 设备获取管道中线位置和埋深，通过复测、钎探、开挖等方式复核数据。对于河流开挖穿越段，利用固定电磁感应线圈在管道上方测量交流信号的分布，依据分布规律和衰减定位管道的位置和埋深。对中缅瑞丽江进行水域埋深检测，利用穿跨越数字化设计软件将竣工测量成果生成油气管道纵断面图，并与探测图进行对比，确定管道、弯管位置及管底高程。

中缅管道的内检测焊缝数据采用基于里程和管长的方法进行焊缝对齐，结合中缅内检测及施工记录的焊缝数据，以热煨弯管为分段点对齐，修复焊口缺失并记录误差问题。

站内管道及附属设施通过三维模型与现场激光点云模型对比进行数据校验及对齐。

对于电信井等明显点进行调查测量，查明类型、走向及埋深，对于隐蔽点利用地下管道探测仪探测其埋深及属性，采用实时动态定位或已采集管道点坐标信息标记，绘制带有管道点、管道走向、位置及连接关系的地形图。将三维模型平面图与探测图进行对比，校验管道位置、埋深偏差。

6.3.1.3 实体及模型恢复

（1）线路。

线路模型恢复是以竣工测量数据为基础，数据校验对齐，形成管道本体模型所需的数据，然后建模。

穿跨越工程主要分为开挖穿越、悬索跨越、山岭隧道穿越 3 种形式。对于开挖穿越，实体为管道本体与水工保护，采用与线路一致的方式恢复；对于悬索跨越，结构实体包括主塔、桥面、锚固墩、桥墩、管道支座等，对跨越整体进行三维激光点云扫描，获取跨越桥梁的完整模型；对于山岭隧道穿越工程与管道跨越工程，由于隧道主体结构与跨越桥梁结构复杂，结合三维激光扫描点云数据建模。对于山岭隧道，洞门采用激光点云方式采集现场实景模型；隧道洞身及相关构件根据竣工资料采用 REVIT 软件建模，并关联数据。

（2）站场。

站场实体及模型恢复采用 REVIT 软件，结合工艺和仪表流程图（process & instrument Diagram，P&ID）绘制完成。

通过 P& ID，实现系统图的图面内容和报表的结构化。通过 SPP & ID 软件进行智能 P& ID 设计，设计数据均集成在系统中，并将 SPF（smart plant foundation）软件作为系统的数据管理平台，集成 SPI（smart plant instrument）、SP3D（smart plant 3D）软件，建立共享工程数据库和文档库，最终完成三维数据库的搭建。

通过站场/阀室三维激光点云数据及空间实景照片进行数据校验，以竣工图和设计变更为数据库建立的依据，以激光点云测量数据为验证手段，建立站场阀室三维数据模型。通过 REVIT 软件与竣工图纸等资料，建立建筑三维模型。

根据测量地形数据生成三维地形模型，建立三维设计场地模型。根据构筑物详图中的构筑物断面信息，建立总图线状构筑物部件及模型和非线状构筑物模型。将三维地形模型、三维设计场地模型、总图构筑物模型导入三维设计平台，录入关键坐标点、标高、总图构筑物结构信息和站场周边重点地物信息等三维场景数据，搭建站场三维数据库。

6.3.1.4 数据移交

数字化恢复成果，经过校验对齐后，参照中国石油项目设计规范及企业规范，统一移交至数据中心，用于数据的价值挖掘和对外提供数据服务。通过在数据中心构建的管道数据中台，与 PCM 系统进行管道施工期的历史数据收集，实现恢复数据向 PCM 的移交，工程人员可以直接使用 PCM 系统跟踪查看管道施工期的历史数据。通过数据中心构建的管道数据中台，为 PIS 系统提供管道本体、管道辅助信息等基础数据，实现恢复数据向 PIS 的移交，提高 PIS 系统数据的时效性和准确性，运营人员可以直接使用 PIS 系统对管道进行全生命周期管控。

6.3.2 数字化恢复主要技术

（1）基准点测量。

基准点是进行测量作业前，在测量区域内布设的一系列高精度基准控制点，其采用 GPS 测量 D 级精度，按照 50 km/个的频率，构建测绘基准控制网。GPS 单点定位精度受卫星星历误差、卫星钟差、大气延迟、接收机钟差即多路径效应等多种误差的影响；试点段管道是山地管道，高山林密，交通、通信困难，影响 GPS 定位精度。为了减小误差，基准点测量采用精密单点定位（Precise Point Positioning，PPP）技术获取高精度坐标数据，利用国际 GPS 服务机构提供的卫星精密星历和精密钟差，基于单台 GPS 双频双码接收机观测数据，在近 700 km 内测得 38 个高精度基准点的定位数据，大幅提高了作业效率，具有较高的精度和可靠性[102,103]。

（2）管道中线探测。

管道中线是管道完整性数据模型的核心，是其他基础数据定位和展示的基准。探测前，将整理竣工数据，内检测数据中弯头数量、角度、方向等信息作为探测依据，提高探测精度。

采用雷达和基于连续运行卫星定位服务系统的实时动态定位（continuous operational reference system-real time kinematic，CORS-RTK）技术完成地下管道探测。由于管道具有范围大、点多面广的特点，且位于山区、河道、水域或具有危险因素的区域，使用传统的测量技术不仅投入大，精度也难以保证，因此借助 CORS-RTK 技术进行野外测量作业[104]，完成管道中线坐标、高程实测。

CORS-RTK 测量技术是基于载波相位观测值的实时动态定位技术，能够实时提供 GPS 流动站在特定坐标系中的三维坐标，在有效测量范围内精度可达厘米级。测量数据采集完成后，可以进行自动存储和计算[105]。将解算的测量成果与竣工中线成果对比，按一定容差分类统计误差比例，结合现场实际情况分析误差原因，进一步提高探测数据精度。

（3）航空摄影测量。

航空摄影测量采用固定翼无人机完成管道线路航空摄影测量及资料解译，以获取高精度航飞摄影。航空摄影测量根据管道走向、地形起伏及飞行安全条件等，划分为多个不同的航摄分区。航线沿管道线路走向或测区主体方向设计，综合多个线路转角点铺设尽量顺直的航线，将管道中线布设在摄区中间，保证覆盖管道中线两侧各不低于 200 m 的有效范围。航飞完成后，根据像控点和采集的相片进行数据处理，制作 0.2 m 的数字正射影像图（digital orthophoto map，DOM）和 2 m 的数字高程模型（digital elevation model，DEM）。

航空摄影测量是地理信息采集、水工保护采集、三维地形模型构建的基础，可以为地质灾害和高后果区提供预判，对于管道日常维护提供更直观便利的地形环境、植被情况、道路通达情况描述，为政府备案、应急抢险、决策支持、高后果区管理、维修维护提供了准确的数据支撑。

（4）三维激光扫描。

三维激光扫描又称实景复制技术[106]是一种快速获取三维空间信息的技术，该技术通过非接触式扫描的方式获取目标物表面信息，包括目标物的点位信息、距离、方位角、天顶距及反射率等[107]。

通过三维激光扫描仪对管道跨越桥梁的主体结构进行实景复制，实现了与管道桥梁比例一致的高精度三维建模。如管道穿越桥梁采用 FARO S350 地面三维激光扫描仪对澜沧江、怒江及漾濞江 3 处大型跨越进行激光扫描、点云处理及三维建模[108]；站场地表建筑、设备等通过 RIEGL VZ-1000 激光扫描仪进行三维扫描测量，利用尼康 D300S 采集影像数据，数据采集后，通过标靶点进行点云数据拼接和坐标纠正以提高精度[109]，构建站场三维激光点云模型。点云模型的点间距和精度需要满足《石油天然气工程地面三维激光扫描测量规范》（SY 7346—2016）要求。

高精度的三维模型为大型跨越的维护、改建、设计、检测提供了真实可靠的数据源。通过三维激光扫描实现与管道桥梁、地面建筑及设备比例一致的三维建模，实现数字可视化。对于站场、地质灾害、高危区段、高后果区数字化管理同样具有借鉴意义。

（5）三维地形构建。

管道沿线的三维地形构建需要将卫星影像与航拍影像融合。卫星影像一般是高分二号卫星和高景一号卫星拍摄的分辨率为0.5~1 m的遥感影像，航拍影像一般是通过航空摄影测量拍摄的分辨率为0.2 m的DOM影像[110]。结合对应的DEM数字高程模型进行三维地形构建，掌握管道沿线5 km内的地形，重点掌握800 m内的三维地形，为管道安全管理提供决策依据。

（6）站场倾斜摄影。

倾斜摄影测量改变了航测遥感影像只能从竖直方向拍摄的局限性[111]，是站场三维建模的主要途径。如站场倾斜摄影测量通过红鹏六旋翼无人机对站场进行多视角信息采集，记录航高、航速、航向及坐标等参数[112]；采用实时动态全球定位系统（global positioning system real time kinematic，GPS-RTK）方法完成站场像控点测量，对原始照片及像控点成果进行质量检查，并处理内业数据，构建站场的三维倾斜模型、站场三维地形及站内建构筑物、设备设施等。

6.3.3 成果应用及展望

6.3.3.1 成果应用

中缅油气管道通过数字化恢复形成管道数据资产库，构建数字孪生体，为管道运行、维护提供基础数据，为真实管道系统与虚拟管道系统的信息交互融合提供了新的技术手段。

（1）线路数据资产库。

线路数据资产库将多源异构GIS、BIM（building information modeling）、MIS（management information system）、CAD等数据整合于一体，采用C/S（client/server）、B/S（browser/server）、移动端App混合架构，在客户端展示管道周边基础地理信息数据、环境数据及管道本体属性数据，提供快捷查询功能。

通过线路资产库，可查询管道周边的社会依托情况、敏感区数据等管道周边基础地理信息；在同一地图上加载施工图设计中线、竣工中线等，直观对比不同阶段路由变化情况并分析其原因；定位指定焊口的位置，查询焊口编号、焊口前后管段的防腐信息、弯头情况、管道埋深信息；定位穿跨越的位置，查询穿跨越方式、保护形式等信息；定位水工保护的位置、材质、尺寸参数，并结合周边地形、水系信息，评价水工保护的效能。线路资产库为高后果区识别、管道巡线管理提供数据源，为管道运维提供多元化的基础数据服务。

（2）站场数据资产库。

站场数据资产库为管道运行、维护、设备管理系统等提供基础数据，将三维模型、二维图纸、结构化数据与非结构化文档关联，实现数据的交互、共享。采用关系型数据库存储，以硬件即是服务的云模式作为硬件载体，包括数据采集、数据处理、数据应用三层架构，具备扩展性和标准化服务接口。实现三维模型展示、数据查询及文档检索等功能，为智能管道应用提供数据支撑。融合站场倾斜摄影、三维激光点云、三维数据模型，直观浏览站场的实景及建构筑物外观。

以保山站的数字化恢复成果为例，其资产库收集了站场围墙外 50 m 的周边环境数据及站内工艺、仪表、电力、通信、建筑、总图、阴保、热工、暖通、消防、给排水等数据，恢复了地上工艺设备、建筑物模型和地下建筑物基础、管缆。同时，建立了数据、模型与非结构化文档的关联关系，实现“平面图、流程图、单管图”等结构化文档的相互引用。

6.3.3.2 展望

（1）多系统融合。

多系统融合，深入发掘数据价值，消除信息孤岛。使用 PaaS（platform-as-a-service）平台服务理念，基于数据层，展示基础层，为各类系统的数据挂载显示以及应用对接、应用拓展提供平台和支持。

将数字孪生体与 SCADA 系统、视频监视系统相融合，完成实时生产数据和视频监视数据的挂载显示，实现可视化运行管理；通过采用 HTTP 消息互连、服务互连的方式与 ERP 系统、设备管理系统相融合，结合三维成果，完成设备拆解、模拟培训应用开发，为员工提供培训、教学等服务；基于数据恢复，打造适合智能管道运行的生产运行管理系统；与地灾监测预警系统平台相结合，利用管道本体数据、高后果区及地灾点，实现监测数据的实时动态分析与预警，形成地质灾害综合信息一体化应用，为灾害的风险预判、后期治理提供辅助决策。

（2）指导维修检修和应急抢险。

在维修检修作业中，管道数字孪生体可以通过管道高程、埋深及管材等信息为线路动火和封堵作业时排油方案的制订提供数据支撑。开挖作业时，便于直观识别地下管缆等隐蔽工程的位置。结合在线监测与远程故障诊断等技术，实现基于风险与可靠性的预防性维检修计划。通过三维展示成果，模拟设备拆解，制定设备维护维修方案。

在应急管理中，依据应急抢修流程，将应急方案中的步骤数字化，通过数据查询、路径分析、缓冲区分析等操作，制订应急处置数字化方案。模拟应急事故点，按照方案中的流程，逐项推演，验证数字化应急方案是否满足应急抢险需求。针对不同输送介质管道实现管道爆炸影响范围、油品污染河流路径、缓冲区分析等自动化分析，建立事故灾害影响分析模型。基于数字化恢复的水系及面状水域信息，进一步构建泄漏扩散模型，分析油品泄漏事故水体污染的演变情况。

第7章 数字孪生与城市建设

城市是一个开放庞大的复杂系统，具有人口密度大、基础设施密集、子系统耦合等特点。如何实现对城市各类数据信息的实时监控，围绕城市的顶层设计、规划、建设、运营、安全、民生等多方面对城市进行高效管理，是现代城市建设的核心。

7.1 数字孪生城市的内涵

数字孪生城市是通过数字孪生技术在城市层面的广泛应用建立起来的。数字孪生城市的建立可以通过仿真工具、物联网、虚拟现实等科技手段，将物理世界映射到虚拟空间中，形成数字镜像，然后可以对其不足的地方进行修改。数字孪生城市就是通过构建城市的物理世界和网络虚拟空间的复杂系统，一对一的通信，相互映射和协作交互，在网络空间中创建匹配和对应的模型。

数字孪生城市的本质是虚拟空间中对城市的映射，也是支持新型智能城市建设的复杂综合技术体系和信息维度中虚拟城市在物理维度和虚拟城市中的共存，虚拟和真实集成。总之，数字孪生城市是通过与城市的目标结合，对城市的数据进行动态监测，最后基于现代互联网的实时传输及通信，根据软件模型进行实时分析，对建设现代化数字孪生城市进行科学模拟，解决城市规划、设计、建设、管理和服务的闭环过程。这个过程可以实现现代化数字孪生城市总体因素的数字化和虚拟化，城市状态的实时性和可视化，以及城市管理决策的协同化和智能化，提升数字城市物质资源、智力资源、信息资源配置效率和运行状况，实现数字化智慧城市最大化建设的发展。

如法国的达索系统用 3D Experience City，为新加坡建立了一个完整的“数字孪生新加坡”。这样的城市规划，可以利用数字影像更好地解决城市能耗、交通等问题。商店可以根据实际人流的情况，调整开业时间；红绿灯不再是固定时间；突发事件的人流疏散，都有紧急的实时预算模型；甚至可以把企业之间的采购、分销关系也都加入进去，形成“虚拟社交企业”。

在 2018 年斯皮尔伯格的电影《头号玩家》中，普通人可以通过 VR/AR 自由进入一个虚拟的城市体现情感，也可以随时退回到真实的社区继续延续虚拟世界的情感。这一切似乎变得越来越可行[79]。

7.2 智慧城市

当今社会是科技大爆发的时代，从来不缺乏科技新概念，每年都会有新热点推出，云计算、大数据、物联网、VR、区块链、人工智能、数字孪生、5G 等层出不穷。科技创新不仅给社会发展带来巨大推动力，同时也对人类社会乃至人类本身的演进产生了深远的影响。

其中，VR 行业经过 2015—2016 年的暴热，2017—2018 年的冷静，浮躁泡沫已挤压干净，留下来的一批坚定务实的企业正在扎实推进 VR 技术的产业化发展。VR 不是仅指 VR 头盔式眼镜，而是泛指基于 3D 技术实现的虚拟场景或应用内容的全新交互体验方式；VR 代表了虚拟现实、增强现实、混合现实、3D 视觉等丰富的产品及应用形态。5G 作为可期待的未来新一代通信技术基础设施，其商用化进程的日益逼近，也为 IOT，VR 应用的普及起到了推波助澜的作用。

每一次媒介革新都将使内容产业进行重构，也将对 IT 产业、信息消费、社会生活产生深刻的影响。继报刊、电视、互联网、智能手机作为主流媒介之后，VR 是媒介又一次的重大革新。这次革新，绝不止于 VR 技术的孤立使用，而是与云计算、大数据、IOT、人工智能、5G 等下一代 ICT 技术的融合创新。

每一次人类社会组织形式的升级和变革，反过来也将拉动科技的创新发展，以便有效解决所必须面临的新问题。从部落、村镇、城邦发展到现代都市，进一步演进到数字城市、智慧城市。城市规模越来越大，大城市病日益严重，快速发展的新一代 ICT 技术，正在铺就一条更加有效的城市治理之路。

数字孪生，是建设智慧城市的前提条件。运用云计算、大数据、区块链、人工智能、智能硬件、AR/VR 等新技术，可建立起全域感知、万物互连、泛在计算、数据驱动、算法辅助决策的强大管理支撑平台。唯如此，才能实现新型智慧城市建设目标。

基于数字孪生技术的智慧城市[113]具有精准映射、虚实交互、软件定义、智能干预四个特征。数字孪生城市作为数字城市的目标，也是智慧城市的新起点。随着信息通信技术的高速发展，当前社会已经基本具备了构建数字孪生城市的能力[114]。全域立体感知、数字化标识、万物可信互联、泛在普惠计算、数据驱动决策等，构成了数字孪生城市的强大技术模型；大数据、人工智能、虚拟现实等技术推进技术模型不断完善，使模拟、仿真、分析城市的实时动态成为可能[115,116]。借助数字孪生技术，参照数字孪生五维模型，构建数字孪生城市，将极大改变城市面貌，重塑城市基础设施，实现城市管理决策协同化和智能化，确保城市安全、有序运行。

7.2.1 数字孪生是智慧城市发展的必然趋势

2008 年 IBM 提出智慧地球的理念，触发了各国政府的智慧城市建设，积极探索可持续发展的城市治理模式。自 2010 年以来，我国在中华人民共和国住房和城乡建设部、国家发展和改革委员会、工业和信息化部、科学技术部等多个部委的积极推动下，目前作为智慧城市试点的城市已超过 400 个。这些试点，主要以 IT 基础设施、信息化平台建设为主，取得了一些阶段性成果，但并未形成质的跃升。

2016 年，国务院印发《关于深入推进新型城镇化建设的若干意见》，城镇化建设作为重大创新和投资的驱动力，已成为重要的国家战略。要建设智慧城市，首先要构建城市的数字模型，实现物理城市与数字城市之间的虚实映射和实时交互的融合机制，这就是“数字孪生城市”。

数字孪生，是建设智慧城市的前提条件。运用云计算、大数据、区块链、人工智能、智能硬件、AR/VR 等新技术，可建立起全域感知、万物互连、泛在计算、数据驱动、算法辅助决策的强大管理支撑平台。唯有如此，才能实现《国家新型城镇化规划》（2014—2020 年）确立的新型智慧城市建设目标：

（1）信息网络宽带化：推进光纤到户和“光进铜退”，实现光纤网络基本覆盖城市家庭，加快 4G/5G 在城市公共区域的网络覆盖，提升网络接入服务品质，普惠降低资费。

（2）规划管理信息化：发展数字化城市管理，建立城市统一的地理空间信息平台和公共信息平台，统筹推进城市规划、国土利用、城市管网、园林绿化、环境保护等市政基础设施管理的数字化和精准化。

（3）基础设施智能化：发展智能交通、智能电网、智能水务、智能管网、智能建筑，实现城市秩序、应急处理、绿色节能的智慧化管控。

（4）公共服务便捷化：建立跨部门跨地区业务协同、共建共享的信息服务体系，创新发展教育、就业、社保、养老、医疗和文化的服务模式。

（5）产业发展现代化：加快传统产业信息化改造，推进制造业向数字化、网络化、智能化转变，积极发展信息服务业、电商和物流业信息化集成发展，创新培育新型业态。

（6）社会治理精细化：在市场监督、环境监管、信用服务、应急保障、治安防控、公共安全等领域，深化信息应用及服务体系，创新社会治理方式。

目前智慧城市建设虽然在全国各地积极推进，但提出以数字孪生为基础构建智慧城市的还是凤毛麟角，多数地方只注重宽带网络、IDC 数据中心、IOT 物联网等基础设施的建设，只能说触及了智慧城市的“皮毛”。针对数字孪生城市新范式，产业界已做了一些研究及应用探索，逐渐形成了成功的标杆案例，后续将会得到迅速推广。

7.2.2 CIM 模型将是智慧城市的核心资产

智慧城市建设过程中，信息共享与流程打通是关键，同时也是难点，所以必须是“一把手”工程，才有可能切实做到位。

国家层面为推进智慧城市进程，2015 年开始已专门成立了中华人民共和国国家发展和改革委员会、教育部、科学技术部等 25 个部门参加的新型智慧城市建设部际协调工作组，充分说明了工作的难度和重要性。同时，如何提高智慧城市建设的标准化也非常重要，2016 年《新型智慧城市评价指标》（GB/T 33356—2016）正式发布，此后每年都有相关细化标准制定并出台，这为智慧城市建设提供了必要的依据和规范。

城市时空信息平台，是数字孪生城市的信息化底座。依托 3DGIS，BIM，IOT 等 ICT 技术，对城市地上地下空间规划数据、城市二三维 GIS 数据、城市建筑 BIM 数据、市政设施 BIM 数据、城市 IOT 感知数据，以及产业经济、社会民生、政务服务、交通出行等应用数据进行多元异构集成，形成基于统一标准和规范的城市信息模型（city information modeling，CIM），积累完整的城市大数据资产，为智慧城市的规划、建设、管理提供统一的云平台基础支撑。

基于 CIM 的智慧城市/新区“规建管”一体化云平台，可为城市规划、建设、运行管理全过程的进行赋能，全面提升城市规划、建设、管理的一体化运作水平，真正实现城市“一张蓝图绘到底、一张蓝图建到底、一张蓝图管到底”。

（1）在规划阶段，通过在 CIM 模型中全面整合导入城乡、土地、环境、水系、市政、交通、能源、通信、产业等规划数据，实现城市规划一张图，实现多规合一的动态监管、集成可视和冲突检测，提供自动化、信息化技术手段支撑，有效解决空间规划冲突问题。

（2）在建设阶段，以 CIM 模型为基础对工程项目从深化设计、建造施工到竣工交付全过程的项目进度、成本、质量、安全、绿色施工、劳务进行数字化综合监管，实现多建造参与方的实时沟通、多方协同协作，确保重大工程项目的按时、高质、安全交付。

（3）在运管阶段，结合城市现场布设的各种传感器和智能终端，基于 CIM 模型可实现对城市基础设施、地下空间、能源系统、生态环境、道路交通等运行状况的实时监测和统一呈现，实现设备的预测性维护，实现基于模拟仿真的决策推演，实现综合防灾的快速响应和应急处置，让城市运行更稳定、安全、高效。

事实上，智慧城市“规建管”一体化方案与平台已从概念迈向了成果落地阶段，目前已在雄安新区、北京新机场临空经济区、北京城市副中心、福州滨海新城、青岛中央商务区、北京未来科学城等进行了落地实践，起到很好的创新示范效应和社会价值。

7.2.3 3D 交互 UI 是新一代应用的基本特征

到目前为止，互联网应用及 IT 应用系统的 UI 还是以 HTML 页面、App 为主要呈现形式，或配以 2D 的数据可视化。这受限于人的思维惯性、目前的终端计算能力和互联网带宽等因素。

3D 建模及交互应用在影视 CG、游戏、高端装备、工业设计等领域已成为主流形式。VR 发展的浪潮冲破了许多原有的屏障，教育、军事、医疗、文旅、地产等细分领域都已开始引入 3D 交互 UI，随着 CG，Game，GIS，BIM 的进一步交叉融合，在智慧城市、融合媒体等更广阔的领域将进一步释放出更大的创新活力。

数字孪生智慧城市建设是个异常复杂的工程，政府领导、决策者往往很少使用电脑，具体业务管理人员对 IT 系统操作能力往往也不强。对智慧城市规划建设管理云平台的人机界面进行创新，采用新一代 3D 交互图形界面，将大大降低用户使用门槛，提高沟通、执行效率。

（1）规划阶段，对各种规划方案进行三维方案审批核查、竣工审查、区域控高审查、日照指标审查、通视审查、视域审查、城市天际线审查、沿街立面审查、规划推演和拆迁规模分析等辅助审查功能，为规划方案的审查、决策提供 3D 可视化的全新界面。同时，可实现包括城市总体规划、控制性详细规划、各专项规划、项目 BIM 设计方案的 3D 交互展示，可广泛应用于接待展示、汇报演示、宣传推广、招商推介等场景。

（2）建设阶段，基于 3D 建模场景与工程现场视频监控、物联网传感数据的有机结合，可实现对大规模建造项目的可视化智能监管。通过对项目的技术、进度、质量、安全有效管理，对于重大投资建设项目，若发现项目进度出现滞后，平台通过大数据分析与预判自动分析滞后原因，并及时采取对应处置措施，可将管理信息传递效率提高 15%～20%，决策效率提升 10% 以上，在工地安全方面实时获取报警信息，及时处理设备故障及违章操作，提供工地安全保障。

（3）运管阶段，基于3D建模场景与视频监控、物联网传感数据有机结合，可实现对城市基础设施、地下空间、能源系统、生态环境、道路交通等运行状况的实时监测和统一可视化呈现，通过指挥中心大屏、电脑、智能手机等终端，让城市、园区管理者可随时掌握生态环境及水电气暖的城市生命线运行态势、市政设施及城市部件的运行状态，车流、人流、企业、经济的运行态势，让日常工作人员，可进行现场和远程相结合的巡检维护，对故障报警、异常状况进行及时处理。

随着5G技术的规模商用，其高带宽、大连接、低时延的特性，将允许3D交互UI得到广泛普及。不断演进中的VR设备，正在克服穿戴不便、时延晕动、显示纱窗、画面畸变等问题，使日常佩戴成为可能。互联网应用的新一轮更新迭代将不可避免，数字孪生城市应用将成为新一代互联网的核心应用。

7.2.4 Cyber City将是智慧城市的自然延伸

电影《头号玩家》，描述出一个叫作OASIS（绿洲）的虚拟世界，人们在OASIS里娱乐、交友、学习、工作、赚钱、购物……无所不能。到目前为止，绝大多数游戏仍是脱离现实的虚幻题材，对青少年一代的健康成长并没有多少正面的影响。

以数字孪生城市为基础的新一代3D互联网，将打造出一个类似OASIS的虚拟空间，我们将其称为Cyber City。Cyber City将可实现虚拟世界和现实世界的高度融合，可实现真实人生与游戏体验的打通，为大众提供超越现实的全新体验和选择机会。在Cyber City里，场景、人物、物品的3D视觉访问，打破现有互联网的页面访问模式；虚拟世界与现实世界紧密结合，将融入高度社会化的网络人际关系；对待虚拟世界和现实世界的态度，需要同样认真，而不仅仅是逃避现实。进入Cyber City，就不止是玩游戏，要玩就是玩“真”的！

Cyber City将是数字孪生智慧城市的自然延伸。Matrix，OASIS不会仅仅是电影，而是不久后即将到来的现实。

7.2.5 数字孪生城市与现有智慧城市实践的区别

数字孪生城市是数字时代城市实践的1.0版本，并不是“智慧城市”的*N*.0版本。它的最大创新在于物理维度上的实体城市和信息维度上的数字城市同生共长、虚实交融，这也决定了数字孪生城市与现有智慧城市实践在底层逻辑上有着根本区别，也有着不同的技术方案和城市治理理念，如图7-1所示。

第一，数字孪生城市的最大创新是全过程“写实”，建立起统一和广泛的数据源。以雄安新区为例，数字孪生城市与雄安新区的实体城市同步规划、同步建设，同生共长，它将人、机、物等各类城市主体，从一开始就接入数字化系统，并能够实时或定期动态更新，代表了完整的城市环境和过程状态，而现有智慧城市方案是在已有城市系统之上的技术补丁，“竖井式”方案在反映城市系统全貌和真实状态上存在先天缺陷。

第二，数字孪生城市与实体城市具有同步的生命周期和建设时序，能够不断更新。雄安新区从地上到地下，从生态环境到基础设施，从产业发展到公共服务都将随着建设时序在数字城市中同步构建，并随着城市发展而不断更新，始终与城市建设发展中的问题、需求和任务共同迭代，是一个不断进化的生态系统。相比之下，现有智慧城市实践仅限于城市的某一局部或某一阶段，零敲碎打的实施方式难以形成生态系统，无法沉淀有全景价值的数据，更无法形成城市发展取之不尽、用之不竭的数据资源。

第三，数字孪生城市是一个可计算的“城市实验室”，可以在与实体系统对应一致的情况中进行预测和验证。一方面，数字孪生城市通过归集的全主体、全要素和全过程数据，运用人工智能等不断进步的新技术识别和提取实体城市系统的特征和规律，将城市“隐秩序”显性化；另一方面，数字孪生城市通过数字城市系统的人工智能，结合实体城市中人的智慧，实现虚实交互，为科学合理的城市决策和管理提供支持。

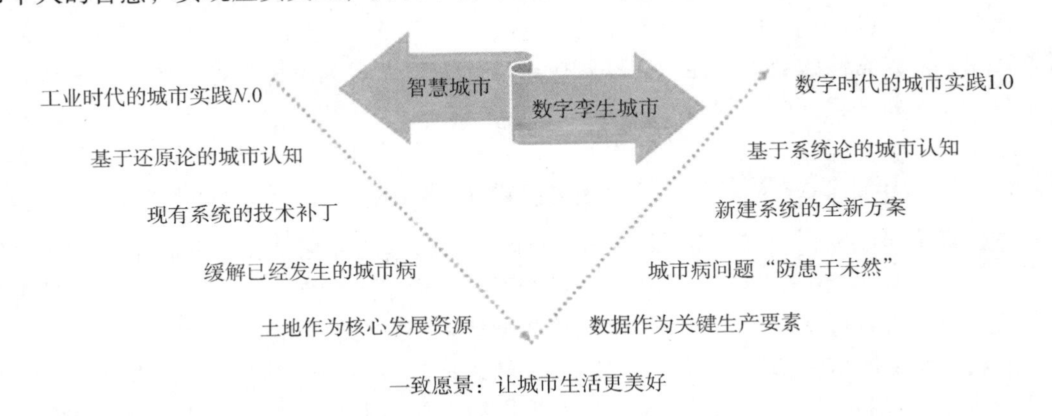

图 7-1　数字孪生城市与智慧城市的区别

7.3　数字孪生城市的特征、架构与关键技术

7.3.1　数字孪生城市的特征

数字孪生城市有四大特点：精准映射、虚实交互、软件定义、智能干预。

精准映射：数字孪生城市通过天空、地面、地下、河道等各层面的传感器布设，实现对城市道路、桥梁、井盖、灯罩、建筑等基础设施的全面数字化建模，以及对城市运行状态的充分感知、动态监测，形成虚拟城市在信息维度上对实体城市的精准信息表达和映射。

虚实交互：城市基础设施、各类部件建设既有痕迹，城市居民、来访人员上网联系即有信息。未来数字孪生城市中，在城市实体空间可观察各类痕迹，在城市虚拟空间可搜索各类信息，城市规划、建设以及民众的各类活动，不仅在实体空间，而且在虚拟空间都得得到极大扩充，虚实融合、虚实协同将定义城市未来发展新模式。

软件定义：孪生城市针对物理城市建立相对应的虚拟模型，并以软件的方式模拟城市中的人、事、物在真实环境下的行为，通过云端和边缘计算，软性指引和操控城市的交通信号控制、电热能源调度、重大项目周期管理、基础设施选址建设。

智能干预：通过在数字孪生城市上规划设计、模拟仿真等，将城市可能产生的不良影响、矛盾冲突、潜在危险进行智能预警，并提供合理可行的对策建议，以未来视角智能干预城市原有发展轨迹和运行，进而指引和优化实体城市的规划、管理，改善市民服务供给，赋予城市生活“智慧”。

7.3.2 数字孪生城市的架构

数字孪生城市建设依托以云、网、端为主要构成的技术生态体系，端侧形成城市全域感知，深度刻画城市运行体征状态；网侧形成泛在高速网络，提供毫秒级时延的双向数据传输，奠定智能交互基础；云侧形成普惠智能计算，以大范围、多尺度、长周期、智能化实现城市的决策、操控。

（1）端侧：群智感知、可视可控。

城市感知终端“成群结队”形成群智感知能力。感知设施将从单一的 RFID、传感器节点向更强感知、通信、计算能力的智能硬件、智能杆柱、智能无人汽车等迅速发展。同时，个人持有的智能手机、智能终端将集成越来越多的精密传感能力，拥有日益强大的感知、计算、存储和通信能力，成为感知城市周边环境以及居民的“强”节点，形成大范围、大规模、协同化普适计算的群智感知。

基于标识和感知体系，全面提升传统基础设施智能化水平。通过建立基于智能标识和监测的城市综合管廊，实现管廊规划协同化、建设运行可视化、过程数据全留存。通过建立智能路网实现路网、围栏、桥梁等设施智能化的监测、养护和双向操控管理，多功能信息杆柱等新型智能设施全域部署，实现智能照明、信息交互、无线服务、机车充电、紧急呼叫、环境监测等智能化能力。

（2）网侧：泛在高速、天地一体。

提供泛在高速、多网协同的接入服务。全面推进 4G，5G，WLAN，NB-IoT，eMTC 等多网协同部署，实现基于虚拟化、云化技术的立体无缝覆盖，提供无线感知、移动宽带和万物互联的接入服务，支撑新一代移动通信网络在垂直行业的融合应用。形成天地一体综合信息网络支撑云端服务。综合利用新型信息网络技术，充分发挥空、天、地信息技术的各自优势，通过空、天、地、海等多维信息的有效获取、协同、传输和汇聚，以及资源的统筹处理、任务的分发、动作的组织和管理，实现时空复杂网络的一体化综合处理和最大有效利用，为各类不同用户提供实时、可靠、按需的服务和泛在、机动、高效、智能、协作的信息基础设施与决策支持系统。

（3）云侧：随需调度、普惠便民。

边缘计算及量子计算设施能提供高速信息处理能力。在城市的工厂、道路、交接箱等地，构建具备周边环境感应、随需分配和智能反馈回应的边缘计算节点，部署以原子、离子、超导电路和光量子等为基础的各类量子计算设施，为实现超大规模的数据检索、城市精准的天气预报、计算优化的交通指挥、人工智能科研探索等海量信息处理提供支撑。

人工智能及区块链设施为智能合约执行。构建支持知识推理、概率统计、深度学习等人工智能统一计算平台和设施，知识计算、认知推理、运动执行、人机交互能力的智能支撑能力。建立定制化强、个性化部署的区块链服务设施，支撑各类应用的身份验证、电子证据保全、供应链管理、产品追溯等商业智能合约的自动化执行。

部署云计算及大数据设施，建立虚拟一体化云计算服务平台和大数据分析中心，基于 SDN 技术实现跨地域服务器、网络、存储资源的调度能力，满足智慧政务办公和公共服务、综合治理、产业发展等各类业务存储和计算需求。

7.3.3 数字孪生城市的关键技术

数字孪生城市建设依托云计算、大数据、通信网络、数据处理、模拟仿真为主要构成的技术体系。首先，数字孪生城市的建设对信息通信技术中的云计算以及大数据有较高的要求，是因为在建设现代化的数字孪生城市中必然对城市中的某些数据进行监测与采集，然后根据所采集的数据进行分析，使其能够精准地模拟城市的原貌。其次，如何使设备进行互联？数字孪生城市在进行数字仿真、实时跟踪，需要形成多设备互联、协同。最后，技术融合与数据是最关键的环节，4G/5G 通信、大规模数据并行处理等技术与 3D 建模、模拟仿真、虚拟现实等数字孪生相关技术的快速集成，极大地推动了在数字空间中建设同步运行的数字孪生城市建设。

7.4 数字孪生城市的应用

数字孪生技术在现代化的智慧城市建设的应用场景非常庞大，在未来，它会在多个方面改变我们的工作和生活，应用场景涉及各个方面。

7.4.1 智能规划与科学评估场景

当前智慧城市规划和设计，大部分都属于概念和功能设计，缺乏与实际人流、物流、资金流的交互，也缺乏对新技术引入带来的影响分析。数字孪生通过在智慧城市的空中、地面、地下和河道中部署传感器，以提供城市道路、桥梁、井盖、灯罩、建筑物和其他基础设施的布局进行建模，并且对智慧城市进行感知和动态监控，可以快速地进行“假设”分析和虚拟规划，摸清城市一花一木、一路一桥的情况，把握城市运行脉搏，推动城市规划有的放矢，提前布局。在规划前期和建设早期了解城市特性、评估规划影响，避免在不切实际的规划设计上浪费时间，防止在验证阶段重新进行设计，以更少的成本和更快的速度推动创新技术支撑的智慧城市顶层设计落地。

数字孪生的虚拟模型与实体城市是一一对应的，它是通过软件模拟真实的城市环境中的人、物体和真实环境中的一切，然后再基于数字孪生城市体系以及可视化系统，以定量与定性方式，建模分析城市交通路况、人流聚集分布、空气质量、水质指标、重大项目的基础设施的选址等各维度城市数据。通过这些数据，决策者和评估者可快速直观地了解智慧化对城市环境、城市运行等状态的提升效果，评判智慧项目的建设效益，实现城市数据挖掘分析，辅助政府在今后信息化、智慧化建设中的科学决策，避免走弯路和重复建设低效益建设。

7.4.2 城市管理与社会治理场景

（1）对于基础设施建设，通过基于标识、各类传感器、监控设备的部署、二维码、RFID、5G 等通信技术和识别技术，对城市地下管网、多功能信息杆、充电桩、智能井盖、智能垃圾桶、无人机、摄像机等城市设施实现全部感知、共享、实时建模、全过程控制，进而实现城市规划协同化、建设运行可视化，以及完善城市水利、能源、交通、天气、生态和环境的监测水平和维护控制功能。

（2）对于城市交通调度，社会管理和应急指挥等关键场景，全部是通过基于大数据模型仿真，精细数据的挖掘和科学的决策以及指挥调度指令和公共决策，有助于实现动态、科学、高效、安全的城市管理。任何社会活动、城市部件和基础设施运营都将以实时、多维的方式呈现在数字孪生系统中。对于重大公共安全事故，如火灾、洪水和其他紧急情况，依靠数字孪生系统，对这些问题的发现和指挥决策即可在几秒钟内完成，实现“一点触发，多方联动，有序调度，合理分工，闭环反馈”。

7.4.3 人机互动的公共服务场景

城市居民是新型智慧城市服务的核心，也是城市规划、建设考虑的关键因素。数字孪生城市将以“人”作为核心主线，到对城乡居民每日的出行轨迹、收入水准、家庭结构、日常消费等，进行动态监测，纳入模型，协同计算。同时，通过在“比特空间”上，预测人口结构和迁徙轨迹、推演未来的设施布局、评估商业项目影响等，以智能人机交互、网络主页提醒、智能服务推送等形式，实现城市居民政务服务、教育文化、诊疗健康、交通出行等服务的快速响应，个性化服务，形成具有巨大的影响力和重塑力的数字孪生服务体系。

7.4.4 城市全生命周期协同管控场景

通过构建基于数字孪生技术的可感知、可判断、快速反应的智能赋能系统，实现对城市土地勘探、空间规划、项目建设、运营维护等全生命周期的协同创新。在勘察阶段，基于数值模拟、空间分析和可视化表达，构建工程勘察信息数据库，实现工程勘察信息的有效传递和共享。在规划阶段，对接城市时空信息智慧服务平台，通过对相关方案及结果进行模拟分析及可视化展示，全面实现“多规合一”。在设计阶段，应用建筑信息模型等技术对设计方案进行性能和功能模拟、优化、审查和数字化成果交付，开展集成协同设计，提升质量和效率。在建设阶段，基于信息模型，对进度管理、投资管理、劳务管理等关键过程进行有效监管，实现动态、集成和可视化施工管理。在维护阶段，依托基于标识体系、感知体系和各类智能设施，实现城市总体运行的实时监测、统一呈现、快速响应和预测维护，提升运行维护水平。

数字孪生城市主要包括以下几方面（见图 7-2）：

（1）物理城市。

通过在城市天空、地面、地下、河道等各层面布设传感器，可充分感知和动态监测城市的运行状态。

（2）虚拟城市。

通过数字化建模建立物理城市相对应的虚拟模型，虚拟城市可模拟城市中的人、事、物、交通、环境等全方位事物在真实环境下的行为。

（3）城市大数据。

城市基础设施、交通、环境活动的各类痕迹、虚拟城市的模拟仿真以及各类智能城市服务记录等汇聚成城市大数据，驱动数字孪生城市发展和优化。

（4）虚实交互。

城市规划、建设以及民众的各类活动，不但存在于物理空间，而且在虚拟空间得到极大扩充，虚实交互、协同与融合将定义城市未来发展新模式。

（5）智能城市服务。

通过数字孪生，对城市进行规划设计、指引和优化物理城市的市政规划，治理生态环境、管控交通，改善民生服务，赋予城市生活“智慧”。

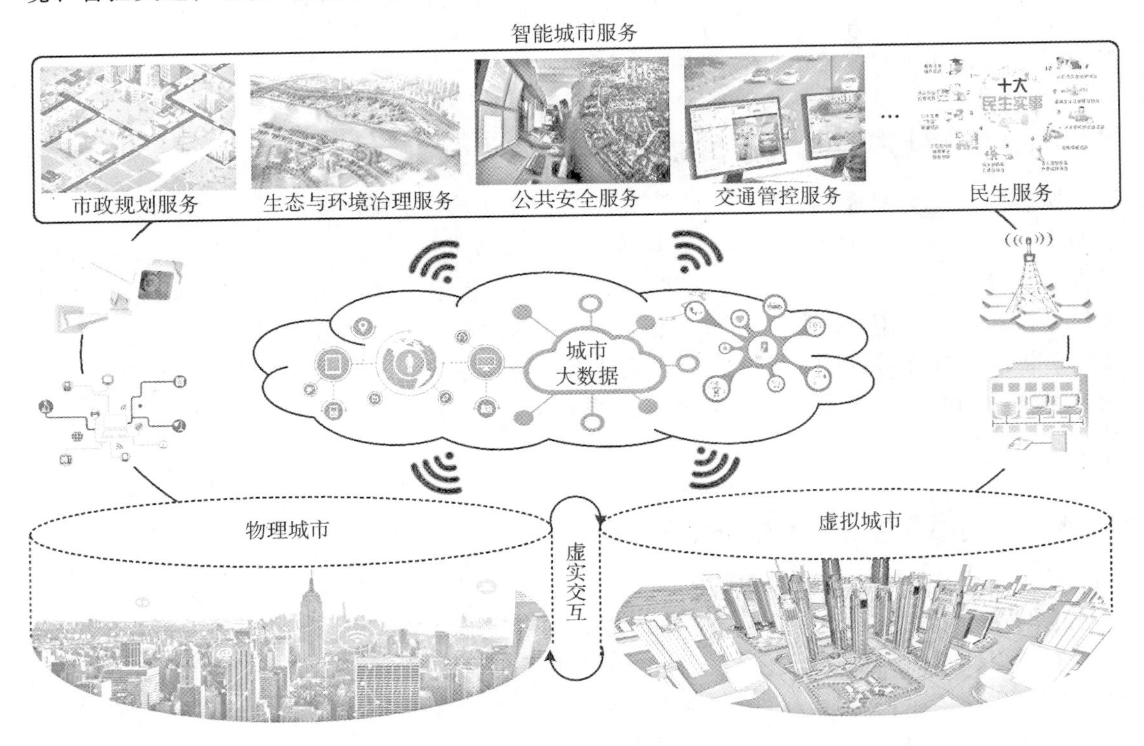

图 7-2　数字孪生城市

目前，世界各国纷纷开展相关研究，并通过部署智能设备关键基础设施和信息仿真、城市镜像等多种手段，构建了不同形式的数字孪生城市模型和应用，取得了一定进展，在建设过程中呈现以下特点：

（1）虚拟互联、数据共享。

在互联网时代，万物互联、数据共享成为一种发展趋势，依托数字孪生城市打造智慧城市更是深度融合了虚拟互联的概念和技术。如“虚拟新加坡”项目意图打造一个共同的数据平台，以实现数据的可视化，进行各种复杂的模拟。该项目在城市中布置了大量的传感器，所有的传感器汇集在一起形成一个包含整个城市数据的大数据平台，由此建立数字孪生城市模型。该模型数据涵盖了城市中所有建筑的精确尺寸、整体格局、甚至是建筑的材质信息。目前，部分数据已向公众开放，人们可在线看到交通、停车以及安全摄像头等一些公开的数据。此外，巴塞罗那也非常重视物联网在智慧城市中的作用，其在城市中布置了大量的末端无线传感器，实时采集大量数据，并由特定的数据处理平台对集成的信息进行整合分析，建成数字孪生城市的模型。

（2）多场景模拟和推进城市服务智能化。

在不同的智慧城市中，数字孪生城市模型均不同程度地体现出对不同城市服务场景的多层次、多维度和细粒度模拟。如德国的智慧城市建设项目多集中在节能、环保、交通等领域，依托“能源系统开发计划”（energy system develop plan，ESDP）创建了一个未来能源系统结构的数字孪生体，对整个能源供应结构进行数字化并模拟一系列情景；巴塞罗那的智慧城市项目则在智能农业、城市卫生管理等方面发挥了较为显著的作用，其智能农业灌溉系统通过利用地面传感器将湿度、温度、气压等相关数据传回信息处理平台，进而实现农业灌溉的智能化管理，其智能垃圾回收系统在自身满载时会发出信号，工作人员从而根据信号来管理分配垃圾运输车的频率和路线。

我国在开展智慧城市、物联网等建设方面采用试点研究、示范推广的应用模式。目前，全国明确提出构建智慧城市方案的城市超过500个。但以数字孪生技术在智慧城市构建中的应用仍处于起步阶段。北京城市副中心构建虚实融合的数字化城市，借助数字孪生技术、建模技术等解决了城市建设中的一系列复杂问题。无锡市在智慧交通、智慧建设、智慧旅游等领域持续推进，基本建成了城市大数据中心和四大平台。此外，中国香港利用大数据建设智慧城市，通过城市数据建模仿真，为物理实体城市建设了一个平行的虚拟空间，利用数字孪生城市模型为政府及市民提供便利服务。

目前，数字孪生虽然在现代化的智慧城市建设中没有得到广泛的普及，但随着数字孪生技术的不断进步与发展，将在现代化的城市建设中的各个方面得以应用，使现代化的智慧城市向着更加数字化、智慧化的方向发展。

当前数字孪生主要应用于城市规划和管理方面，未来将向城市服务方面扩展，通过服务场景、服务对象、服务内容等方面的数字孪生系统构建，引发服务模式向虚实结合、情景交融、个性化、主动化方向加速转变。

7.5 数字孪生城市实例——雄安新区

雄安新区提出“坚持数字城市与现实城市同步规划、同步建设”，首创“数字孪生城市”概念。

7.5.1 数字孪生城市的构建逻辑与现实要求

7.5.1.1 城市作为复杂适应系统的理论逻辑

无论技术如何发展并应用于城市，“城市是什么”都是一个最根本的问题。追溯现代城市规划思潮和实践，每一个时代都在努力找寻城市的“真相”，而对城市本质的不同认识决定了不同的城市实践方法。作为物理实体城市的“写实”，数字孪生城市的底层逻辑是对城市本质的正确认知。从城市的机械还原论到复杂系统论是数字孪生城市超越以往智慧城市方案的根本区别。

在较长的历史时期，还原论作为经典科学方法的内核影响了人们对城市的认知，1933年达成的《雅典宪章》是一个集中体现。时至今日，绝大多数城市仍然是以《雅典宪章》所推崇的现代主义规划理念所建设的，也因此产生了一系列城市问题。基于还原论的城市认知如同“盲人摸象”，虽然各学科领域都在不断对城市提出解释，但始终无法呈现城市全貌，把握城市的整体规律。自20世纪上半叶，系统科学兴起，作为一种与还原论相对的科学理念，为城市认知带来了一次重要洗礼。1961 年，简 · 雅各布斯在《美国大城市的死与生》中把城市定义为“有序的复杂（organized complexity）、一种最为复杂、最为旺盛的生命”[117]。

人们开始对城市复杂性的朴素认知反映在城市与生物体之间的经典类比上。随着系统科学的发展，城市模型深受青睐[118,119]，被看作是检验规划设想的手段，甚至被视为能够预测城市未来的可靠方法。不过，著名的规划大师弗里德曼在晚年谨慎地认为，“城市建模本质上是还原论的，做研究很有用，对实践则意义稍逊，因为实践要面对现实中的城市，要求即时性”[120]。尽管越来越多的研究揭示了城市是一个复杂系统[121]，但始终没有很好地回答“城市的复杂性从何而来”这一问题，因而难以对城市实践产生直接有效的指导作用。

7.5.1.2　超越智慧城市的局限性的必然要求

伴随信息通信技术的发展，城市发展与信息技术的结合始终是热点议题。学者们相继提出了“有线城市”“信息化城市”“网络城市”“数字城市”“智能城市”“智慧城市”等术语[122]，在商界、政府以及学术界引发了广泛关注，被认为是解决城市病问题的“灵丹妙药”和实现可持续发展的有效途径。然而，自 IBM 在 2008 年首次提倡“智慧城市（smart city）”至今已有十余年，与繁荣的技术工程市场相比，智慧城市项目并未取得其标榜的效果，反而引发越来越多的诟病。最为典型的批评是，智慧城市过于依赖企业技术方案，对技术以外的因素考虑甚少，停留在工具手段的信息化，没有抓住治理方式的核心转变[123]，并忽略人的维度和用户体验[124]。

中国已经成为世界上最大的智慧城市实践国。自 2012 年中华人民共和国住房和城乡建设部发布《关于开展国家智慧城市试点工作的通知》以来，截至 2016 年，我国 95% 的副省级城市、76% 的地级城市，总计超过 500 座城市明确提出了构建智慧城市的相关方案[125]。尽管试点建设如火如荼，但具体实践普遍存在四类问题：缺乏统一设计，局限于业务模块[126]；数据来源不一，城市信息碎片化[127]；忽视需求应用，流于形象工程[128]；以单向信息为主，智能化程度不高[129]。严格意义上来说，当前智慧城市项目主要是对政府职能和工作流程的信息化改造，是现有条块分割、机械线性式城市管理系统上的技术补丁，而非革新方案。

2016 年，中国在“十三五”规划中进一步提出建设新型智慧城市的新要求和新目标。从各方对“新型”的内涵解读来看，这是对上一阶段智慧城市实践中主要问题的纠偏[130]。然而，“智慧城市不懂城市”是一个根本性问题，由此削弱了智慧城市在技术实践上的有效性。虽然信息技术是把握城市复杂性的有效手段，但已有智慧城市项目仍然没有跳出机械还原式的城市认知，带来数据孤立、条块林立、系统分隔的新问题，使城市系统间的协同难度和管理成本由于技术屏障而进一步增加，难以真正实现智慧发展。如上文所述，现有“智慧城市”实践缺乏正确的底层逻辑，因此即使技术不断升级的智慧城市 N.0 版本也难以消除其与城市的“排异”反应，只能限于阶段性的城市局部优化，无法代表未来城市的发展方向。

7.5.1.3　雄安新区“破旧立新”的重要创举

雄安新区作为千年大计，国家大事，与当年的深圳特区和浦东新区一样，是顺历史发展大势而为。在数字技术取得惊人进步的时代，个人和国家的财富增长、繁荣发展和安全稳定越来越受到信息通信和智能技术的影响。我国对以人工智能技术为核心的第四次工业革命高度重视，期望能借此实现中国经济高质量发展，提高社会治理现代化水平，为全球贡献信息技术应用的中国方案。作为千年大计的雄安，几乎是“从零到一”地建设一座新城，具有起点优势，有必要也有条件以“探路者”的姿态先试先行，将数字技术与城市建设发展紧密结合，以此吸纳和集聚创新要素资源，转变社会经济发展模式，创新城市治理方式，为数字时代的城市发展做出有益探索，提供宝贵经验。

破旧立新是“操作系统”的整体转换，雄安新区必须摒弃以规模数量论城市的固有理念，以高质量发展为基本要求，系统地架构新的发展模式，避免零敲碎打式的补丁方案。在数字时代，数字化的知识和信息成为关键生产要素。数字孪生城市建设覆盖从城市规划、设计、建设、运维的全生命周期，能够为雄安新区留下一笔宝贵的数据资产，并能提供全球独一无二的、最完整的城市数字应用场景，成为面向未来城市的创新试验场，从根本上改变依赖土地资源的城市发展模式。

7.5.2 基于城市系统论的数字孪生城市概念框架

数字孪生城市框架的建设需要契合城市作为复杂适应系统的真实状态。刘春成于 2012 年提出了基于 CAS 理论的城市系统论，将复杂适应系统的基本分析框架——“主体”和围绕“主体”的四个特性（聚集、非线性、要素流、多样性）与三种机制（标识、内部模型、积木块）在城市语境中加以应用，为构建数字孪生城市的概念框架提供了理论依据，如图 7-3 所示。

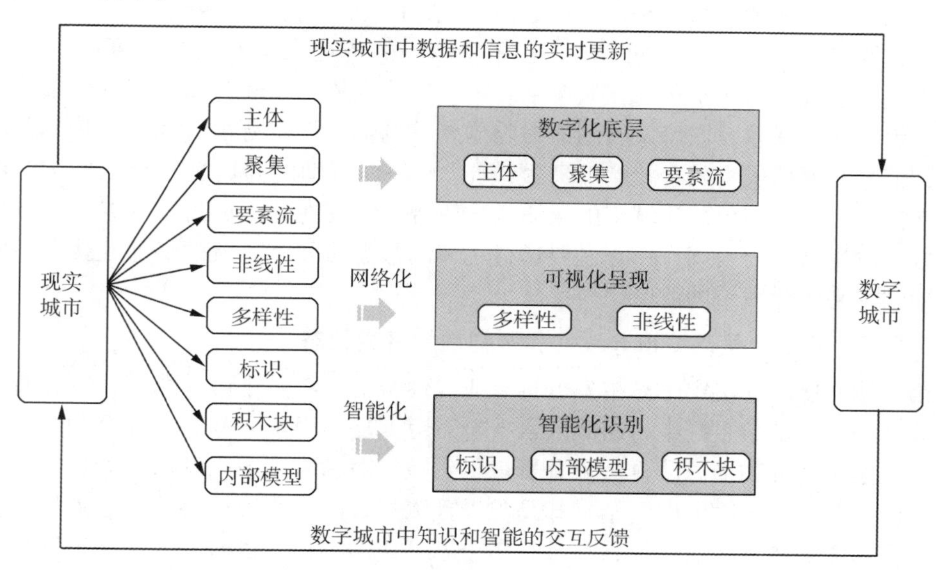

图 7-3 基于城市系统论的数字孪生城市概念框架

7.5.2.1 以主体、聚集和要素流的全面数字化为起点

数字孪生城市是以数据为核心驱动的，可以凭借统一的数据底层，实现城市政务数据资源和社会数据资源的融合、共享，形成人类生产、生活和生态数据的有机统一，构建人、机、物三元融合的数字化城市镜像。因此，全面数字化是数字孪生城市的基底，只有通过全方位、全流程和全系统的数据归集，城市的物化表现和人类智慧才能够更好地结

合，这不仅仅是对局部了解的深化和细化，更重要的是提升了获得系统全面信息的能力，让更多的城市主体参与到城市管理中来。

第一，根据城市系统论，城市主体是城市系统的研究起点，包括城市中的人，以及城市中与人的活动紧密相关的物质载体。适应性（adaptive）是城市主体的突出特征，体现在其能够感知外界信息刺激，通过学习来调整自己的行为。首先，城市源于人，因人而改变，正是通过人的活动才在空间与时间之间建立了联系。其次，与城市人的活动紧密相关的物质载体，比如城市基础设施、地下综合管廊、城市建筑等，承载着城市活动和人类智慧，其“活性”体现在承载能力范围内的弹性，以及超出承载而引发的城市安全事故上。数字孪生城市通过建设全域数字化标识体系，有望使城市公用设施、交通设施、特种设备涉及的所有城市实体部件具有唯一化、数字化身份标识，并通过统一物联网感知和管理平台实现统一的管理控制和动态监测。

第二，“涌现”是系统主体的聚集特征，它不是简单的量变，而是生成新的、更高层次系统的质变。涌现的本质是由小生大，由简入繁，来自适应性主体在多种规则支配下的相互作用。城市是聚集的产物，从个体自下而上发展而成，人与人的聚集形成家庭、团体、组织机构等新主体，这些新主体再层层聚集直至形成乡镇、城市。这些大大小小的主体聚集中包含了多层次的适应性互动，并在不同层次上形成“涌现”。因此，城市整体智慧并不是城市参与者个体智慧之和，而是与所有个体智慧不一样的宏观涌现。数字孪生城市能够利用信息技术去感知和预测城市系统无处不在、随时可现的适应性行为，使对城市的干预和影响更接近城市实际的“涌现”趋势，从而让城市的物化表现和人类智慧能够更好地结合，通过城市的“自组织”，用较小的外在干预取得更好的效果。

第三，要素流是主体互动的载体，它在主体间的传递渠道和传递速度决定了互动效果，进而决定系统的进化水平。在城市系统中，城市主体之间通过物质流、能量流、信息流和资金流等产生联系，城市发展的活力与这些“要素流”的强弱和质量直接相关。在当今时代，信息和通信成为黏合社会的“混凝土”，集体行动的开展越来越依赖于对信息的沟通与交换。以往人们更关注城市的物质实体资源，但现在数据成为不容忽视的重要资源之一。数字孪生城市要发挥作用正是要通过主体间数据流和信息流的畅通连接，不断改变城市互动结构来优化城市功能。

7.5.2.2 可视化呈现城市非线性和多样性的真实状态

城市主体的适应性决定了城市发展具有非线性特征。简单来说，非线性意味着整体不等于部分之和。在城市系统中，影响因素千千万万，这些因素之间并非完全独立，而是相互纠缠，无法用切分和加总的方法来分析。虽然在较短的时期内，城市发展仍然呈现出可追寻的秩序，但在较长时期中，结果却是难以预测的，因为非线性会不断放大初始位置的微小偏差，差之毫厘，谬以千里，并且是一个不可逆的过程。目前大多数城市管理思维仍然是线性的，对城市问题进行人为切分来求解，往往陷入“按下葫芦浮起瓢”的窘境。数字孪生城市不能执着于一因一果的单向关系，应将通过不同来源的数据汇集和交融来跟踪和监测城市的非线性发展，如实记录城市动态反馈过程，尽可能地预见政策干预对各个子系统的影响，包括可能出现的各种规避行为、时间延迟和信息损失等问题，充分顺应系统的自组织和自适应能力，适时地进行改变、纠正或扩大，把“学习”功能融入城市管理过程之中，最终达到增加城市系统整体福利的理想效果。

复杂系统也是多样性的统一，多样性是大城市的特性。城市的多样性是城市主体在适应环境的过程中持续生成的。在信息爆炸时代，普通人受益于知识和科技的发展而更容易表达自我，社会个体的多样性得到更大的释放，使城市的时间和空间更具多样性。在时间上，城市不断有新结构、功能或状态出现；空间上表现为在不同的城市空间，结构、功能或状态也不一样。这个过程无时无刻不在发生，从而保持城市系统的持续更新。因此，在数字孪生城市的实践中，城市治理将从避免传统城市管理中的一元化、一刀切问题，转向多元化、差异化、个体化、体验化的转变。"整齐划一"不是精细化，尊重多样性的需求才是真正的精细化。

7.5.2.3 动态识别城市主体的互动标识和内部模型

城市系统论认为"标识"是引导城市主体选择性互动的重要机制。"物以类聚、人以群分"，"类"与"群"就可以理解为一种"标识"。标识的意义在于提出了主体在环境中搜索和接收信息的具体实现方法。正是主体通过标识在系统中选择互动的对象，从而促进有选择的互动。标识的这种机制可以解释城市发展中天然存在的不均衡现象，"极化"和"辐射"背后的微观基础，也可以更好地理解互联网中的信息分发、数据画像的做法。数字孪生城市将会通过技术手段动态识别不同城市主体的需求特点，才能有效地促进、选择和引导城市中的"自组织"行为朝着健康有益的方向发展。

在城市系统中，对一个给定的城市主体，一旦指定了可能发生的刺激范围，以及估计到可能做出的反应集合，可以大致推理主体之间的互动规则，也被称之为"内部模型"。尽管这也仅是一个概率性推算，但系统主体仍然可以在一定程度上对事物进行前瞻性的判断，并根据预判对互动行为做出适应性变化。人们在城市生活中往往从过去与其他主体及环境间互动经验中提炼、挑选可行的"内部模型"来指导自己对环境变化的适应行为。此外，内部模型有隐性与显性之分。隐性的内部模型是主体自生自发的自组织规则，显性的内部模型则是外在施加的制度和法律等规定。有效的显性规则必须以尊重自组织的隐性规则为前提。

与传统的政府发号施令，以"他组织"和"整齐划一"为主的模式相比，数字孪生城市以发现和尊重城市隐性规则为前提，对城市发展进行适度干预，避免人为地对城市系统造成不必要、不恰当的剧烈扰动。从古至今，一个城市可以由强大外力牵引而建立，但要靠"自组织"的力量不断发展壮大，因为自组织充分内化了利益相关者的自我需求、自身利益，意味着各方有一个可接受的集体共识，从而具有内生力量。随着公众数字素养的提高，数字孪生城市能够更好地尊重公众的参与感，加强个人自律，创造"他律"与"自律"相结合的社会环境，促进政府监管和公众自律的良性互动。

7.5.2.4 城市系统"积木块"的灵活解构和智能耦合

系统论并不一概反对还原，但主张"还原到适可而止"[131]。城市系统本没有边界，但根据研究目的的不同，可以形成不同的子系统"拆封"（拆开和封装）方式。系统积木块为解决城市系统不同层次、不同类别的问题划分提供了分析工具。在应用到分析时，其本质作用与"主体"是相同的。两者的区别是，主体是不可拆封的基本元素，而系统积木块是可拆封的子系统。由于以"适应性主体"为起点四个特性和三种机制之间有着严谨的逻辑关系，贯穿一体，只挑选其中某些概念而抛开其他，无法整体而正确地认识城市这一复杂适应系统，因此，系统积木块的拆封需要遵循一个基本原则，即子系统之间应该有着共同的主体，并能共享上述关于系统特性和机制的基本概念。比如从指导城市管理实践的视角，将城市系统拆封为规划、基础设施、公共服务、产业四个基本子系统，分别对应为城市的智慧系统、物理支撑系统、平衡系统和动力系统[132]。这种对城市系统的解构对于建立城市数字孪生体的借鉴意义主要在于：它更贴近城市发展管理实践工作，对如何与实体城市同步模块化地建设数字城市提供了有益的借鉴。

城市是由小到大、由简到繁，不断聚集形成的，不同的城市问题对应的模型尺度和系统层次不同。贵阳在大数据发展实践中曾提出“块数据”[133]概念，即一定空间和区域内形成的涉及人、事、物等各类数据的综合，相当于将各类“条数据”解构、交叉、融合[134]。实体城市系统由子系统耦合而成，那么数字城市相应地由不同的“块数据”叠加而成。因此，数字孪生城市以城市作为整体对象，并不是建立一个单一城市整体模型，而是拥有一个模型集，模型之间具有耦合关系，其价值就在于通过对“块数据”的挖掘、分析、灵活组合，使不同来源的数据在城市系统内的汇集交融产生新的涌现，实现对城市事物规律的精准定位，甚至能够发现以往未能发现的新规律，为改善和优化城市系统提供有效的指引。

数字孪生城市的概念框架建设在城市系统论的基础之上，也是一个具有包容性的跨学科范式，有利于城市多学科领域的专业融合，并实现技术应用方案与城市系统特性的高度匹配，达到城市发展管理的“知行合一”。

建设数字孪生城市是技术创新、行政改革、公众觉悟和民众参与等一系列问题相互交织、共同演进的复杂系统，不是“一次性设计”，也不是“交钥匙工程”，迭代过程中有许多不确定性的问题和风险：首先，技术很少能独自驱动伟大变革，需要组织调整、政策变革与技术创新的紧密结合与良性互动。数字孪生城市的创新实践要求城市治理逻辑从碎片化、条块化、割裂化转向以数据驱动的整体性治理、弹性治理和适应性治理。其次，要正视当前数字孪生技术的局限性，清晰地了解技术的边界，避免走向另一种技术极端。与数字孪生产品相比，在城市层面应用数字孪生的最大挑战在于城市本身的复杂系统特性更强，且受制于目前技术能实现的计算能力。再次，必须充分考虑涉及人的个体信息数据的获取渠道、隐私保护等与技术交织的法律、伦理和安全问题，避免将每个人当成一串数字标签而导致管得更全、更严、更死。要通过数字更好地认识、理解和尊重一个个鲜活的个体，支持人在城市中的全面发展。

7.6 数字孪生与城市服务

7.6.1 数字孪生在城市服务中的表现形态

（1）服务场景的数字孪生。

城市中所有服务场景都将在网络空间映射一个虚拟场景，并以三维可视化形式在城市大脑中呈现服务场景静态、动态两类信息。静态信息包括位置、面积等空间地理类信息，楼层、房间等建筑类信息，水、电、气、热等管线信息以及电梯等设备信息；动态信息包括温度、湿度等环境信息，能源消耗信息，设备运行信息，人流信息等。此外，服务场景不仅包含政府服务大厅、博物馆、图书馆、医院、养老院、学校、体育场、购物中心、社区服务中心等固定场景，也包括公交车、地铁等移动场景。原本线下户外的活动，如去政务大厅办事、观看体育比赛或演唱会、去图书馆借阅、博物馆参观、购物中心采购、学校上课等，都可以通过数字孪生系统以及虚拟现实等技术，全部转为线上完成，在交通、时间、财力等各项成本减少的同时，活动的体验并未降低，数字孪生服务不同于以往简单的线上服务，在场景设置、业务流程、服务效能等方面，全面重现并超越现实场景。

（2）服务对象的数字孪生。

城市服务以人为本，当前较为常见的用户画像局限于少量基础标签和部分行为属性，是数字孪生的初级形态。在用户画像的基础上，数字孪生将整合个人全部基础信息、全域覆盖的监控信息、无所不在的感知信息、全渠道全领域服务机构信息以及个人的手机信号、网上行为等信息，实现对每个人全程、全时、全景跟踪，将现实生活中人的轨迹、表情、动作、社交关系实时同步呈现在数字孪生体上。未来每个人都将拥有一个与人的身体状态、运动轨迹、行为特征等信息完全一致，从出生到死亡全生命周期的数字人生。

（3）服务内容的数字孪生。

随着AR/VR技术的飞速发展，城市服务内容的数字孪生可能最先实现。虚拟现实（VR）通过音视频内容带来沉浸式体验，未来不需要在音乐会、体育比赛现场就能体验身临其境的感觉。增强现实（AR）则突出虚拟信息与现实环境的无缝融合，在现实中获得虚拟信息服务，如汽车抬头显示、博物馆导览、临床辅助等。

7.6.2 数字孪生引发城市服务呈现新特征

（1）虚实融合，缓解服务不平衡、不充分的问题。

党的十九大报告指出，当前中国社会的主要矛盾是人民日益增长的美好生活需要和不平衡不充分的发展之间的矛盾。随着眼球追踪、触觉反馈、语音识别等交互技术的成熟，服务场景和服务内容的数字孪生体系逐步完善，虚实融合实时交互成为必然趋势，政府服务网上办事大厅、虚拟医院、虚拟课堂、虚拟养老院等服务方式可以有效缓解服务发展不平衡、不充分的问题。例如，虚拟课堂可以让不同区域的师生聚集在一个虚拟教室中上课，并且达到过去精品视频课程无法企及的师生身临其境实时互动的体验，使发达地区优质教育资源通过数字孪生以更低的成本、更高的质量流向教育欠发达地区，让偏远的山区学生也能享受到名师亲自指点，缓解教育服务发展不均衡、不充分的问题。

（2）无缝体验，情景交融，真正实现以人文本。

传统服务以供给方为主体，每个人在不同机构获取的服务存在严重的跨部门跨地域信息不共享、服务不连续的问题。未来得益于物联网、机器智能和区块链技术的成熟和广泛应用，数字孪生将实现对服务对象的全程、全时、全景个性化连续跟踪服务，改变以往以服务供给方为核心构建的服务体系，打造真正以人为本的全生命周期服务体验。此外，当服务对象处于某个现实场景当中，将引发人和场景两个数字孪生体间的关联，启动相关的服务，给人提供情景交融、前所未有的惊喜体验。

（3）服务个性化、主动化。

根据城市每个人的数字孪生体，能够对每个人的行为、轨迹、爱好、品味甚至三观精确定位，从而在生活、工作、家庭、娱乐、休闲等各方面提供精准的主动服务，给迷茫的人以指引，给困境中的人以救助，给有需求的人以服务，推动数字孪生体成为每个人的智能管家、贴身保姆和发展顾问，使社会更加和谐安定，使每个人能够心想事成，将大大增强人们的幸福感和获得感。

第8章 数字孪生与物质文化遗产数字化建设

物质文化遗产数字孪生体系[135]是指利用先进信息技术对物质文化遗产物理实体的外形、状态、特征、行为、形成与变化过程等进行表达、描述、建模的一系列过程与方法。由之构建的虚拟模型被称为物质文化遗产数字孪生体（或模型），它是指与现实世界中物质文化遗产物理实体完全一致的虚拟数字模型，该模型可模拟仿真对应物理实体在现实物理世界中的状态、行为、性能与活动等。因此，可认为前者是一种技术、方法、平台、手段或过程，后者是其对应的对象、模型、数据和信息。数字孪生不仅可通过现有理论、技术与方法来建立物质文化遗产对应的虚拟数字模型，还可利用先进信息技术来探索、计算、处理、分析或预测该物质文化遗产在不同自然、社会或文化环境下面临的未知状况与突发情况，进而发现更好的物质文化遗产保护、传承、开发和利用策略与方法。因此，数字孪生理论与技术可为数字人文、文化遗产数字化等领域的研究提供全新的理念、方法和工具。

8.1 数字孪生理论在物质文化遗产数字化建设中的理论融合分析

物质文化遗产作为物理实体存在，其数字化（尤其是物质文化遗产虚拟/增强现实系统、三维数字化系统等）建设过程需要采用大量的物理模型、传感器、管理与运行等数据，且整个过程需集成与之相对应的多尺度、多学科、多物理量、多概率的虚拟仿真过程，并在虚拟信息空间中构建对应的模拟仿真体。结合数字孪生思想、定义与技术特征，可看出数字孪生与物质文化遗产数字化之间有许多共性特征，且后者对前者存在着一定的技术依赖性与关联关系。

从数字孪生概念与发展历程来看，其应用主要集中在物理实体的产品设计与管理运维阶段，但随着大数据、云计算、物联网、移动互联网、虚拟/增强/混合现实等新兴信息技术的飞速发展，以及深度计算、机器学习、人机交互等理论与算法的不断涌现，使得物质文化遗产数字化建设所需要的各种高精度和复杂的模型扫描与测量策略层出不穷，使得各种动态数据的实时采集、可靠与高速传输、存储、处理、分析、建模、决策与预测等成为现实，为物质文化遗产的物理实体和虚拟空间之间的实时关联和交互融合提供了重要的理论与技术支撑。

8.2 数字孪生技术在物质文化遗产数字化建设中的应用研究

8.2.1 共性理论与共性特征分析

通过数字孪生理论与技术在虚拟信息空间中构建一个与现实物理世界中的物质文化遗产完全一致的数字孪生体，则可在对该遗产做任何动作、破坏或损坏之前，模拟出可能发生的状况、问题或可能引起的后果，从而使具备唯一性、不可恢复性的物质文化遗产免于被错误行为、举止或动作损坏，达到良好的保护、开发、利用效果，同时，数字孪生体也可与虚拟/增强/混合现实进行紧密结合，叠加虚拟现实维度，提供复原再现、可视化展示与沉浸式体验功能，给遗产保护与开发利用增加了更多可行性，让遗产“活起来”，绽放全新生命力。

物质文化遗产数字孪生体作为数字孪生技术物质文化遗产数字化过程中最重要的应用之一，它是基于规划设计阶段产生的虚拟仿真模型，一旦构建成功就可实现它与物理实体之间的数据、信息交互，从而不断完善其数据模型的完整性、系统性、一致性、动态性、进化性和精确性。本节在对国内外相关研究成果归纳演绎之后，认为数字孪生与物质文化遗产数字化的共性理论体系与共性特征如图 8-1 所示。

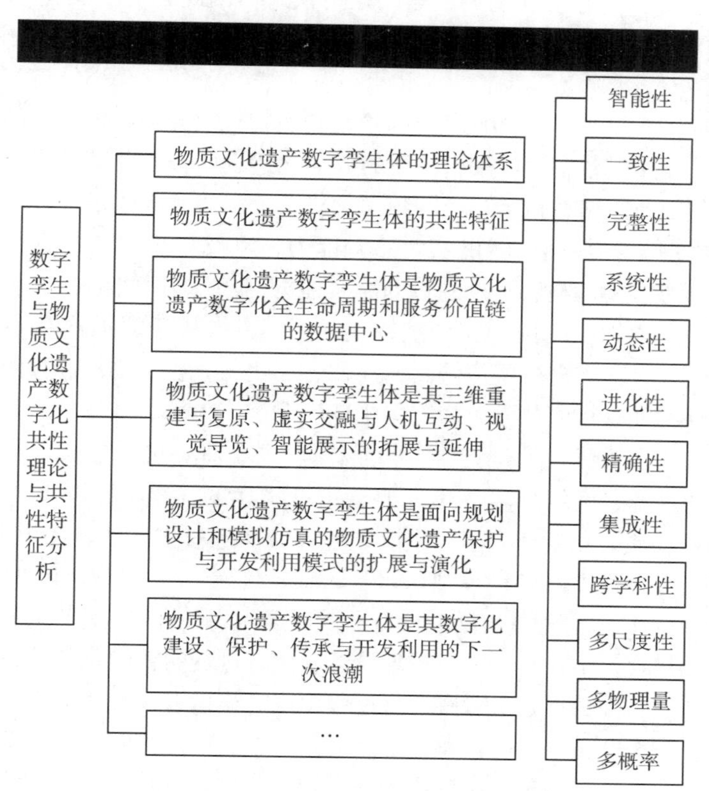

图 8-1 共性理论与共性特征分析图

事实上物质文化遗产数字孪生体系远远超出了其数字化、虚拟/增强/混合现实产品所涵盖的范畴，它不仅囊括了物质文化遗产所对应的几何、三维数字与虚拟现实模型，也包括了对应的功能、性能、技术和手段等方面的表达与描述，还包含了物质文化遗产数字化建设、管理与服务等相关全生命周期的形成状态和过程的表达与描述。此外，一方面，它是物质文化遗产三维重建与复原、虚实交融与人机互动、视觉导览、智能展示的拓展与延伸[136]，本质上提升了物质文化遗产单一数据源和数字化建设全生命周期过程中的数据、信息交互能力；另一方面，它也是物质文化遗产保护、传承、开发和利用价值链的数据中心，本质上丰富了各功能模块之间的数据、信息交互方式，提升了各模块间自主协作和解决问题的能力。

8.2.2 运行机制

根据上面的分析，可知数字孪生技术是实现现实物理世界与虚拟信息空间之间信息交互融合的有效手段与方法，物质文化遗产数字孪生体系能在大数据、物联网、虚拟/增强/混合现实等信息技术的驱动下，通过现实物理世界和虚拟信息空间之间的双向、实时数据映射与信息实时交互，实现物质文化遗产、虚拟文化遗产、数字孪生平台之间的全过程、全业务、全因素、全数据的融合与集成，在相应的文化遗产大数据驱动下，实现物质文化遗产数字化建设过程管理、数字化规划设计、数字化过程控制等物质文化遗产、虚拟文化遗产、数字孪生平台之间的迭代运转，从而在满足特定建设目标和规则的约束下，达到物质文化遗产保护、传承、开发和利用最佳的运行模式。因此，物质文化遗产数字孪生体系主要是由物质文化遗产、虚拟文化遗产（数字孪生体）、数字孪生平台和遗产大数据四部分所组成。

其运行机制如图 8-2 所示，物质文化遗产是现实物理世界中客观存在的物理实体或物理实体集合，主要负责接受数字孪生平台下达的数字化建设任务，并按照虚拟文化遗产模拟仿真后计算得出最佳执行策略，执行相应的数字化建设工作并完成建设任务。同时，该模块还需要具备较强的多源异构数据的智能实时感知能力，以及“用户—信息空间—物质文化遗产—网络环境”所涉及的人机物环境建设与融合能力[137]；虚拟文化遗产（数字孪生体）是物质文化遗产在信息虚拟空间内的完全数字化映射，主要用于对遗产数字化建设的规划设计、建设执行、任务过程等进行模拟仿真、评估、优化、分析、决策和预测，并对整个过程进行实时监测、预测和管控，从而对物质文化遗产保护、传承、开发和利用过程中面临的各种状况和突发情况产生最优化处理方案[85]。该模块主要需要包括要素（主要包括用户、信息空间、物质文化遗产、网络环境等生产要素进行描述的三维数字模型与虚拟仿真模型）、行为（主要包括对物质文化遗产数字化建设的各种特征进行描述的行为模型）、规则（主要包括依据数字化建设过程中的各种模拟仿真、评估、优化、分析、决策和预测等规则模型）三个方面；数字孪生平台主要是由物质文化遗产大数据驱动的各类数据、信息、服务、功能、业务与模块的集合，主要是对整个规划设计、执行过程的智能化管控进行有效协调和管理；物质文化遗产孪生大数据是三者在运行过程中所产生的各类数据以及三者融合后所产生衍生数据的集合，是整个数字孪生体系正常运转和数据、信息交互的主要驱动力。该模块主要提供全过程、全业务、全因素、全数据的数据融合与共享集成平台，并在融合和集成的基础上，不断对其自身数据、信息进行拓展与更新，从而实现各组成要素之间的交互、融合与驱动[68]。

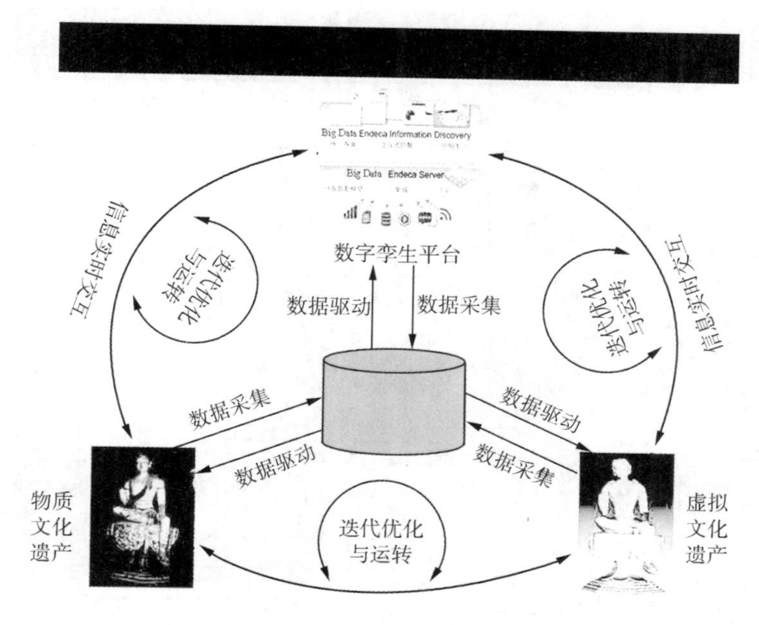

图 8-2 运行机制图

8.2.3 实施方案

目前国内外关于数字孪生与文化遗产数字化融合理论、技术与应用系统性、规范性的研究成果还较少，下面从全生命周期管理视角的孪生大数据构成、实施方式、建设目标和主要功能四个方面对其应用进行分析，如图 8-3 所示。通过以上分析发现，作为核心的运行机制为数字孪生和物质文化遗产数字化融合研究提供了理论与技术支撑，同时也提供了业务与数据的驱动、交互、获取和整合能力，其目标是为后续遗产数据孪生体全生命周期管理与服务价值链提供保障，从而实现其对应的孪生大数据的全面获取、追溯与处理，对整个实施过程进行全方位监管，进而实现各个相应的功能模块，最终达到建设目标。

8.2.3.1 建设目标

根据物质文化遗产数字化建设实际需求与数字孪生技术特点，确定该体系建设目标主要分为三个部分：

（1）虚实交互融合，以实映虚，以虚控实[138]。一方面，数字孪生与物质文化遗产数字化建设融合的理念之一就是在虚拟信息空间中为遗产建立对应的数字孪生体，并采用虚拟/增强/混合现实、模拟仿真、数字建模、人机交互等技术来模拟仿真遗产所面的临未知状况与突发情况，来预测、决策和确定遗产未来的活动、行为和状态。另一方面，由于物质文化遗产所面临的环境、状态、行为、特性等是动态易变的，为保证其物理实体与数字孪生体高度一致，就需要通过虚实交互融合来不断进行数据、信息实时交互。

（2）物质文化遗产数字孪生体系全生命周期的智能化、数字化管理。智能化、数字化管理是物质文化遗产数字化建设的重要目标之一。物质文化遗产数字孪生体是从其数字化建设拓展和延伸而来，其目的就是实现从最初的遗产原始数据管理到数字化建模后模型数据乃至整个数字化全生命周期的数据管理、服务，使整个过程实现可调控、可预测和可智

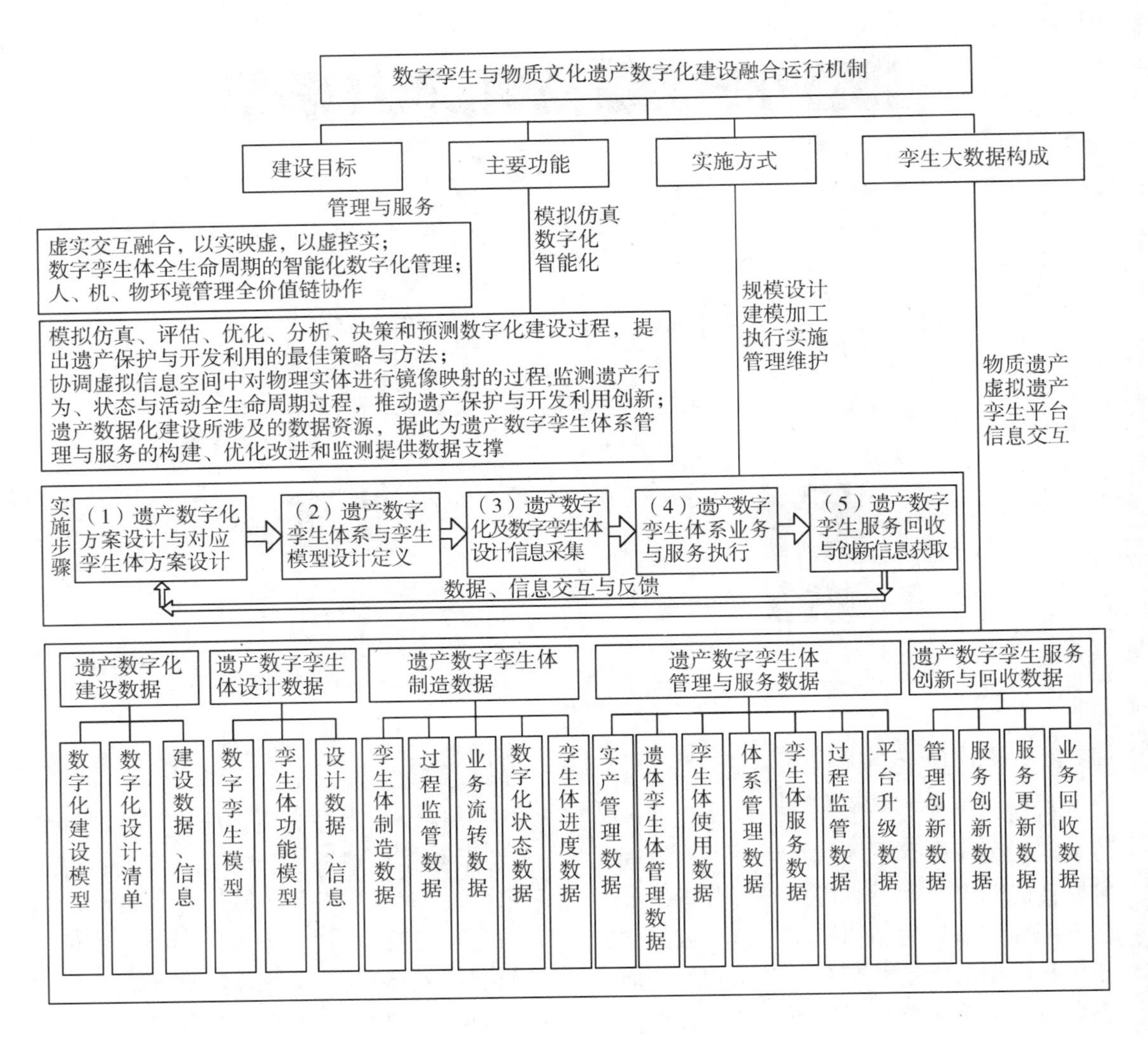

图 8-3　实施方案图

能处理，并能将物质文化遗产保护、传承、开发与利用需求全面融入早期数字化建设的规划设计阶段，形成能不断自动完善、自主优化的全生命周期的智能管理与服务体系。

（3）人、机、物环境管理全价值链协作。物质文化遗产数字孪生体系管理与服务价值链上下游主体间、遗产彼此之间端到端的数据集成是“用户—信息空间—物质文化遗产—网络环境”所涉及的人、机、物环境深度融合的重要组成部分。而遗产数字孪生体作为该管理与服务价值链的核心，其主要目标就是实现相应的人、机、物环境管理的全价值链协作，从而实现价值链上下游的数据、信息集成与分享、孪生体之间的协作管理、服务与开发利用。

8.2.3.2　主要功能

围绕其建设目标及数字化建设需求，确定物质文化遗产数字孪生体系主要功能如下：

（1）模拟仿真、评估、优化、分析、决策和预测数字化建设过程，提出遗产保护与开发利用的最佳策略与方法。物质文化遗产数字孪生构建的主要功能之一就是模拟仿真、评估、优化和预测遗产数字化建设过程，监测、诊断、控制和维护其在现实物理世界中所面临的各种状况，尽可能地掌握遗产保护与开发利用中的状态、行为，解决任何可能对其造成伤害或损坏的问题，并为后续保护与开发利用提供依据，同时评估其保护、传承、开发和利用的各种成本，实时分析、评估其数字化建设的可靠性、系统性、精确性和适应性，对管理与服务过程加以科学、有效管控，并围绕问题提出最佳策略与方法。

（2）协调虚拟信息空间对物理实体进行镜像映射的过程，监测遗产行为、状态与活动全生命周期过程，推动遗产保护与开发利用创新。通过该实施方案，在物质文化遗产数字孪生体系全生命周期各阶段，将遗产数字化、遗产建设、管理与服务等各方面的数据映射到相应数字孪生体中，并在此基础上，以遗产数字孪生体为主要数据来源，全程监控其对应的行为、状态、活动与特征等变化，进而实现其全生命周期管理与服务过程的高效协同，最终实现遗产在虚拟信息空间与现实物理世界之间的有效映射与实时交互[139]，并为其全生命周期各环节所涉及的设计者、管理者、研究者、操作者、服务者和用户等提供科学、统一的数据访问、信息交互、模型构建和业务管理接口。

（3）遗产数据化建设所涉及的数据资源，以此为遗产数字孪生体系管理与服务的构建、优化、改进和监测提供数据支撑。遗产数字化建设必然会产生大量数据与信息资源，这些数据记录了整个遗产数字孪生体系建设、管理与服务的所有过程，客观反映了遗产物理实体和孪生体的行为、状态、活动与特征。而遗产孪生体也客观记录着遗产数字化过程的产生、发展与灭亡全过程，从而为它的管理与服务的构建、优化、改进和监测提供数据支撑，并能随时提供其在不同历史阶段中的所有数据、信息和模型，在任何时间、地点、阶段和环境中都能提供相应的信息检索与可视化展示功能。

8.2.3.3 孪生大数据构成

数字孪生在物质文化遗产数字化建设过程中应用必然会产生大量数据，这些数据具有规模大、类型繁多、价值密度低、增长速度快、时效性要求高等大数据特性。遗产孪生大数据的数据构成主要包括遗产数字化建设数据、遗产数字孪生体设计数据、遗产数字孪生体制造数据、遗产数字孪生体管理与服务数据、遗产数字孪生服务创新与回收数据五大类。各类型数据的构成主要包括：

（1）遗产数字化建设数据，主要包括数字化建设模型、数字化设计清单、建设过程数据与信息等。

（2）遗产孪生体设计数据，主要包括数字孪生模型、孪生体功能模型、设计过程数据与信息等。

（3）遗产孪生体制造数据，主要包括孪生体制造数据、过程监管数据、业务流运转数据、数字化状态数据、孪生体进度数据等。

（4）遗产孪生体管理与服务数据，主要包括遗产实体管理数据、孪生体管理数据、体系管理数据、孪生体服务数据、过程监管数据、平台升级数据等。

（5）遗产数字孪生服务创新与回收数据，主要包括管理创新数据、服务创新数据、服务更新数据、业务回收数据等。同时，需要特别强调的是，遗产数字孪生体并不是一成不变的静态模型，而是随着环境、条件或行为等外来因素的影响而不断变化的动态模型，并会随着遗产数字化建设、管理与服务过程的演进而不断变化[140]。

8.2.3.4 实施方式

由图 8-3 可看出，数字孪生在物质文化遗产数字化建设应用的具体实施过程中，主要分为以下五个步骤：

（1）遗产数字化建设方案设计与对应数字孪生体方案设计阶段。该阶段主要应用于规划设计具体的遗产数字化建设、相应数字孪生体构建的具体业务、技术与设计方案。需要构建出与遗产物理实体相对应的三维数字模型、标注、描述、表达、组织、分析与处理的数字孪生模型，同时还包括与之相对应的各物质、虚拟实体之间的关联关系、过程属性、数据与信息，且遗产的虚拟实体与物理实体之间的关系、属性、数据与信息等是完全对应的。

（2）遗产数字孪生体系与孪生模型设计定义阶段。该阶段主要在上一阶段的基础上，实现遗产数字孪生体系、孪生模型与关联关系等的设计、制造与执行。具体的实施内容包括：遗产三维数字模型重建与复原、遗产数字孪生体系过程建模、关联关系模型建模、基于三维数字模型的组合装配设计、数字孪生体系模拟仿真与验证、遗产数字孪生关联知识库建设、虚实交融与人机交互体系建设、视觉导览与智能展示体系建设等，进而为下一阶段提供相关的数据、信息与知识支撑。

（3）遗产数字化及数字孪生体设计信息采集阶段。这一阶段在前面基础上，实现遗产数字孪生体系的管理与服务过程相关数据、信息与知识的获取工作，并建立对应的信息获取、采集机制、渠道与平台等。从信息采集的途径与来源来看，主要包括遗产数字化建设与对应的数字孪生体系建设所涉及的各类数据、信息与知识，如物理实体关联数据、数字孪生体系建设、管理与服务数据、过程监控数据、运行状态数据、孪生体运行检测数据、建设进度数据、状态预测与决策数据、逆向过程推演数据等。

（4）遗产数字孪生体系业务与服务执行阶段。这一阶段主要是为前面几个阶段提供相关业务执行与服务执行任务，从而实现遗产数字孪生体系的建设、管理与服务工作。相关业务内容主要包括遗产数字孪生体系的管理与服务、维护与维修、升级与更新、改造与优化等。

（5）遗产数字孪生服务与业务回收与创新信息获取阶段。这一阶段主要用于处理遗产数字化建设与对应数字孪生体系的后续管理与处理、服务创新工作。当遗产数字化建设工作完成或取消时，与之对应的数据孪生体系所涉及的体系、模型、数据、信息与知识等都将作为历史数据进行有序保存，从而为其他相关研究，或对该遗产进行进一步的保护、传承、开发与利用、或同类型遗产的数字化建设、保护、开发与利用的具体分析、预测和决策，以及对应的同类型遗产数字孪生体系与模型建设等提供参考借鉴。

结合以上分析，可认为物质文化遗产数字孪生体系建设的实现方法具备以下几点特征：

（1）该体系建设是面向其全生命周期的，数据来源于现实物理世界中客观存在的物质文化遗产，数据源具备单一性、一致性与系统性等特征，且它是遗产所处的物理世界与虚拟空间之间的数据与信息双向交互的唯一依据。

（2）该体系中涉及的所有模型、状态、行为、活动、数据、信息与知识都是可以追溯的。

（3）该体系可在任何时间、地点实现遗产物理实体与虚拟实体之间的双向交互，进而实现对遗产物理实体状态、行为与活动的实时监测、跟踪、预测、分析和决策。

8.2.4 关键技术

根据以上分析，依据其运行机制与实施方案所展示的主要系统构成，可认为物质文化遗产数字孪生体系构建的关键技术主要包括五个方面：

（1）物质文化遗产“人（用户）—机（信息空间）—物（物质文化遗产）—环境（网络环境）”的融合交互技术。主要包括：

①网络环境中的遗产多源、多尺度、异构关联数据、信息、服务、接口标准和协议的制定与相关数据获取、采集技术；

②遗产多源、异构、多模态关联数据的融合与处理技术；

③遗产高精度三维数字化几何数据测量、获取、建模、处理与分析技术；

④遗产多源、异构、多模态数据传输与存储技术；

⑤遗产智能感知技术与相应的物联、传感网络装配技术；

⑥遗产大数据存储与展示技术；

⑦遗产所处的人机物环境智能监控和优化管理技术等。

（2）遗产数字孪生体（虚拟文化遗产）建模、模拟仿真与匹配技术。主要包括：

①遗产数字孪生体建模技术，如遗产几何数据获取、建模、纹理获取与预处理、纹理与光线映射等多维度、多尺度三维数据建模与仿真技术；

②遗产多维度、多尺度、高精度模型数据集成与融合技术；

③数字孪生体内涵特征、运行机制与模型融合技术；

④遗产数字孪生体设计/制造/渲染/生产过程的模拟仿真、运行、优化与验证技术；

⑤遗产虚拟/增强/混合现实应用技术等。

（3）遗产数字孪生体数据管理与处理技术。主要包括：

①多尺度、多维度、多类型、多结构和多粒度数据的清洗、过滤、处理与分析技术；

②多源异构遗产大数据融合与数据追溯技术；

③遗产大数据迭代优化与驱动技术；

④遗产数字孪生体虚拟交互融合与协作技术；

⑤遗产数字孪生体虚拟双向交互映射技术；

⑥遗产大数据处理、分析与应用评价技术等。

（4）遗产数字孪生体系业务运行技术。主要包括：

①遗产数字孪生体系机制构建、服务组合与优化技术；

②遗产数字孪生体系协同管理技术；

③资源动态调度与业务自适应技术；

④业务组织、服务管理与过程监管等技术；

⑤遗产数字孪生体系运行标准、技术规范、接口定义和服务定义技术；

⑥业务过载与服务调控技术等。

（5）遗产数据孪生体系管理与服务技术。主要包括：

①遗产数据孪生体系智能管理与资源精准协作技术；

②管理与服务质量实时控制与优化决策技术；

③遗产数据孪生体系运行能耗管理、分析与预测技术；

④管理与服务精准管控、智能跟踪、匹配技术；

⑤管理与服务协同分析、运行优化技术；

⑥服务更新与业务流回收技术；

⑦遗产数据孪生体系运行负载均衡与性能优化技术等。

第9章 数字孪生与教育

如果我们认可教育是一个复杂系统、复杂流程，那对于教育的研究我们就必须以复杂手段、复杂思维来加以应对。当教育过程中的因果关系还难以有效判定前，先将相关数据完整、实时、系统地记录下来，然后在其中抽丝剥茧，找到线索，从而找到可行的方法。因此，要使教育学真正走向教育科学，对教育的"数字孪生"势在必行。当前，智慧校园在研究和实践中出现了概念泛化、边界模糊等倾向，而人工智能正以清晰的路径影响和改变着校园生态系统，从智慧校园转向"智能+"校园，存在逻辑合理性与现实需求。目前，已出现数字孪生应用于教育的实例，"知点云"SaaS 教育平台就是其中一个范例。

9.1 教育信息化 2.0：新时代学校发展的机遇与挑战

9.1.1 从教育信息化 1.0 到教育信息化 2.0

教育信息化从诞生至今，一直是一个进行中的概念。南国农先生将其定义为："所谓教育信息化，是指在教育中普遍运用现代信息技术，开发教育资源，优化教育过程，以培养和提高学生的信息素养，促进教育现代化的过程[141]。"何克抗指出："教育信息化是信息与信息技术在教育、教学领域和教育、教学部门的普遍应用与推广[142]。"近年来，随着新媒体、新技术的跨越式大发展及教育本身在育人目标与路径方面的变革，教育信息化又一次站到了挑战和机遇并存的十字路口。

为实现教育信息化的转型升级，教育部在《2018 年工作要点》中明确指出，要实施"教育信息化 2.0 行动计划"，并于 2018 年 4 月 18 日正式颁布。从词频来看，《教育信息化 2.0 行动计划》中 11 次明确提及"人工智能"，36 次提及"智能"，11 次提及"新时代"。由此可见，"智能"是教育信息化 2.0 的重要关键词，是学校迈向"新时代"的重要路径。为促进人工智能在校园的落地，同期，教育部又印发了《高等学校人工智能创新行动计划》，明确了高校的人工智能发展战略。相关教育政策及信息化的实践，正促进人工智能技术融入整个学校生态系统中，推动学校进入"智能+"新时代。

9.1.2 教育信息化 2.0 的内涵与特征

教育信息化 2.0 是教育信息化发展到一定阶段的产物，可从三个维度来理解：一是时间维度的表象概念，将改革开放至今的教育信息化称为 1.0 时代，将开启新时代的教育信息化称为 2.0 时代[143]；二是基于目标维度的内涵概念，教育信息化 2.0 是整个教育生态的重构，通过颠覆性地改变传统的教育模式和方法，最终致力于实现教育的现代化[144]；三是基于教育变革维度的实践概念，包括探索基于信息技术的教学新模式、发展基于互联网的教育服务新模式、探索信息化时代的教育治理新模式等三个转变[145]。

教育信息化 2.0 的价值取向不仅是技术的更新与应用，更多的是促进技术同教育更好地融合，重塑教育的生态系统，进而推动教育现代化。因此，教育信息化 2.0 的基本特征应是“生态+人本+智能”（见图 9-1），三者作为教育信息化 2.0 生态系统的三个重要节点相互影响、协同推进，其中，人本化的服务是目标，生态和智能是构建途径。

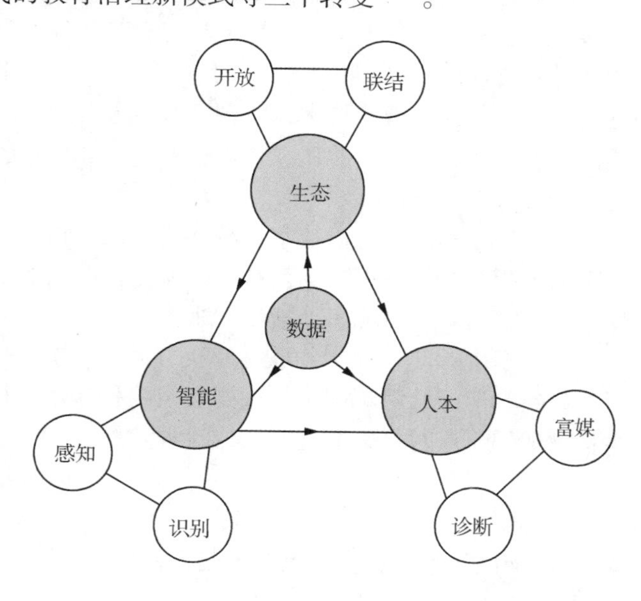

图 9-1 教育信息化 2.0 生态系统的三维特征要素

智慧校园作为已经发展多年的概念，在研究和实践中远未达到成熟的程度，其“泛化”倾向有可能影响其在教育信息化 2.0 建设中的指向性作用。由于缺少清晰的结构性框架与可视化模型，智慧校园在教育信息化 2.0 视域下需要重新定义，以更智能、更生态、更人本的样态出现，从而服务教育信息化 2.0 时代学校发展的系统性变革需求。

9.2 从智慧校园迈向“智能+”新样态

校园的建设策略“智能+”校园是在《教育信息化 2.0 行动计划》的理念指引下，重新审视与反思智慧校园的校园信息化建设思维的系统化跃升。生态策略、开放策略、基于数据的数字孪生策略，是建设“智能+”校园的三种重要可行的策略，能够解决“智能+”校园的生态构建、应用融合与数据贯通及场景连接与价值输出的问题。

从教育信息化 2.0 对教育生态系统的诠释与要求来看，“智能+”校园建设应是一个系统工程，同时也是一个螺旋式的演化过程。为了快速响应业务需求的变化，适应技术的不断升级更替，延长系统寿命，降低生产成本，系统必须具有柔性的支撑架构，从而做到随需应变、快速构建和持续演化。“智能+”校园既是人工智能技术和教育的深度融合，也是相关人力资源的高度复合，应从过往“建、用、评”分离进化到协同创设的共同体。

基于数据的数字孪生策略，体现“智能+”校园的数据价值步入教育信息化 2.0 时代，数据逐渐成为一种宝贵的资产，谁拥有了教育大数据，谁就拥有了“智能+”校园的未来。数据价值的体现需要通过“数据即服务”（data as a service，DaaS）来实现，其是指与数据相关的任何服务都能够发生在一个集中化的位置，如聚合、数据质量管理、数据清洗等，然后，再将数据提供给不同的系统和用户，而无须考虑这些数据来自哪些数据源，DaaS 将数据作为一种商品提供给任何有需求的组织或个人[146]。在 DaaS 的框架下，数据采集（data acquisition）可来自任何数据源，如数据仓库、电子邮件、门户、第三方数据源等，因此，特别适合具备富媒体化、多源化、异构性等特征的教育场景，有助于形成多模态的教育大数据应用生态体系，这正是“智能+”校园的典型特征。数字孪生是一种集成多物理、多尺度、多学科属性，具有实时同步、忠实映射、高保真度的特性，能够实现物理世界与信息世界交互与融合的技术手段[142]。建设“智能+”校园的重要目的之一就是借力新一代人工智能技术，实现学校的物理世界和信息世界的互联互通与智能化操作，进而实现智能交互。因此，在“智能+”校园的生态系统中，数字孪生是实现真正意义上的 DaaS 的重要途径。

数字孪生本质上是以数字化的形式对某一物理实体过去和目前的行为或流程进行动态呈现的过程与结果。引入到教育中，就是在课堂上了一节课后，把这个环节中所有数据都搜集起来，或者尽可能多地搜集起来。

数字孪生并非一种“物联网解决方案”，物联网系统可用于位置检测和某个组件或要素的诊断，但无法对不同组件或要素间的相互作用和整个生命周期过程进行检测；数字孪生特别适用于应对复杂系统问题或流程建模。

9.3 数字孪生与“知点云”

9.3.1 “知点云”教育 SaaS 平台

“知点云”教育 SaaS（Software-as-a-Service）平台是山东旭兴网络科技有限公司的核心业务之一。它是针对公办校园（kind ergar ten through twelfth grade，K12）推出的一款教育数字孪生信息化的校园信息化的平台，主要解决公办校园的行政管理、家校沟通、教育教学、校园安全等问题。“知点云”教育 SaaS 平台致力于打造以数字孪生信息化为基础的校园工作、学习、沟通为一体的校园环境，满足了学校在管理、教学和学习等方面的需求。

9.3.2 “知点云”SaaS 平台六大系列

“知点云”教育 SaaS 平台有六大核心系列：行政管理系列、家校沟通系列、智能助理系列、校园安全系列、个性化成长系列、心理分析系列。它涵盖了校园管理、教育教学、学生成长、校园安全四方面，帮助管理者提升管理效能与决策水平，帮助教师教学减负提优，帮助学生成长成才，帮助校园提升安防，杜绝校园欺凌事件和师生心理抑郁、过激行为的发生。

“知点云”的愿景是让每个孩子健康成才、开心成才、科学成才。

9.3.2.1 行政管理系列

“知点云”办公 OA 是国内领先公办校园（K12）办公平台，是目前国内最适合 K12 公办校园场景的办公应用，也是国内 K12 办公 OA 的开创者。学校管理者/老师只需使用手机就可以处理一天的日常工作，有效提升工作效率。每天自动生成日报推送给管理者，轻松管理校园。主要功能内容如下：

（1）考勤管理。

考勤管理可以在APP端直接打卡或自动实时读取考勤设备的考勤数据，结合员工排班信息、加班申请信息、假期申请信息进行分析、计算，处理如迟到、早退、缺勤、加班、请假等各种考勤事务。

（2）申请审批功能。

可对请假、漏打卡、消迟到早退、出差、加班、集体请假、调班、外勤等利用手机进行线上提交申请。

（3）线上办公。

"知点云"办公OA实现教学资源利用效率最大化，提供多维度统计报表查看和分析，帮助老师轻松管理校园。

（4）行政管理。

学校管理者、老师可用手机处理日常行政办公。主要功能：民主评议、出勤管理、审批、IM聊天、公文通知等。

（5）教务管理。

老师可通过手机处理日常教务信息。主要功能：排班、调课、成绩发布、课程表等。

9.3.2.2 家校沟通系列——"知点云"家校互通

"知点云"家校互通是为家长与教师建立的沟通桥梁，教师只需下载"知点云App教师版"软件，即可与家长随时互通交流，家长在"知点云App家长版"中可掌握孩子每天的进出校门信息、在校受教信息等，帮助家长与老师共同完成对孩子的正确教育。主要功能内容如下：

（1）学生无感考勤。

将孩子每天进校、离校、校园内行为轨迹等信息及时反馈给教师、家长；家长可在线上进行请假、申请拜访等家校联系事务；教师可对家长的申请进行处理。

（2）无障碍家校沟通。

教师可随时随地找到每个学生家长，家长随时用手机与教师交流沟通，查看孩子课程表，与孩子的教育保持同步；同时在App内的沟通可一定程度避免信息误发导致的社会不良影响事件。

（3）作业通知编发。

老师布置的课后作业，家长可以在"知点云App家长版"实时查看，与老师共同监管孩子的作业完成情况。

（4）家长查看成绩。

考试成绩同步给每一位家长，家长接收到自己孩子的成绩表单，精准掌握孩子的学习成绩，制订相应学习计划。

9.3.2.3 智能助理系列——AI伴侣

（1）语义机器人。

垂直于教育行业，是一个能读懂、看懂、听懂、有记忆，真正懂家长的情感AI伴侣，像真正的人类那样理解谈话者的情感、情绪与意图，人性化地为家长提供帮助。

（2）智能排课。

在不同校园资源情况下根据教室和教师需求，一键进行排课、给出多种辅助学校选择的排课方案。

(3) 智能批改作业。

使用图像处理、机器学习技术，用硬件设备与软件结合替代老师批改工作，提高教学效率。

(4) 智能出卷/阅卷。

联合多家优质题库资源，根据不同学科和知识体系，进行切片分类，选择知识的难易程度、考试类型，一键生成考试试卷，也可由教师调整出卷。学生答完卷后，智能通过硬件设备与软件结合进行阅卷分析，得出学生的考试成绩与学情分析报告。

(5) 虚拟实验室。

为初高中教师提供教学的仿真虚拟实验软件，支持教师操作终端跨平台（支持电子白板、台式机、一体机、平板电脑）、组装操作实验（实验课程有化学、物理、生物），且实验操作可呈现准确的实验数据以及逼真的实验现象。

9.3.2.4 校园安全系列——“知点云”校园安全

安全校园，是将传统安防方式进行升级，将人脸识别、情感计算、数字孪生技术与智能硬件设备融合，杜绝校园危险事件的发生，由传统事后追查转为事前预防，进一步帮助学校提升校园安全。

9.3.2.5 个性化成长系列

(1) 课堂教学分析系统。

课堂教学分析系统是应用人工智能技术的教学辅助产品，依靠微表情识别、自然语言理解等技术，实现全面、快速、全自动的教学分析。智能识别并分析教学场景中面部微表情和语音语调所传递的情感信息，感知课堂中的情感状态变化，从而提供即时的学情分析。

(2) 学情报告系统。

采集学生日常学习成绩、老师评价等信息，自动生成专属的学情报告，让老师/家长客观了解孩子学情，帮助孩子快速攻克薄弱知识环节，及时调整学习状态。

(3) 成长档案。

记录学生生理、学情、情感、心理等数据，给孩子家长、老师提供全方位的数据分析报告，帮助老师和家长正确引导孩子成长提供数据支撑。

9.3.2.6 心理分析系列——“知点云”心理分析

“知点云”心理分析基于校园摄像头设备追踪孩子的情绪变化、基于智能手环追踪孩子的生理体征变化，或通过基因筛查检测情绪，以及通过专业的心理测评题等多维度信息建立的心理分析模型，解决 K12 阶段学生面临校园欺凌事件、教师暴力虐待、学习压力过大等导致的心理抑郁、过激行为等一系列的心理问题。

第10章 数字孪生技术在其他方面的应用

数字孪生技术除在航天航空、工业、资源开采、城市化建设、物质文化遗产数字化建设、教育几方面得到应用与发展外，还在军事、医疗等方面得到广泛研究与应用。

10.1 数字孪生与军事

数字孪生技术最先由美国军方组织开展应用研究，近两年逐渐成为军工领域的重要发展方向，在美欧大型军工企业装备研制生产与维修保障中得以应用，并开始取得一定实效。

在企业战略层面，2017年6月，洛马公司提出名为“Product Digiverse”的新一代数字化技术发展理念，旨在将人员、设备、物料和环境等物理实体及制造过程与数字化模型连接，构建物理世界的镜像模型。这一理念的本质即数字孪生技术。同年11月，洛马公司将数字孪生技术列为2018年度影响军工领域的六大顶尖技术之首。2018年，空客公司也将数字孪生技术作为实施数字化战略、构建“未来工厂”的重要内容。

10.1.1 加强数字孪生技术战略布局

在国家战略层面，2018年，美国国家数字化制造与设计创新机构将数字孪生技术列为战略投资重点：一是研究并构建工厂的数字孪生试点，应用数字孪生建模方法仿真工厂实际环境，预测生产效率、分析时间进度或制造资源变化的影响，根据现场工艺数据优化生产流程，大幅提高工厂生产效率；二是研究构建供应链数字的孪生模型，权衡分析与供应链相关的时间、成本、产品复杂性、库存等信息，使供应链效率达到最优；三是宣传推广数字孪生技术应用。该创新机构由美国国防部牵头组建，是国家制造创新网络计划14个创新机构之一，其投资方向代表了美国政府和军方的关注重点。

洛马、诺格、空客等军工巨头积极推进数字孪生技术的实际应用，涉及武器系统设计研发、生产制造、运行维护几个应用方向，代表了目前数字孪生技术发展的先进水平。

10.1.2 用于武器系统设计研发

通过建立产品数字孪生模型，在零部件生产前即可预测成品质量、识别设计缺陷，并在数字孪生模型中进行迭代设计，大幅缩短研发周期、降低研发成本。2016年，达索系统公司针对复杂产品创新设计，建立了基于数字孪生技术的3D Experience平台，利用用户交互反馈信息不断改进产品的数字化设计模型，并反馈到物理实体产品中。2018年5

月，达索航空公司将 3D Experience 平台用于新型战斗机研发，以及“阵风”系列战斗机和“隼”式商务客机的生产能力提升；同年 6 月，土耳其航空工业公司宣称将在 TF-X 第五代战斗机研制中采用该平台。

10.1.3 用于武器系统生产制造

通过建立生产现场资源和环境的数字孪生模型，可优化制造流程、合理配置制造资源、减少设备停机时间，进而提高生产资源利用率、降低生产成本。2016 年，诺格公司利用数字孪生技术改进了 F-35 战斗机机身生产中劣品的处理流程。新流程可自动采集零部件数据并精准映射到数字孪生模型，进行实时、快速、精确分析，使 F-35 战斗机进气道加工缺陷决策处理时间缩短 33%。2017 年 12 月，洛马公司在 F-35 沃斯堡工厂部署基于数字孪生技术的“智能空间平台”，将实际生产数据映射到数字孪生模型中，并与制造执行和规划系统相连，提前规划和调配制造资源，从而全面优化生产过程。据估计，应用数字孪生等新技术后，每架 F-35 战斗机生产周期将从目前的 22 个月缩短到 17 个月，且在 2020 年前将制造成本从目前的 9460 万美元（F-35A）降低到 8500 万美元以下，降幅超过 10%。

2016 年起，空客公司为实现 A350XWB 飞机增产提效，开始在法国图卢兹工厂构建总装线数字孪生模型。空客公司在关键工装、物料、零部件上安装无线射频识别系统，建立装配线的数字孪生模型，实现对数万平方米空间和数千个对象的实时精准跟踪、定位和监测，并借助模型优化运行绩效。目前，A350XWB，A330，A400M 等型号装配线不同程度地应用了数字孪生技术。

10.1.4 用于武器系统运行维护

数字孪生技术在对产品运行状态实时监控的同时，还可利用智能算法预测产品在正常工作条件下的性能趋势，进而优化维修进度、减少计划外停机，大幅提高运营性能。

2016 年，波音公司与美国空军合作构建了 F-15C 战斗机机体的数字孪生模型，用于管理机体残余应力、几何结构、有效载荷、材料微结构等，进而预测结构组件的使用寿命，据此调整结构组件检修、替换周期。同年，通用电气公司基于 Predix 软件平台开发出数字孪生解决方案，用于对发动机进行实时监控、及时检查以及预测性维护。普惠、罗罗两家公司也正在着力开发用于发动机运维和管理的数字孪生解决方案。

总体来说，目前针对数字孪生技术的研究和应用还处于初级阶段。美欧等发达国家军工巨头和达索系统、西门子等软件提供商都在结合各自发展需求积极开发数字孪生解决方案。可以预见，学术界、生产企业、软件提供商等多方力量的联合发力，将加快推动数字孪生技术在武器装备设计、制造、运维等全过程获得更大范围、更高层级的应用，使产品创新、制造效率、可靠性水平提升到新的高度。

10.2 数字孪生与医疗

随着经济的发展和生活水平的提高，人们越来越意识到健康的重要。然而，疾病“预防缺”、患者“看病难”、医生“任务重”、手术“风险大”等问题依然困扰着医疗服务的发展。数字孪生技术的进步和应用使其成为了改变医疗行业现状的有效切入点。

未来，每个人都将拥有自己的数字孪生。如图 10-1 所示，结合医疗设备数字孪生（如手术床、监护仪、治疗仪等）与医疗辅助设备数字孪生（如人体外骨骼、轮椅、心脏支架等），数字孪生将会成为个人健康管理、健康医疗服务的新平台和新实验手段。基于数字孪生五维模型，数字孪生医疗系统主要由以下部分组成：

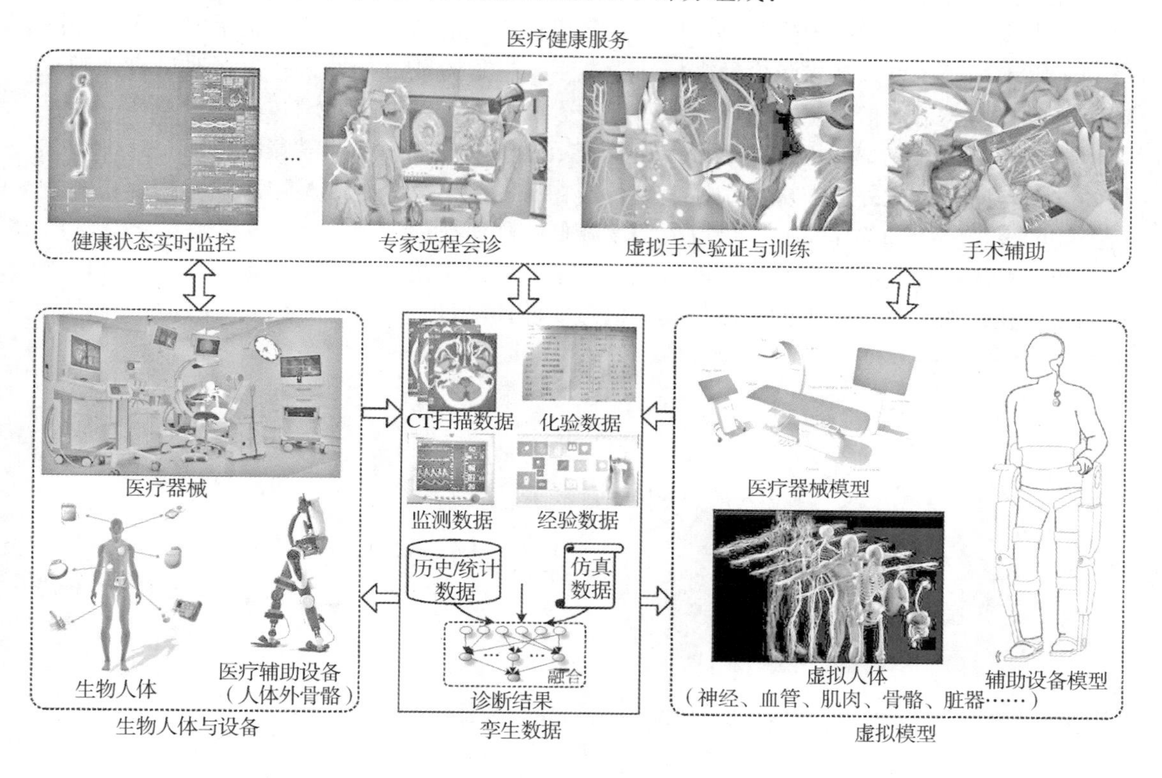

图 10-1 数字孪生医疗

（1）生物人体通过各种新型医疗检测和扫描仪器以及可穿戴设备，可对生物人体进行动静态多源数据采集。

（2）虚拟人体基于采集的多时空尺度、多维数据，通过建模完美地复制出的虚拟人体。其中，几何模型体现的人体的是外形和内部器官的外观和尺寸；物理模型体现的是神经、血管、肌肉、骨骼等的物理特征；生理模型是脉搏、心率等生理数据和特征。生化模型是最复杂的，要在组织、细胞和分子的多空间尺度，甚至毫秒、微秒数量级的多时间尺度展现人体生化指标。

（3）孪生数据有来自生物人体的数据，包括 CT、核磁、心电图、彩超等医疗检测和扫描仪器检测的数据，血常规、尿检、生物酶等生化数据；有虚拟仿真数据，包括健康预测数据、手术仿真数据、虚拟药物试验数据等。此外，还有历史/统计数据和医疗记录等。这些数据融合产生诊断结果和治疗方案。

（4）医疗健康服务基于虚实结合的人体数字孪生，数字孪生医疗提供的服务包括健康状态实时监控、专家远程会诊、虚拟手术验证与训练、医生培训、手术辅助、药物研发等。

（5）实时数据连接保证了物理虚拟的一致性，为诊断和治疗提供了综合数据基础，提高了诊断准确性、手术成功率。

基于人体数字孪生，医护人员可通过各类感知方式获取人体动静态多源数据，以此来预判人体患病的风险及概率。依据反馈的信息，人们可以及时了解自己的身体情况，调整饮食及作息。一旦出现病症，基于孪生模型，各地专家无须见到患者，根据各类数据和模型即可进行可视化会诊，确定病因并制订治疗方案。当需要手术时，数字孪生协助术前拟订手术步骤计划，医学手术进行时可使用头戴显示器在虚拟人体上预实施手术方案，如同置身于手术场景，可以从多角度及多模块尝试手术过程验证可行性，并进行改进直到满意为止。此外，还可以借助虚拟人体训练和医护人员培训，以提高医术技巧和成功率。在手术实施过程中，数字孪生可增加手术视角及警示死角的危险，预测潜藏的出血，有助于临场的准备与应变。此外，在虚拟人体上进行药物研发，结合分子细胞层次的虚拟模拟来进行药物的虚拟实验和临床实验，可以大幅度降低药物研发周期。

数字孪生医疗还有一个愿景，即从孩子出生就可以采集数据，形成虚拟孪生，伴随孩子同步成长，作为孩子终生的健康档案和医疗实验体。

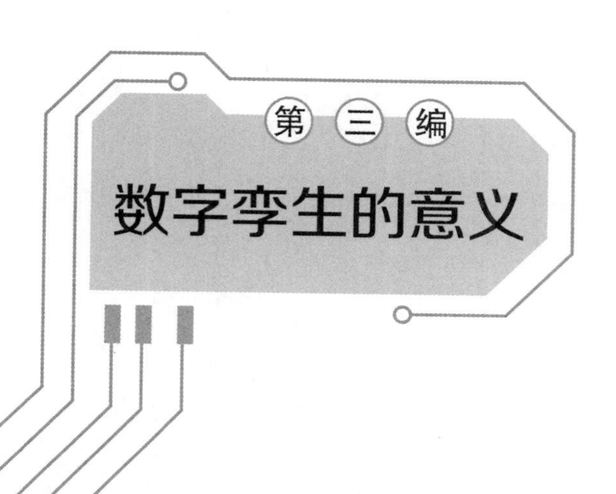

第三编

数字孪生的意义

在数字孪生实际应用过程中难免遇到困难与波折，比如，开放环境下的网络安全问题随之而来，这在一定程度上制约了技术的发展和应用。

而自数字孪生概念提出以来，由于数字孪生技术在不断发展，对多领域多方面都产生了极大的促进作用。我们相信，不断克服数字孪生应用过程中遇到的问题，其无比广阔的应用前景定能得以实现。

第11章 实际应用过程中存在的问题、意义、展望

11.1 数字孪生在实际应用过程中的不足

数字孪生技术的应用必须以海量数据为基础，并且是基于全要素、全生命周期的数据，而有关这些数据所涉及的先进传感器技术、自适应感知、精确控制与执行技术等难题亟须进一步攻关；此外，现阶段数字孪生应用主要集中在产品的运维和健康管理等方面，需要继续加强在产品设计与优化、装配、测试/检测、车间调度与物流等环节的实践应用。

11.1.1 缺乏系统的数字孪生理论/技术支撑和应用准则指导

目前，在数字孪生模型构建、信息物理数据融合、交互与协同等方面的理论与技术比较缺乏，导致数字孪生落地应用过程中缺乏相应的理论和技术支撑。

11.1.2 数字孪生驱动应用所产生的比较优势不明

目前数字孪生应用基本处于起步阶段，数字孪生在产品设计、制造和服务中的应用所带来的比较优势不清晰，应用过程中所需攻克的问题和技术不清楚。

11.1.3 在产品生命周期各阶段的应用不全面

从产品的产前、产中、产后三个阶段分析，当前数字孪生的应用主要集中于产品的运维和健康管理等产后方面，需要加强在产前（如产品设计、再设计、优化设计等）和产中（如装配、测试/检测、车间调度与物流等）的应用探索。

11.1.4 网络安全问题

数字孪生具有数字化、网络化、智能化等特点，其应用环境开放、互联和共享，随着其应用领域的不断扩展，网络安全问题将逐步凸显。

11.1.4.1 智能制造体系面临系统性风险

以数字孪生技术为基础的智能制造的虚拟空间与物理空间之间的连接以及过程中各组成部分之间的连接都建立在网络信息流传递的基础之上，随着数字孪生技术与智能制造的加速融合，由封闭系统向开放系统的转变势在必行，系统性的网络安全风险将集中呈现。

一方面，智能制造的基础设备和控制系统面临未知网络风险。原有的基础设备多为长期运行在封闭系统环境下的简单设备，相关的硬件芯片、软件控制系统等都可能存在一定的未知安全漏洞，同时由于缺乏应对互联网环境的固有安全措施，极易遭受网络攻击，进而引发系统紊乱、管理失控乃至系统致瘫等网络安全问题。另一方面，智能制造系统面临数据安全风险。随着当前网络攻击方式的不断变化，智能制造系统产生和存储了生产管理数据、生产操作数据以及工厂外部数据等海量数据，这些数据可能是通过大数据平台存储，也可能分布在用户、生产终端、设计服务器等多种设备上，任何一个设备的安全问题都可能引发数据泄密风险。同时，随着智能制造与大数据、云计算的融合，以及第三方协作服务的深度介入、大量异构平台的多层次协作等因素，网络安全风险点急剧增加，带来更多的入侵方式和攻击路径，进一步增加数据安全风险。

11.1.4.2 数字孪生城市发展安全问题

随着数字孪生城市概念的逐步兴起，其虚实交互、智能干预、泛在互联、开源共享等特征成为构建数字孪生城市模型的强大技术，同时也使其成为网络安全攻击的重点目标。由于其在社会生产生活中的巨大支撑作用，因此相关网络安全保障体系亟须建立。

首先，关键信息基础设施风险不容忽视。数字孪生城市的发展是构建在高度一体化、智能化的城市关键信息基础设施基础上的，这些基础设施涉及各类网络基础设施、软硬件系统、多元管理和交换平台等。而在网络环境中，涉及的网络节点越多，网络结构越复杂，其面临的网络攻击风险越大。其次，大量新技术新应用带来一系列未知风险。随着信息技术的高速发展，数字孪生城市与云计算、物联网、大数据、移动互联网、工业互联网等技术的融合是必然趋势。在各种新兴技术本身的安全问题尚未完全暴露的情况下，多技术多业务的融合让网络安全问题更加复杂多变。与此同时，面向新业务和新应用的网络安全综合管理机制和规范也呈现出不同程度的滞后。

11.1.4.3 数字孪生技术的网络安全保障方案

为有效推动数字孪生技术在智能制造、数字城市以及其他新兴领域的有序发展，网络安全保障问题必须引起足够重视。如图 11-1 所示，结合当前发展趋势和面临的安全问题，我们分析认为，至少应从五个方面入手：

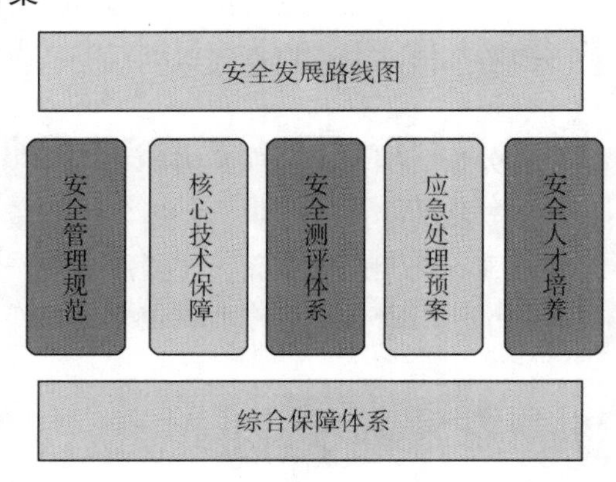

图 11-1 数字孪生技术的网络安全保障

（1）将数字孪生技术纳入网络安全综合保障体系之中，并针对数字孪生技术的特点和应用发展趋势制定其安全发展的整体路线图。

（2）将网络安全管理规范与生产安全规范等协同考虑，结合数字孪生技术特点，制定安全与发展协同的系列规范体系。

（3）开展基础性、关键性核心技术研究，构建较为完备的技术体系，增强核心技术的可控性。

（4）强化针对数字孪生及相关技术的网络安全风险预警和应急处理技术研究，在工业制造安全、智慧城市安全测评体系中有步骤地开展数字孪生技术应用的安全测评和风险研判。

（5）强化相关领域工作人员的网络安全意识，开展多层次的安全人才培养。

11.2 数字孪生的意义

自数字孪生的概念提出以来，数字孪生技术在不断地快速演化，无论是对产品的设计、制造还是服务，都产生了巨大的推动作用。具体表现在以下几方面：

（1）更便捷，更适合创新。

数字孪生通过设计工具、仿真工具、物联网、虚拟现实等各种数字化的手段，将物理设备的各种属性映射到虚拟空间中，形成可拆解、可复制、可转移、可修改、可删除、可重复操作的数字镜像，这极大地加速了操作人员对物理实体的了解，可以让很多原来由于物理条件限制、必须依赖于真实的物理实体否则无法完成的操作，如模拟仿真、批量复制、虚拟装配等，成为触手可及的工具，更能激发人们去探索新的途径来优化设计、制造和服务。

（2）更全面的测量。

只要能够测量，就能够改善，这是工业领域不变的真理。无论是设计、制造还是服务，都需要精确地测量物理实体的各种属性、参数和运行状态，以实现精准的分析和优化。但是传统的测量方法，必须依赖于价格不菲的物理测量工具，如传感器、采集系统、检测系统等，才能够得到有效的测量结果，而这无疑会限制测量覆盖的范围，对于很多无法直接采集到测量值的指标，人们往往无能为力。而数字孪生技术，可以借助于物联网和大数据技术，通过采集有限的物理传感器指标的直接数据，并借助大样本库，通过机器学习推测出一些原本无法直接测量的指标。例如，我们可以利用润滑油温度、绕组温度、转子扭矩等一系列指标的历史数据，通过机器学习来构建不同的故障特征模型，间接推测出发电机系统的健康指标。

（3）更全面的分析和预测能力。

现有的产品生命周期管理，很少能够实现精准的预测，因此往往无法对隐藏在表象下的问题提前进行预判。而数字孪生可以结合物联网的数据采集、大数据的处理和人工智能的建模分析，实现对当前状态的评估、对过去发生问题的诊断，以及对未来趋势的预测，并给予分析的结果，模拟各种可能性，提供更全面的决策支持。

（4）经验的数字化。

在传统的工业设计、制造和服务领域，经验往往是一种模糊而很难把握的形态，很难将其作为精准判决的依据。而数字孪生的一大关键进步，是可以通过数字化的手段，将原先无法保存的专家经验进行数字化，并提供了保存、复制、修改和转移的能力。例如，针对大型设备运行过程中出现的各种故障特征，可以将传感器的历史数据通过机器学习训练出针对不同故障现象的数字化特征模型，并结合专家处理的记录，将其形成未来对设备故障状态进行精准判决的依据，并可针对不同的新形态的故障进行特征库的丰富和更新，最终形成自治化的智能诊断和判决。

数字孪生的应用，将为传统应用系统带来新的活力，为目前正在进行的智慧军工、智慧院所的建设提供新的建设思路和建设模式支持。数字孪生将在以下方面带来成效：

（1）支撑工程产品的研制业务全贯通。

数字孪生在工业领域作为支持产品研发、设计、制造、营销和服务的支撑理论和技术，得到众多跨国企业的探索实践。如在设计领域，达索公司建立基于数字孪生的3D体验平台；在生产制造领域，西门子形成基于模型的虚拟企业和基于自动化技术的企业镜像，支持企业进行涵盖其整个价值链的整合及数字化转型。随着数字孪生技术在工程产品研发领域的应用，将在现有工程研制条件下，利用平台化措施，建立起连接现有应用和数据的虚拟空间，在虚拟数字空间中，建立与产品需求分析、概念设计、详细设计、工艺设计、仿真分析、生产制造、试验验证、产品交付和运维保障相适应的业务模型，实现单一数据源驱动下的研制模式，改变传统“抛过墙”研发分工带来的数据割裂等诸多问题，实现产品模型驱动下的产品全生命周期协同创新。

（2）助力企业工程和管理的融合创新。

通过建立企业级数字孪生，将来自工程产品和经营管理领域的数据在统一的标准规范下进行管理，企业生产经营活动中涉及的人、财、物、环境等要素均通过动态建模手段实现建模，并根据产品研制、经营管理业务需要建立相应的业务模型，通过模型与数据的关联，构筑起模型驱动的新型企业流转模式。当数字孪生支撑系统感知到工程或管理活动的任何变化时均会根据建立的模型及其关系快速定位到受影响环节，并及时完成消息传递，从而触发相关联的业务环节执行业务活动。这种工作方式动态建立并维护了产品研发和经营管理业务需要的动态业务时序，形成数据和消息驱动的工作新模式，改变了传统模式下以任务（或流程）驱动的工作方式，有力支撑工程和管理的融合和再创新，有助于丰富多样的企业级应用创新和繁荣。

（3）催生更多高水平的智能化应用。

目前，智慧企业[147]、智慧政府[148]、智慧院所[149]、智慧城市[150]等各类智慧应用正在得到重视并推进，这些智慧应用均可视为相应的企业、政府、院所、城市对应的组织数字孪生（DTO）或城市数字孪生应用。通过数字孪生建立“数字空间”，数字空间作为“大脑”可以指导物理空间，物理空间与数字空间高度融合，形成端到端的数据归集、汇聚和流动机制，建立贯穿各业务环节的、连续的、稳定的信息流，构建具备深度感知、万物互联、智慧决策、精准控制特性的全新应用形态。未来，随着企业数字资产的不断积累，利用知识自动化、专业分析算法等技术，快速洞察业务运行的内在规律，并通过机器学习等手段，实现自主学习和模型的自我进化，提升基于数据的主动服务水平和层次，推动应用从数字化、自动化向智能化迈进。逐步构建起人性化、体验化的数据与模型驱动的沉浸式应用形态和氛围，推动智慧研发、智慧生产、智慧管理和智慧服务为代表的更丰富多彩的智能产业实践。

11.3 数字孪生的应用前景

利用数据馈送来映射物理实体的数字孪生技术，正在对众多领域产生颠覆性影响。德国信息技术、电信与新媒体协会 BitKom 预测，数字孪生在制造业市场价值巨大，到2025年其产值将超过780亿欧元。迎接数字孪生，需要用战略性的视角审视它与过去、未来诸多工业要素的关系，比如它与 PLM 软件、CAD 模型、工业云进行形态变换，它对物理实体、生产线生产以及工业之外的世界进行映射。另外，它能给智能制造、工业互联网和赛博物理系统 CPS 提供理论和技术支持。

全球知名IT研究与咨询公司Gartner将数字孪生列入十大战略性技术趋势之一，对美国、德国、中国与日本的200余家已部署物联网企业的调研结果显示，当前，48%的企业已经采用或计划应用数字孪生，到2022年，使用数字孪生的企业将增长三倍。届时，企业将进一步利用数字孪生主动修复和规划设备服务、设计制造流程、预测设备故障、提高运营效率以及改进产品开发。德勤在《数字孪生与工业4.0》报告中指出，数字孪生以全面数字化形式对某一物理实体过去和目前的行为或流程进行动态呈现，具有很高的潜在商业价值。

在未来几年，数字孪生技术将飞速发展，以数字孪生为核心的产业、组织和产品将如雨后春笋般诞生、成长和成熟。每个行业、每个企业不管采用何种策略和路径，数字孪生将在未来几年之内成为标配，这也是数字化企业与产品差异化的关键。没有数字孪生战略的企业，是没有竞争力的。

参考文献

[1] 戴晟，赵罡，于勇，等. 数字化产品定义发展趋势：从样机到孪生［J］. 计算机辅助设计与图形学学报，2018，30（8）：1554-1558.

[2] 耿建光，姚磊，闫红军. 数字孪生概念、模型及其应用浅析［J］. 网信军民融合，2019，2：60-63.

[3] 陶飞，刘蔚然，刘检华，等. 数字孪生及其应用探索［J］. 计算集成制造系统，2018，24（1）：1-18.

[4] GRIEVES M. Product lifecycle management：the new paradigm for enterprises［J］. International Journal of Product Development，2005，2（1）：1-8.

[5] 李欣，刘秀，万欣欣. 数字孪生应用及安全发展综述［J］. 系统仿真学报，2019，31（3）：385-392.

[6] GRIEVES M. Virtually Perfect：Driving innovative and lean products through product lifecycle management［M］. Florida：Space Coast Press，2011.

[7] GRIEVES M. Digital Twin：Manufacturing excellence through virtual factory replication［J］. Florida Institute of Technology，2015（4）：1-7.

[8] 史海疆. 西门子的数字化解决之道 访西门子股份公司管理委员会成员、首席技术官博乐仁（Roland Busch）［J］. 电气应用，2018，37（2）：10-12.

[9] 唐堂，滕琳，吴杰，等. 全面实现数字化是通向智能制造的必由之路——解读《智能制造之路：数字化工厂》［J］. 中国机械工程，2018，29（3）：366-377.

[10] 2019年改变未来的十大战略性技术趋势［EB/OL］.［2018-12-21］. http：//www. sohu. com/a/283516895_ 120070819.

[11] TAO F，ZHANG M，NEE A. Digital twin driven smart manufacturing［M］. Pittsburgh：Academin Press，2019.

[12] TAO F，ZHANG M，CHENG J F，et al. Digital twin workshop：a new paradigm for future work shop［J］. Computer-Intergrated Manufacturing Systems，2017，23（1）：1-9.

[13] TAO F，ZHANG M. Digital twin Shop-floor：a new shop-floor paradigm towards smart manufacturing［J］. IEEE Access，2017，5：20418-20427.

[14] TAO F，CHENG Y，CHENG J F，et al. Theories and technologies for cyber-physical fusion in digital twin shop-floor［J］. Computer Integrated Manufacturing Systems，2017，23（8）：1603-1611.

[15] TAO F，LIU W R，LIU J H，et al. Digital twin and its potential application exploration［J］. Computer-Intergrated Manufacturing Systems，2018，24（1）：1-18.

[16] TAO F，ZHANG M，LIU Y，et al. Digital twin driven prognostics and health management for complex equipment［J］. Cirp Annals-Manufacturing Technology，2018，67（1）：169-172.

[17] QI Q，ZHAO D，LIAO T W，et al. Modeling of cyber-physical systems and digital twin based on edge computing，fog computing and cloud computing towards smart manufacturing［C］//American Society of Mechanical Engineers. Proceedings of the ASME 2018 13th International Manufacturing Science and Engineering Conference. 2018，112-136.

[18] QI Q，TAO F，ZUO Y，et al. Digtal twin service towards smart manufacturing［J］. Procedia CIRP，2018，72：237-242.

[19] QI Q，TAO F. Digital twin and big data towards smart manufacturing and industry 4. 0：360 degreecom-

parison [J]. IEEE Access, 2018, 6: 3585-3593.
[20] ALAM K M, SADDIK A. C2PS: A digital twin architecture reference model for the cloud-based-cyber-physical systems [J]. IEEE Access, 2017, 5: 2050-2062.
[21] TAO F, CHENG J, QI Q. IIHub: an industrial internet-of-things hub towards smart manufacturing based on cyber physical system [J]. IEEE Transactions on Industrial Informatics, 2018, 14 (5): 2271-2280.
[22] ROMELFANGER M, KOLICH M. Comfortable automotive seat design and big data analytics: A study in thigh support [J]. Applied Ergonomics, 2019, 75: 257-262.
[23] YAN J, MENG Y, LU L, et al. Big-data-driven based in telligent prognostics schemein industry 4. 0 environment [C] //Prognostics and System Health Management Conference. IEEE, 2017, 2: 1-5.
[24] KUO Y, LEUNG J, TSOIK, etal. Embracing big data for simulation modelling ofemergency department processesand activities [C] //Proceedings of 2015 IEEE International Conference on Big Data. IEEE, 2015: 313-316.
[25] UM J, WAYER S, QUINT F. Plug-and-simulate within modular assembly line enabled by digital twins and the use of automation ML [J]. IFAC-PapersOnLine, 2017, 50 (1): 15904-15909.
[26] ZHANG H, LIU Q, CHEN X. A Digital twin-based approach for designing and multi-objective optimization of hollow glass production line [J]. IEEE Access, 2017, 5: 26901-26911.
[27] SCHROEDER G N, STEINMETZC, PEREIRA C E, et al. Digital twin data modeling with automation ML and a communication methodology for data exchange [J]. IFAC-PapersOnLine, 2016, 49 (30): 12-17.
[28] HU L, NGUYEN N T, TAO W, et al. Modeling of cloud-based digital twins for smart manufacturing with MT connect [J]. Procedia Manufacturing, 2018, 16: 1193-1203.
[29] HOU Z G, ZHAO X G, CHENG L, etal. Recent advances in rehabilitation robots and intelligent assistance systems [J]. Acta Automatic Sinica, 2016, 42 (12): 1765-1779.
[30] 赵敏. 探求数字孪生的根源与深入应用 [J]. 软件和集成电路, 2018 (9): 50-58.
[31] ZVEI. The reference architectural model intustrie 4. 0 (RAMI 4. 0) [EB/OL]. [2015-04-25] https: //www. zvei. org/en/press-media/publications/the-Reference Architectural-model-industrie-40-rami-40/.
[32] 工业和信息化部、国家标准化管理委员会. 国家智能制造标准体系建设指南 [EB/OL]. [2018-10-12] Http: //www. Miit. gov. Cn/n1146285/n1146352/n3054355 /n3057585/n 3057589/c 6013753/part/6013772. pdf.
[33] SCHLEICH B, ANWER N, MATHIEU L, etal. Shaping the digital twin for design and production engineering [J]. CIRP Annals, 2017, 66 (1): 141-144.
[34] 刘青, 刘滨, 王冠, 等. 数字孪生的模型、问题与进展研究 [J]. 河北科技大学学报, 2019, 40 (1): 68-78.
[35] 张玉良, 张佳朋, 王小丹, 等. 面向航天器在轨装配的数字孪生技术 [J]. 导航与控制, 2018, 17 (3): 75-83.
[36] 范玉青. 基于模型定义技术及其实施 [J]. 航空制造技术, 2012, (6): 42-47.
[37] 周济. 智能制造——"中国制造 2025"的主攻方向 [J]. 中国机械工程, 2015, 26 (17): 2273-2284.
[38] 庄存波, 刘检华, 熊辉, 等. 产品数字孪生体的内涵、体系结构及其发展趋势 [J]. 计算机集成制造系统, 2017, 23 (4): 753-768.
[39] 王建军, 向永清, 赵宁. 基于精益协同思想的航天器系统工程研制管理平台 [J]. 系统工程与电子技术, 2018, 40 (6): 1310-1317.
[40] ZHENG Y, YANG S, CHENG H C. Anapplication framework of digital twin and its case study [J]. Journal of Ambient Intelligence and Humanized Computing, 2019, 10 (3): 1141-1153.
[41] LUO W C, HU T L, ZHANG C G, etal. Digital-twin for CNC machine tool: modeling and using strategy [J].

Journal of Ambient Intelligence and Humanized Computing, 2019, 10 (3): 1129-1140.

[42] SHAFTO M, CONROY M, DOYLE R, et al. Modeling, simulation, information technology and processing roadmap [R]. Washington, D. C.: NASA Headquasrters, 2010: 17-18.

[43] 孙其博，刘杰，黎彝，等. 物联网：概念、架构与关键技术研究综述 [J]. 北京邮电大学学报，2010，33 (3)：1-9.

[44] LUO Z, HONG S, LU R Z, etal. OPC-UA based smart manufacturing: system architecture, implementation, and execution [C] //Proceedings of the 5th International Conference on Enterprise Systems. IEEE, 2017: 281-286.

[45] 程学旗，靳小龙，王元卓，等. 大数据系统和分析技术综述 [J]. 软件学报，2014，25 (9)：1889-1908.

[46] 张庆君，刘杰. 航天器系统设计 [M]. 北京：北京理工大学出版社. 2018.

[47] SCHROEDER G, STEINMETZ C, PEREIRA C E, etal. Visual sing the digital twin using Web Services and augmented reality [C] // Proceedings of IEEE International Confer-enceon Industrial Informatics. Washington, D. C. IEEE, 2017: 522-527.

[48] TAO F, SUI F Y, LIU A, et al. Digital twin drivenproduct design framework [J]. International Journalof Production Research, 2018, 5 (1): 1-9.

[49] MUHAMMAD W, MUHAMMAD U S. Application of model-based systems engineering in small satellite conceptual design-A SysML approach [J]. IEEE Aerospace and Electronic Systems Magazine, 2018, 33 (4): 24-34.

[50] ELISA N, LUCA F, MARCO M. A review of the roles of digital twin in CPS-based production systems [J]. Procedia Manufacturing, 2017, 11: 939-948.

[51] BAZILEVS Y, DENG X, KOROBENKO A, et al. Isogeometric Fatigue Damage Prediction in Large-Scale Composite Structures Driven by Dynamic Sensor Data [J]. Journal of Applied Mechanics, 2015, 82: 1-12.

[52] ARQUIMEDES C. Industrial IoT lifecycle via digital twins [C] //Hardware/Software Codesign and System Synthesis, New York: ACM Press, 2016.

[53] JOSE R, FERNANDO M M, MANUEL O, et al. Framework to support the aircraft digital counterpart concept with an industrial design view [J]. International Journal of Agile Systems and Management, 2016, 9 (3): 212-231.

[54] FOUR G E, GOMEZ E, ADLI H, et al. System engineering workbench for multi-views systemsmethodology with 3DExperience platform [C] //Shakhovska N, Stepashko V. Advances in Intelligent Systems and Computing. Berlin: Springer, 2016.

[55] GOSWAMI D, SCHNEIDER R, MASRUR A, et al. Challenges in automotive cyber-physical systems design [C] //IEEE International Conference on Embedded Computer Systems, 2012: 346-354.

[56] ROLAND R, GEORGVON W, GEORGE L, et al. About the importance of autonomy and digital twins for the future of manufacturing [J]. IFAC-PapersOnLine, 2015, 48 (3): 567-572.

[57] MICHAEL S, LINUS A, JUERGEN R. Experimentable digital twins for model-based systems engineering and simulation-based development [C] //IEEE Cmmunication Society. IEEE 2016 International Systems Conference, 2017.

[58] MICHAEL S, JUERGEN R. From simulation to experimentable digital twins: Simulation-based development and operation of complex technical systems [C] //IEEE International Symposium on Systems Engineering, 2016.

[59] STEFAN G, OLE M, JULIUS O, etal. Developing a convenient and fast to deploy simulation environment for cyber-physical systems [C] //IEEE 38th International Conference on Distributed Computing

Systems，2018.

[60] DAVID W M，STEPHEN J C，JABER A，etal. Survey of advances and challenges in intelligent autonomy for distributed cyber-physical systems [J]. CAAI Transactions on Intelligence Technology，2018，3 (2)：75-82.

[61] 肖田元，范文慧. 基于 HLA 的一体化协同设计、仿真、优化平台 [J]. 系统仿真学报，2008，20 (13)：3542-3546.

[62] BRUGAROLAS P，ALEXANDER J，TRAUGER J，et al. ACCESS pointing control system [C] //Space Telescopes and Instrumentation：Optical，Infrared，and Millimeter Wave. 2010.

[63] WANG Y，XU S. Body-fixed orbit-attitude hovering control over an asteroid using non-canonical Hamiltonian structure [J]. Acta Astronautica，2015，117：450-468.

[64] 龙乐豪. 液体弹道导弹与运载火箭系列——总体设计 [M]. 北京：宇航出版社，1989.

[65] 徐延万. 弹道导弹、运载火箭控制系统设计与分析 [M]. 北京：宇航出版社 ，1999.

[66] 鲁宇. 中国运载火箭技术发展 [J]. 宇航总体技术，2017 (3)：1-8.

[67] 陶飞，张萌，程江峰，等. 数字孪生车间——一种未来车间运行新模式 [J]. 计算机集成制造系统，2017，23 (1)：1-9.

[68] 陶飞，张萌，程江峰. 数字孪生车间信息物理融合理论与技术 [J]. 计算机集成制造系统，2017，23 (8)：1603-1611.

[69] 吴梦强，齐映红. 运载火箭发射台垂直度调整方法及发展探讨 [J]. 导弹与航天运载技术，2013 (2)：30-35.

[70] 文科. 大尺度产品数字化智能对接关键技术研究 [J]. 计算机集成制造系统，2016，22 (3)：686-694.

[71] EVANS P C，ANNUNZIATA M. Industrial internet：pushing the boundaries of minds and machines [R]. General Electric Company，2012.

[72] 王建民. 工业大数据技术综述 [J]. 大数据，2017，3 (6)：3-14.

[73] DAMA INTERNATIONAL. DAMA 数据管理知识体系指南 [M]. DAMA 中国分会翻译组，译. 北京：机械工业出版社，2020.

[74] GRIEVES M. Product lifecycle management [M]. Berlin：Springer-Verlag，2005.

[75] GRIEVES M. Product lifecycle management：driving the nextgeneration of lean thinking [M]. New York；USA：McGraw-Hill，2006.

[76] 于勇，范胜廷，彭关伟，等. 数字孪生模型在产品构型管理中应用探讨 [J]. 航空制造技术，2017，526 (7)：41-45.

[77] 苗田，张旭，熊辉，等. 数字孪生技术在产品生命周期中的应用与展望 [J]. 计算机集成制造系统，2019，25 (6)：1546-1558.

[78] GRIEVES M. Back to the future：product lifecycle management and the virtualization of product information [M]. Berlin：Springer-Verlag，2009.

[79] 林雪萍，赵光. 论数字孪生的十大关系 [EB/OL]. (2018-06-22) [2018-12-12]. https：//www. sohu. com/a/237296945_ 488176.

[80] ZHAN X H，LI X D，LIU X Y. Study on Product data structure and realization of model based on PLM [J]. Intelligence Computation and Evolutionary Computation，2013，180：1001-1008.

[81] 全国技术产品文件标准化技术委员会. GB/T 26100—2010 机械产品数字样机通用要求 [S]. 北京：中国质检出版社，2010.

[82] WIKIPEDI A. Procurement [G/OL]. [2018-12-13]. https：//en. wikipedia. org/wiki/Procurement.

[83] 原红丽，吕静，刘枫. 基于 OPC-UA 客户端/服务器的现场设备集成 [J]. 西南师范大学学报. 2012，37 (3)：141-145.

[84] 赵虎，赵宁，张塞朋. 结合价值流程图与数字孪生技术的工厂设计 [J]. 计算机集成制造系统，2019，25（6）：1481-1490.

[85] IROSEN R，VON WICHERTGT G，LO G，et al. About the importance of autonomy and digital twins for the future of manufacturing [J]. IFAC-PapersOnLine，2015，48（3）：567-72.

[86] SIDERSKA J，JADAAN K S. Cloud manufacturing：a service-oriented manufacturing paradigm：Areview paper [J]. Engineering Managementin Production & services，2018，10（1）：22-31.

[87] 周达坚，屈挺，张凯，等. 数字孪生驱动的工业园区“产—运—存”联动决策架构、模型与方法 [J]. 计算机集成制造系统，2019，25（6）：1576-1588.

[88] KIM H M，MICHEHELENA N F，PAPALAMBROSPY，et al. Target cascading in optimal system design [J]. Journal of Mechanical Design，2003，125（3）：474-480.

[89] CHRISTY P. Prepare for the impact of digital twins [EB/OL]. （2017-09-18）[2019-01-15]. https：//www. gartnercom/smarterwithgartner/prepare-for-the-impact-of-digital-twins.

[90] 钟秀筠. 企业供应链管理的现状与措施分析 [J]. 中小企业管理与科技，2018（10）：1-2.

[91] 王雅楠. 物流供应链管理技术的发展创新及其应用 [J]. 中国商论，2018（35）：9-10.

[92] 龚华俊. 企业供应链管理方案的研究 [J]. 商场现代化，2018（5）：8-9.

[93] 牛倩倩，陆秋琴. 基于 Multi-Agent 技术的供应链企业信任合作伙伴选择评估模型 [J]. 物流技术，2013（23）：315-318，328.

[94] 王世卿，黎楚兵. 基于 Multi-Agent 的供应链系统模型及其仿真 [J]. 计算机工程与设计，2010（5）：1081-1084.

[95] 林腾飞，张虹，辛辰. 基于 Flexsim 的供应链信息共享对仓储运营影响的建模与仿真 [J]. 物流技术，2015（12）：129-131.

[96] 曾梦杰. 基于 Flexsim 的供应链制造商延迟策略仿真研究 [J]. 物流工程与管理，2015（3）：117-121.

[97] 赵立静. 基于多 Agent 的闭环供应链建模与仿真研究 [D]. 秦皇岛：燕山大学，2016.

[98] 许耀坤，孟祥娟. 针对国内企业供应链管理的再思考 [J]. 市场周刊（理论研究），2016（10）：46-47.

[99] ILIC D，MARKOVIC B，MILOSEVIC D. Strategic business transformation：an industry 4. 0 perspective [J]. International Journal of Production Economics，2017（7）：49.

[100] BOSCHERT S，HEINRICH C，ROSEN R. Next generation digital twin [Z]. TMCE，2018.

[101] 熊明，古丽，吴志峰，等. 在役油气管道数字孪生体的构建及应用 [J]. 油气储运，2019，38（5）503-509.

[102] 李鹏，熊永良，黄育龙，等. GPS 星历精度对精密单点定位的影响 [J]. 测绘科学，2009，34（2）：15-17.

[103] 李林阳，吕志平，翟树峰，等. Galileo/GPS 精密单点定位收敛时间与定位精度的比较与分析 [J]. 测绘科学技术学报，2018，38（2）：159-164.

[104] 程诗广. CORS-RTK 技术在地表移动观测中的应用 [J]. 科技风，2008（24）：105-107.

[105] 程宇. CORS-RTK 技术在水利工程测量中的应用探析 [J]. 工程建设与设计，2018（12）：132-133.

[106] 李东栋. 三维激光扫描技术在桥梁工程领域的应用与挑战 [J]. 工程建设与设计，2018（12）：263-264.

[107] 花向红，赵不钒，陈西江，等. 地面三维激光扫描点云质量评价技术研究与展望 [J]. 地理空间信息，2018，16（8）：1-7.

[108] 凌静，张迎亚，曹震，等. 基于地面三维激光扫描技术的盾构隧道竣工测量探究 [J]. 测绘通报，2016（增刊2）：222-223.

[109] 蔡婷. 三维激光扫描技术及工程应用分析 [J]. 工程建设与设计，2018 (17)：159-161.
[110] 夏宇，谭衢霖，蔡小培. 铁路 BIM 应用三维线路场景构建研究 [J]. 铁路计算机应用，2018，27 (7)：95-97.
[111] 杨国东，王民水. 倾斜摄影测量技术应用及展望 [J]. 测绘与空间地理信息，2016，39 (1)：13-15，18.
[112] 张飞，倪自强. 无人机倾斜摄影测量在智慧城市建设的应用实例分析 [J]. 智慧建设与智慧城市，2018，264 (11)：115-116.
[113] 刘大同，郭凯，王本宽，等. 数字孪生技术综述与展望 [J]. 仪器仪表学报，2018，39 (11)：4-13.
[114] MSC J P，MSc M K. Key components of the architecture of cyber-physical mamufacturing systems [J]. International Scientific Joural "Industry 4. 0"，2017，2 (5)：205-207.
[115] HAN F，LI X L ，SUN X W，et al. Design andImplementation of Human-computer Interactive System for Public Information Service in Smart City [J]. Journal of System Simulation，2018，30 (5)：1893-1899.
[116] Gabor T，Belzner L，Kiermeier M，et al. A simulation based architecture for smart cyber-physical systems [C] //IEE Communications Society. Proceedings of the IEEE International Conference on Autonomic Computing. Washington，D. C.，2016：374-379.
[117] 简·雅各布斯. 美国大城市的死与生 [M]. 金衡山，译. 南京：译林出版社，2016.
[118] Forrester J W. Systems Analysis as a Tool for Urban Planning [J]. IEEE Transactions on Systems Science and Cybernetics，1970，6 (4)：258-265.
[119] Batty M. The size，scale，and shape of cities [J]. Science，2008，319 (5864)：769-771.
[120] 约翰·弗里德曼，徐南南. 金字塔式的规划体系可以休矣——约翰·弗里德曼谈城市复杂系统论和区域规划 [J]. 北京规划建设，2017 (3)：188-196.
[121] Bettencourt L，West G. A unified theory of urban living [J]. Nature，2010，467 (7318)：912-913.
[122] KitchinR. The real-time city? Big data and smart urbanism [J]. Geojournal，2014，79 (1)：1-14.
[123] 唐·泰普斯科特. 数据时代的经济学 [M]. 北京：机械工业出版社，2016：24.
[124] Gardner N，Hespanhol L. SMLXL：Scaling the smart city，from metropolis to individual [J]. City Culture & Society，2017 (6)：10-12.
[125] 周锦昌，林国恩，陈淑娴，等，未来超级智能城市——德勤中国超级智能城市指数 [R]. 德勤，2018：7-8.
[126] 张振刚，张小娟. 智慧城市系统构成及其应用研究 [J]. 中国科技论坛，2014 (7)：88-93.
[127] 单志广，房毓菲. 以大数据为核心驱动智慧城市变革 [J]. 大数据，2016，2 (3)：1-8.
[128] 陈德权，王欢，温祖卿，等. 我国智慧城市建设中的顶层设计问题研究 [J]. 电子政务，2017 (10)：70-78.
[129] 胡小明. 智能资源与智能城市 [J]. 电子政务，2012 (4)：51-59.
[130] 许欢，杨慧. 智慧城市迭代发展的问题、逻辑与路径 [J]. 学术研究，2017 (10)：68-72.
[131] 苗东升. 文化系统论要略——兼谈文化复杂性（一）[J]. 系统科学学报，2012 (4)：1-6.
[132] 侯汉坡，刘春成，孙梦水，等. 城市系统理论：基于复杂适应系统的认识 [J]. 管理世界，2013 (5)：182-183.
[133] 大数据战略重点实验室. 块数据——大数据时代真正到来的标志 [M]. 北京：中信出版社，2015：14-21.
[134] 陈刚. 块数据的理论创新与实践探索 [J]. 中国科技论坛，2015 (4)：46-50.
[135] 秦晓珠，张兴旺. 数字孪生技术在物质文化遗产数字化建设中的应用 [J]. 情报资料工作，2018 (2)：103-111.

[136] 赵沁平. 虚拟现实中的10个科学技术问题 [J]. 中国科学：信息科学，2017，47（6）：800-803.
[137] ELISA N，LUCA F，MARCO M. A review of the roles of digital twin in CPS-based production [J]. Procedia Manufacturing，2017（11）：939-948.
[138] KAZI M A，ABDULMOTALEB E S. C2PS：a digital twin architecture reference model for the cloud-based cyber-physical systems [J]. IEEE Access，2017（5）：2050-2062.
[139] BEATE B，VERA H. Digital twin as enabler for an innovative digital shopfloor management system in the ESB logistics learning factory at Reutlingen - University [J]. Procedia Manufacturing，2017（9）：198-205.
[140] BENJAMIN S，NABIL A，LUC M，et al. Shaping the digital twin for design and production engineering [J]. CIRP Annals-Manufac-turing Technology，2017（66）：141-144.
[141] 南国农. 教育信息化建设的几个理论和实际问题 [J]. 电化教育研究，2002（12）：3-6.
[142] 何克抗. 迎接教育信息化发展新阶段的挑战 [J]. 中国电化教育，2006（8）：5-11.
[143] 任友群. 为教育信息化2. 0时代打call [J]. 半月谈，2017（24）：62-63.
[144] 杨宗凯. 教育信息化2. 0的颠覆与创新 [J]. 中国教育网络，2018（1）：1-2.
[145] 雷朝滋. 教育信息化：从1. 0走向2. 0——新时代我国教育信息化发展的走向与思路 [J]. 华东师范大学学报（教育科学版），2018（1）：98-103.
[146] 张宏莉，余翔湛，周志刚，等. 面向DaaS应用的数据集成隐私保护机制研究 [J]. 通信学报，2016（4）：96-106.
[147] 叶秀敏. 基于"工业4. 0"的智慧企业特征分析 [J]. 北京工业大学学报（社会科学版），2015，1：15-20.
[148] 张锐昕. 电子政府概念的演进：从虚拟政府到智慧政府 [J]. 上海行政学院学报，2016，6：4-13.
[149] 宋大晓，韩龙宝. 智慧型军工科研院所：由概念走向现实 [J]. 国防科技工业，2015，2：55-56.
[150] 马方，闫俊武. "智慧城市"与城市经济 [J]. 经济师，2017，3：66-67.